JN038585

2023-2024年版

給水装置工事

主任技術者試験

攻略問題集

三好康彦 著

■ はしがき

本書は，直近6年間の給水装置工事主任技術者試験問題を，出題内容別に分類，整理し，編集し直して解説を行ったものです．給水装置工事主任技術者試験問題を解説した書籍は数多く出版されていますが，本書のようにまとめたものは少ないようです．このようなまとめ方には，次のような特徴があります．

① これまでの出題傾向が一目でわかり，今後の出題の予想が立てやすいこと．

② 似たような過去問題を繰り返し学習することによって，自然に重要事項が覚えられること．

③ 重要なところは，繰り返し出題されているので，学習のポイントがわかること．

なお，各問題の解説に，あえて問題の選択肢をそのまま記載していることが多くあります．その理由は，問題の選択肢自体が解説になっているためです．問題の選択肢を二度読むことで，確実な理解と記憶を狙ったものです．

さて，本書の使用方法は次のとおりです．

① 出題問題それ自体が「給水装置工事技術指針（公益財団法人給水工事技術振興財団発行)」をコンパクトにまとめたものであり，一種の解説としてみること．法令の問題についても関連法令の内容を要領よくまとめたものとしてみること．

② 出題問題を解こうと挑戦して，難しいと感じた場合は，問題をよく読み，解説を次に読み，問題と解説の内容を理解することから始めること(すなわち，無理に問題を解き，学習意欲をなくさないこと)．

③ 何度も繰り返して勉強すること．1日に30分程度でよいので，毎日問題と解説に目を通すこと．

なお，本書の巻末に索引を掲載してあり，試験によく出てくる用語やその定義などの検索ができるので，活用してください．

また，各種法律の学習においては，解説に条文を明記しているので，その条文自体を少なくとも一度は読むことをお勧めします．各種法律の条文はインターネットによって自由に閲覧できるので，それらが容易に閲覧できる学習環境をつくることが望まれます．法律になじみのない読者にとっては，最初はとまどうことがあるかもしれませんが，何度もながめているうちになじみが出てきて，どの法律も同じような形式になっていることに気づき，親しみがわいてくるようになります．

ところで，水道は人の生活や工場・事業場において不可欠なものです．特に都市部においては，水道事業者からの水供給以外に水を得る方法はありません．水は，水量と水質の両方が求められます．これまで水道の敷設によって都市生活は格段に快適なものになりましたが，水道施設にトラブルが発生し，必要な水量が得られず，また何らかの理由で水質が悪化したとき，多くの住民に被害が発生したことも我々は経験しています．

以上から，水道施設の工事責任者である給水装置工事主任技術者の社会的責任は極めて大きいものと言えます．給水装置工事主任技術者を目指す受験者の皆さんは，合格したあとも工事や給水装置に関する技術進歩に絶えず注目しておくことが求められます．そのために，関係する他の国家資格にもぜひ挑戦していただき，幅広い知識や所見を身につけることを心がけてほしいと思います．

最後に，本書の読者から多くの合格者が誕生すれば，これに勝る喜びはありません．

2022年12月

著者しるす

目　次

第1章　公衆衛生概論

第2章　水道行政

第3章　給水装置工事法

第4章　給水装置の構造及び性能

第5章　給水装置計画論

第6章　給水装置工事事務論

第7章　給水装置の概要

第8章　給水装置施工管理法

第1章

公衆衛生概論

1.1 水質汚染等の事例

問題1 【令和元年 問3】

平成8年6月埼玉県越生町において，水道水が直接の感染経路となる集団感染が発生し，約8,800人が下痢等の症状を訴えた．この主たる原因として，次のうち，適当なものはどれか．

(1) 病原性大腸菌O157

(2) 赤痢菌

(3) クリプトスポリジウム

(4) ノロウイルス

解説 平成8年6月埼玉県越生町において，水道水が直接の感染経路となる集団感染が発生し，約8,800人が下痢等の症状を訴えたが，この主たる原因は，クリプトスポリジウムであった．

▶答 (3)

1.2 汚染の原因及び原因物質

問題1 【令和2年 問1】

化学物質の飲料水への汚染原因と影響に関する次の記述のうち，不適当なものはどれか．

(1) 水道原水中の有機物と浄水場で注入される凝集剤とが反応し，浄水処理や給配水の過程で，発がん性物質として疑われるトリハロメタン類が生成する．

(2) ヒ素の飲料水への汚染は，地質，鉱山排水，工場排水等に由来する．海外では，飲料用の地下水や河川水がヒ素に汚染されたことによる，慢性中毒症が報告されている．

(3) 鉛製の給水管を使用すると，鉛はpH値やアルカリ度が低い水に溶出しやすく，体内への蓄積により毒性を示す．

(4) 硝酸態窒素及び亜硝酸態窒素は，窒素肥料，家庭排水，下水等に由来する．乳幼児が経口摂取することで，急性影響としてメトヘモグロビン血症によるチアノーゼを引き起こす．

解説 (1) 不適当．水道原水中の有機物と浄水場で注入される凝集剤ではトリハロメタンは生成しない．トリハロメタンは，滅菌剤として注入される塩素と有機物との反応で生成する．なお，発がん性物質として疑われるトリハロメタン類は，$CHCl_3$，$CHBrCl_2$，$CHBr_2Cl$，$CHBr_3$をいう．

(2) 適当．ヒ素の飲料水への汚染は，地質，鉱山排水，工場排水等に由来する．海外では，飲料用の地下水や河川水がヒ素に汚染されたことによる，慢性中毒症が報告されている．

(3) 適当．鉛製の給水管を使用すると，鉛はpH値やアルカリ度が低い水に溶出しやすく，体内への蓄積により毒性を示す．

(4) 適当．硝酸態窒素（NO_3-N）及び亜硝酸態窒素（NO_2^--N）は，窒素肥料，家庭排水，下水等に由来する．乳幼児が経口摂取することで，急性影響としてメトヘモグロビン血症（ヘモグロビン中のFe^{2+}がFe^{+3}となって酸素の運搬能力が失われる症状）によるチアノーゼ（血液中の酸素不足で皮膚が青っぽく変色すること）を引き起こす． ▶答（1）

問題2 【令和2年 問2】

水道の利水障害（日常生活での水利用への差し障り）とその原因物質に関する次の組み合わせのうち，不適当なものはどれか．

	利水障害	原因物質
(1)	泡だち	界面活性剤
(2)	味	亜鉛，塩素イオン
(3)	カビ臭	アルミニウム，フッ素
(4)	色	鉄，マンガン

解説 (1) 適当．泡立ちは，界面活性剤によることがある．

(2) 適当．味は，金気（かねけ）の原因として鉄，亜鉛，銅などがあり，消毒剤の塩素イオンの濃度によって影響を受ける．

(3) 不適当．カビ臭は，ジェオスミンや2-メチルイソボルネオールなどの化学物質を産出する藻類の繁殖が原因である．

(4) 適当．色は，鉄やマンガンなどによることがある． ▶答（3）

問題3 【平成30年 問1】

水道水に混入するおそれのある化学物質による汚染の原因に関する次の記述のうち，不適当なものはどれか．

(1) フッ素は，地質，工場排水などに由来する．

(2) 鉛管を使用していると，遊離炭酸の少ない水に鉛が溶出しやすい．

(3) ヒ素は，地質，鉱山排水，工場排水などに由来する．

(4) シアンは，メッキ工場，精錬所などの排水に由来する．

解説 (1) 適当. フッ素は, 地質などの自然由来と工場排水など人為的なものの由来がある.

(2) 不適当. 鉛管では, 遊離炭素 (HCO_3^-, CO_3^{2-}) が多いと, 次のような反応で水に鉛が溶出しやすくなる.

$$Pb^{2+} + 2HCO_3^- \rightarrow Pb(HCO_3)_2,\quad Pb^{2+} + CO_3^{2-} \rightarrow PbCO_3$$

(3) 適当. ヒ素は, フッ素と同様に地質, 鉱山排水, 工場排水などに由来する.

(4) 適当. シアンは, メッキ工場, 精錬所などの排水に由来する. ▶答 (2)

1.3 水道法による定義・水道施設

問題1 【令和4年 問1】

水道法において定義されている水道事業等に関する次の記述のうち, 不適当なものはどれか.

(1) 水道事業とは, 一般の需要に応じて, 水道により水を供給する事業をいう. ただし, 給水人口が100人以下である水道によるものを除く.

(2) 簡易水道事業とは, 水道事業のうち, 給水人口が5,000人以下の事業をいう.

(3) 水道用水供給事業とは, 水道により, 水道事業者に対してその用水を供給する事業をいう.

(4) 簡易専用水道とは, 水道事業の用に供する水道及び専用水道以外の水道であって, 水道事業から受ける水のみを水源とするもので, 水道事業からの水を受けるために設けられる水槽の有効容量の合計が100 m^3 以下のものを除く.

解説 (1) 適当. 水道事業とは, 一般の需要に応じて, 水道により水を供給する事業をいう. ただし, 給水人口が100人以下である水道によるものを除く. 水道法第3条 (用語の定義) 第2項参照.

(2) 適当. 簡易水道事業とは, 水道事業のうち, 給水人口が5,000人以下の事業をいう. 水道法第3条 (用語の定義) 第3項参照.

(3) 適当. 水道用水供給事業とは, 水道により, 水道事業者に対してその用水を供給する事業をいう. 水道法第3条 (用語の定義) 第4項参照.

(4) 不適当. 簡易専用水道とは, 水道事業の用に供する水道及び専用水道以外の水道であって, 水道事業から受ける水のみを水源とするもので, 水道事業から水を受けるために設けられる水槽の有効容量の合計が10 m^3 以下のものを除く. 「100 m^3」が誤り. 水道法第3条 (用語の定義) 第7項及び水道法施行令第2条 (簡易専用水道の適用除外の

基準）参照.　　▶答（4）

問題 2　【令和3年 問1】

水道施設とその機能に関する次の組み合わせのうち，不適当なものはどれか.

	水道施設		機　能
(1)	浄水施設	・・・	原水を人の飲用に適する水に処理する.
(2)	配水施設	・・・	一般の需要に応じ，必要な浄水を供給する.
(3)	貯水施設	・・・	水道の原水を貯留する.
(4)	導水施設	・・・	浄水施設を経た浄水を配水施設に導く.
(5)	取水施設	・・・	水道の水源から原水を取り入れる.

解説　(1) 適当. 浄水施設は，原水を人の飲用に適する水として浄化処理するための沈殿池，ろ過池，浄水池，消毒装置，配水施設等の設備をいう（**図1.1**参照）.

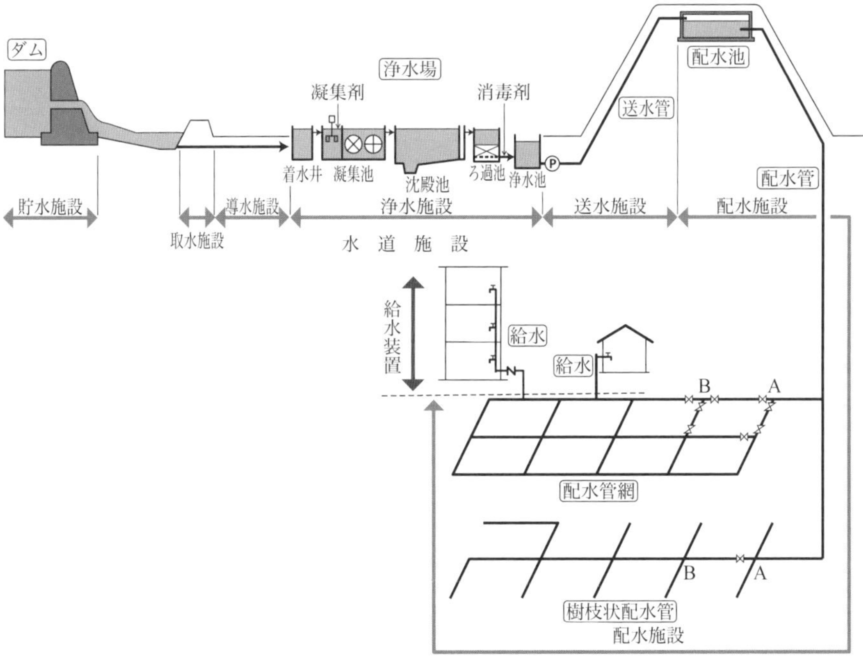

図1.1　水道施設概要図[1)]

(2) 適当. 配水施設とは，一般の需要に応じ，又は居住に必要な水を供給するための配水管，配水池，配水ポンプ等の設備をいう.

(3) 適当．貯水施設は，水道の原水を貯留するための水道専用ダム，多目的ダム等の設備をいう．

(4) 不適当．導水施設とは，取水施設を経た原水を浄水場へ導くための導水管，原水調整池，導水路，導水ポンプ等の設備をいう．なお，浄水施設を経た浄水を配水施設に導くものは送水施設である．

(5) 適当．取水施設とは，水道の水源である河川，湖沼，地下水等から水道原水を取り入れるための取水塔，取水堰，取水枠，浅井戸，深井戸，取水管渠，沈砂池，取水ポンプ等の設備をいう．

▶答 (4)

問題 3 【平成30年 問2】

水道事業等の定義に関する次の記述の［　　］内に入る語句及び数値の組み合わせのうち，適当なものはどれか．

水道事業とは，一般の需要に応じて，給水人口が［ ア ］人を超える水道により水を供給する事業をいい，［ イ ］事業は，水道事業のうち，給水人口が［ ウ ］人以下である水道により水を供給する規模の小さい事業をいう．

［ エ ］とは，寄宿舎，社宅，療養所等における自家用の水道その他水道事業の用に供する水道以外の水道であって，［ ア ］人を超える者にその住居に必要な水を供給するもの，又は人の飲用，炊事用，浴用，手洗い用その他人の生活用に供する水量が一日最大で $20\,m^3$ を超えるものをいう．

	ア	イ	ウ	エ
(1)	100	簡易水道	5,000	専用水道
(2)	100	簡易専用水道	1,000	貯水槽水道
(3)	500	簡易専用水道	1,000	専用水道
(4)	500	簡易水道	5,000	貯水槽水道

解説 ア「100」である．水道法第3条（用語の定義）第2項参照．

イ「簡易水道」である．水道法第3条（用語の定義）第3項参照．

ウ「5,000」である．水道法第3条（用語の定義）第3項参照．

エ「専用水道」である．水道法第3条（用語の定義）第6項及び水道法施行令第1条（専用水道の基準）第2項参照．

以上から (1) が正解．

▶答 (1)

問題 4 【平成30年 問3】

水道施設に関する下図の［　　］内に入る語句の組み合わせのうち，適当なものはどれか．

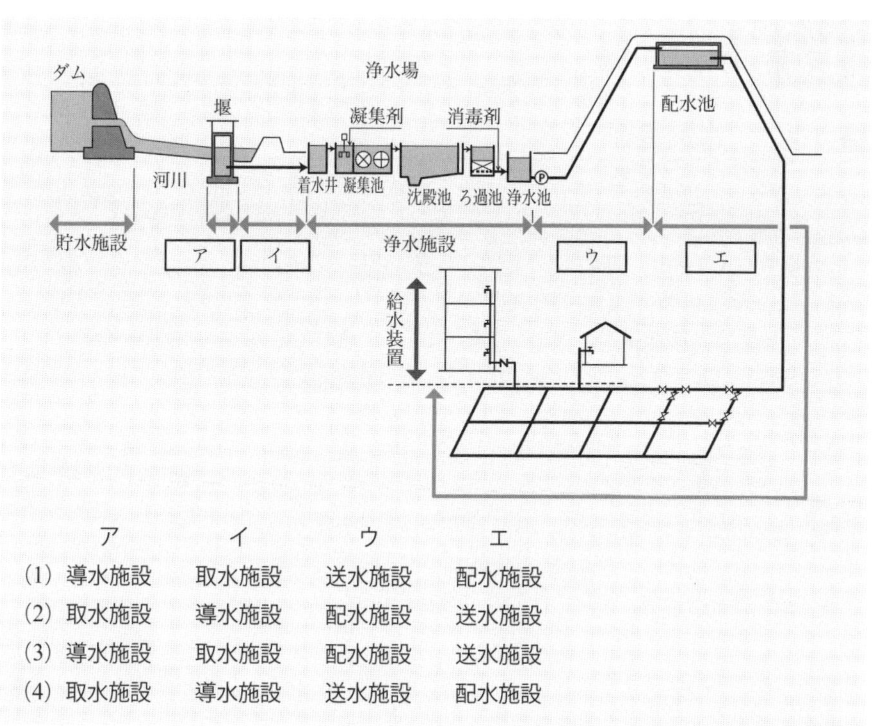

	ア	イ	ウ	エ
(1)	導水施設	取水施設	送水施設	配水施設
(2)	取水施設	導水施設	配水施設	送水施設
(3)	導水施設	取水施設	配水施設	送水施設
(4)	取水施設	導水施設	送水施設	配水施設

解説 ア「取水施設」である．取水施設とは，水道の水源である河川，湖沼，地下水等から水道原水を取り入れるための取水塔，取水堰，取水ポンプ等の設備をいう．

イ「導水施設」である．導水施設とは，取水施設を経た原水を浄水場へ導くための導水管，導水路，導水ポンプ等の設備をいう．

ウ「送水施設」である．送水施設とは，浄水を配水施設に送るための送水管，送水ポンプ等の設備をいう．

エ「配水施設」である．配水施設とは，一般の需要に応じ，又は居住に必要な水を供給するための配水管，配水池，配水ポンプ等の設備をいう．

以上から（4）が正解．

▶答（4）

1.4 水質関係

■ 1.4.1 水質基準

問題1 【令和4年 問2】

水道水の水質基準に関する次の記述のうち，不適当なものはどれか．

(1) 味や臭気は，水質基準項目に含まれている．

(2) 一般細菌の基準値は，「検出されないこと」とされている．

(3) 総トリハロメタンとともに，トリハロメタン類のうち4物質について各々基準値が定められている．

(4) 水質基準は，最新の科学的知見に照らして改正される．

解説 (1) 適当．味や臭気は，水質基準項目に含まれている（**表1.1**参照）．

表1.1 水質基準項目と基準値（51項目）

※「水質基準に関する省令」（平成15年厚生労働省令101号，最終改正令和2年4月1日施行）より．

（令和2年4月1日現在）

番号	項　目	基準値	備　考
1	一般細菌	1 mLの検水で形成される集落数が100以下	細菌汚染の一般的指標
2	大腸菌	検出されないこと	糞便汚染の指標
3	カドミウム及びその化合物	カドミウムの量に関して，0.003 mg/L以下	腎機能障害のおそれ
4	水銀及びその化合物	水銀の量に関して，0.0005 mg/L以下	神経系への毒性影響のおそれ（メチル水銀化合物による）
5	セレン及びその化合物	セレンの量に関して，0.01 mg/L以下	爪，頭髪，肝臓への毒性影響のおそれ
6	鉛及びその化合物	鉛の量に関して，0.01 mg/L以下	肝臓がん，神経障害等のおそれ
7	ヒ素及びその化合物	ヒ素の量に関して，0.01 mg/L以下	皮膚がん，末梢性神経症等のおそれ
8	六価クロム化合物	六価クロムの量に関して，0.02 mg/L以下	発がん，遺伝毒性のおそれ
9	亜硝酸態窒素	0.04 mg/L以下	乳幼児のメトヘモグロビン血症のおそれ
10	シアン化物イオン及び塩化シアン	シアンの量に関して，0.01 mg/L以下	精巣重量・精子細胞数等の減少（雄ラット）
11	硝酸態窒素及び亜硝酸態窒素	10 mg/L以下	乳幼児のメトヘモグロビン血症のおそれ
12	フッ素及びその化合物	フッ素の量に関して，0.8 mg/L以下	斑状歯，骨へのふっ素沈着のおそれ

表1.1　水質基準項目と基準値（51項目）（つづき）

（令和2年4月1日現在）

番号	項　目	基準値	備　考
13	ホウ素及びその化合物	ホウ素の量に関して，1.0 mg/L 以下	雄生殖器官への毒性，催奇形性のおそれ
14	四塩化炭素	0.002 mg/L 以下	肝臓への毒性影響，肝臓がんのおそれ
15	1,4-ジオキサン	0.05 mg/L 以下	多臓器への発がんのおそれ
16	シス-1,2-ジクロロエチレン及びトランス-1,2-ジクロロエチレン	0.04 mg/L 以下	血清アルカリホスファターゼの増加
17	ジクロロメタン	0.02 mg/L 以下	肝臓がんのおそれ
18	テトラクロロエチレン	0.01 mg/L 以下	肝臓がんのおそれ
19	トリクロロエチレン	0.01 mg/L 以下	肝臓がんのおそれ
20	ベンゼン	0.01 mg/L 以下	白血病のおそれ
21	塩素酸	0.6 mg/L 以下	赤血球細胞への酸化的傷害
22	クロロ酢酸	0.02 mg/L 以下	脾臓重量の増加等（雄ラット）
23	クロロホルム	0.06 mg/L 以下	肝嚢胞発生の増加（犬）
24	ジクロロ酢酸	0.03 mg/L 以下	肝臓がんのおそれ
25	ジブロモクロロメタン	0.1 mg/L 以下	肝臓への組織病理学的損傷
26	臭素酸	0.01 mg/L 以下	多臓器への発がんのおそれ
27	総トリハロメタン[注)]	0.1 mg/L 以下	消毒副生成物全生成量を抑制するための総括的指標
28	トリクロロ酢酸	0.03 mg/L 以下	肝臓由来の血清中酵素の活性増加（ラット）
29	ブロモジクロロメタン	0.03 mg/L 以下	肝臓の脂肪変性，肉芽腫等（ラット）
30	ブロモホルム	0.09 mg/L 以下	肝臓への組織病理学的損傷
31	ホルムアルデヒド	0.08 mg/L 以下	腎相対重量の増加等（ラット）
32	亜鉛及びその化合物	亜鉛の量に関して，1.0 mg/L 以下	味覚及び色
33	アルミニウム及びその化合物	アルミニウムの量に関して，0.2 mg/L 以下	色
34	鉄及びその化合物	鉄の量に関して，0.3 mg/L 以下	味覚及び洗濯物への着色
35	銅及びその化合物	銅の量に関して，1.0 mg/L 以下	洗濯物等への着色
36	ナトリウム及びその化合物	ナトリウムの量に関して，200 mg/L 以下	味覚
37	マンガン及びその化合物	マンガンの量に関して，0.05 mg/L 以下	黒水障害の発生
38	塩素イオン	200 mg/L 以下	味覚

表 1.1　水質基準項目と基準値（51 項目）（つづき）

（令和 2 年 4 月 1 日現在）

番号	項　目	基準値	備　考
39	カルシウム，マグネシウム等（硬度）	300 mg/L 以下	石鹸の泡立ち等への影響
40	蒸発残留物	500 mg/L 以下	味覚
41	陰イオン界面活性剤	0.2 mg/L 以下	発泡
42	ジェオスミン	0.00001 mg/L 以下	異臭味
43	2-メチルイソボルネオール	0.00001 mg/L 以下	異臭味
44	非イオン界面活性剤	0.02 mg/L 以下	発泡
45	フェノール類	フェノールの量に換算して，0.005 mg/L 以下	異臭味
46	有機物（全有機炭素（TOC）の量）	3 mg/L 以下	有機物の指標
47	pH 値	5.8 以上 8.6 以下	金属の腐食
48	味	異常でないこと	基本的な指標
49	臭気	異常でないこと	基本的な指標
50	色度	5 度以下	基本的な指標
51	濁度	2 度以下	基本的な指標

（注）クロロホルム，ジブロモクロロメタン，ブロモジクロロメタン及びブロモホルムのそれぞれの濃度の総和.

(2) 不適当. 一般細菌の基準は，1 mL の検水で形成される集落数が 100 以下である（表 1.1 参照）.

(3) 適当. 総トリハロメタンとともに，トリハロメタン類のうち 4 物質（クロロホルム：$CHCl_3$，ジブロモクロロメタン：$CHBr_2Cl$，ブロモジクロロメタン：$CHBrCl_2$，ブロモホルム：$CHBr_3$）について各々基準値が定められている（表 1.1 参照）.

(4) 適当. 水質基準は，最新の科学的知見に照らして改正される.　▶答 (2)

問題 2　【令和 3 年 問 2】

水道法第 4 条に規定する水質基準に関する次の記述のうち，不適当なものはどれか.

(1) 外観は，ほとんど無色透明であること.

(2) 異常な酸性又はアルカリ性を呈しないこと.

(3) 消毒による臭味がないこと.

(4) 病原生物に汚染され，又は病原生物に汚染されたことを疑わせるような生物若しくは物質を含むものでないこと.

(5) 銅，鉄，弗素（ふっ素），フェノールその他の物質をその許容量をこえて含まないこと.

解説 (1) 適当．外観は，ほとんど無色透明であること．水道法第4条（水質基準）第1項第六号参照．

(2) 適当．異常な酸性又はアルカリ性を呈しないこと．水道法第4条（水質基準）第1項第四号参照．

(3) 不適当．消毒による臭味は除外されていない．水道法第4条（水質基準）第1項第五号参照．

(4) 適当．病原生物に汚染され，又は病原生物に汚染されたことを疑わせるような生物若しくは物質を含むものでないこと．水道法第4条（水質基準）第1項第一号参照．

(5) 適当．銅，鉄，ふっ素，フェノールその他の物質をその許容量を超えて含まないこと．水道法第4条（水質基準）第1項第三号参照．

▶答 (3)

題3 【令和元年 問2】

水道法第4条に規定する水質基準に関する次の記述の正誤の組み合わせのうち，適当なものはどれか．

ア 病原生物をその許容量を超えて含まないこと．
イ シアン，水銀その他の有毒物質を含まないこと．
ウ 消毒による臭味がないこと．
エ 外観は，ほとんど無色透明であること．

	ア	イ	ウ	エ
(1)	正	誤	正	誤
(2)	誤	正	誤	正
(3)	正	誤	誤	正
(4)	誤	正	正	誤

解説 ア 誤り．病原生物を含まないこと．許容量の規定はない．

イ 正しい．シアン，水銀その他の有毒物質を含まないこと．

ウ 誤り．異常な臭味がないこと．ただし，消毒による臭味は除かれている．

エ 正しい．外観は，ほとんど無色透明であること．

水道法第4条（水質基準）第1項参照．

以上から (2) が正解．

▶答 (2)

問題4 【平成29年 問3】

水道法第4条に規定する水質基準に関する次の記述のうち，不適当なものはどれか．

(1) 病原生物に汚染され，又は病原生物に汚染されたことを疑わせるような生物若しくは物質を含むものでないこと.
(2) シアン，水銀その他の有毒物質を含まないこと.
(3) 外観は，ほとんど無色透明であること.
(4) 消毒による臭味がないこと.

解説 (1) 適当. 水道法第4条（水質基準）第1項第一号参照.
(2) 適当. 水道法第4条（水質基準）第1項第二号参照.
(3) 適当. 水道法第4条（水質基準）第1項第六号参照.
(4) 不適当. このような定めはない. ▶答 (4)

■ 1.4.2 塩素消毒・残留塩素

問題1 【令和4年 問3】

塩素消毒及び残留塩素に関する次の記述のうち，不適当なものはどれか.
(1) 残留塩素には遊離残留塩素と結合残留塩素がある. 消毒効果は結合残留塩素の方が強く，残留効果は遊離残留塩素の方が持続する.
(2) 遊離残留塩素には，次亜塩素酸と次亜塩素酸イオンがある.
(3) 水道水質基準に適合した水道水では，遊離残留塩素のうち，次亜塩素酸の存在比が高いほど，消毒効果が高い.
(4) 一般に水道で使用されている塩素系消毒剤としては，次亜塩素酸ナトリウム，液化塩素（液体塩素），次亜塩素酸カルシウム（高度さらし粉を含む）がある.

解説 (1) 不適当. 残留塩素には，遊離残留塩素（HClO，ClO^-）と結合残留塩素（NH_2Cl，$NHCl_2$）がある. 消毒効果は遊離残留塩素の方が強く，残留効果は結合残留塩素の方が持続する. 遊離残留塩素と結合残留塩素の特徴の記述が逆である.
(2) 適当. 遊離残留塩素には，次亜塩素酸（HClO）と次亜塩素酸イオン（ClO^-）がある.
(3) 適当. 水道水基準に適合した水道水では，遊離残留塩素のうち，次亜塩素酸（HClO）の存在比が高いほど消毒効果が高い. 消毒効果は $HClO > ClO^-$ である.
(4) 適当. 一般に水道で使用されている塩素系消毒剤としては，次亜塩素酸ナトリウム（NaClO），液化塩素（液体塩素：Cl_2），次亜塩素酸カルシウム（高度さらし粉を含む $Ca(ClO)_2$）がある. ▶答 (1)

問題2 【令和2年 問3】

残留塩素と消毒効果に関する次の記述のうち，不適当なものはどれか.
(1) 残留塩素とは，消毒効果のある有効塩素が水中の微生物を殺菌消毒したり，有機物を酸化分解した後も水中に残留している塩素のことである.

(2) 給水栓における水は，遊離残留塩素が 0.4 mg/L 以上又は結合残留塩素が 0.1 mg/L 以上を保持していなくてはならない.

(3) 塩素系消毒剤として使用されている次亜塩素酸ナトリウムは，光や温度の影響を受けて徐々に分解し，有効塩素濃度が低下する.

(4) 残留塩素濃度の測定方法の一つとして，ジエチル-*p*-フェニレンジアミン（DPD）と反応して生じる桃～桃赤色を標準比色液と比較して測定する方法がある.

解説 (1) 適当. 残留塩素（遊離残留塩素 + 結合残留塩素）とは，消毒効果のある有効塩素が水中の微生物を殺菌消毒したり，有機物を酸化分解した後も水中に残留している塩素のことである.

(2) 不適当. 給水栓における水は，遊離残留塩素（HClO + ClO^-）が 0.1 mg/L 以上又は結合残留塩素（NH_2Cl + $NHCl_2$）が 0.4 mg/L 以上を保持していなくてはならない. 塩素濃度の記述が逆である.

(3) 適当. 塩素系消毒剤として使用されている次亜塩素酸ナトリウム（NaClO）は，光や温度の影響を受けて徐々に分解し，有効塩素濃度が低下する.

(4) 適当. 残留塩素濃度の測定方法の一つとして，ジエチル-*p*-フェニレンジアミン（DPD）と反応して生じる桃～桃赤色を標準比色液と比較して測定する方法がある.

▶答 (2)

問題3 【令和元年 問1】

消毒及び残留塩素に関する次の記述のうち，<u>不適当なものはどれか</u>.

(1) 水道水中の残留塩素濃度の保持は，衛生上の措置（水道法第 22 条，水道法施行規則第 17 条）において規定されている.

(2) 給水栓における水は，遊離残留塩素 0.1 mg/L 以上（結合残留塩素の場合は 0.4 mg/L 以上）を含まなければならない.

(3) 水道の消毒剤として，次亜塩素酸ナトリウムのほか，液化塩素や次亜塩素酸カルシウムが使用されている.

(4) 残留塩素濃度の簡易測定法として，ジエチル-*p*-フェニレンジアミン（DPD）と反応して生じる青色を標準比色液と比較する方法がある.

解説 (1) 適当. 水道水中の残留塩素濃度の保持は，衛生上の措置（水道法第 22 条（衛生上の措置），水道法施行規則第 17 条（衛生上必要な措置））において規定されている.

(2) 適当. 給水栓における水は，遊離残留塩素 0.1 mg/L 以上（結合残留塩素の場合は 0.4 mg/L 以上）を含まなければならない. 水道法施行規則第 17 条（衛生上必要な措置）第1項第三号参照.

(3) 適当．水道の消毒剤として，次亜塩素酸ナトリウム（NaClO）のほか，液化塩素（Cl_2）や次亜塩素酸カルシウム（$Ca(ClO)_2$）（高度さらし粉）が使用されている.

(4) 不適当．残留塩素濃度の簡易測定法として，ジエチル-*p*-フェニレンジアミン（DPD）と反応して生じる桃～桃赤色を標準比色液と比較する方法がある.

▶答（4）

問題4 【平成29年 問2】

残留塩素に関する次の記述のうち，不適当なものはどれか.

(1) 給水栓における残留塩素濃度は，結合残留塩素の場合は0.1 mg/L以上，遊離残留塩素の場合は，0.4 mg/L以上を保持していなければならない.

(2) 一般に使用されている塩素系消毒剤としては，次亜塩素酸ナトリウム，液化塩素（液体塩素），次亜塩素酸カルシウム（高度さらし粉を含む）がある.

(3) 残留塩素とは，消毒効果のある有効塩素が水中の微生物を殺菌消毒したり，有機物を酸化分解した後も水中に残留している塩素のことである.

(4) 遊離残留塩素には，次亜塩素酸と次亜塩素酸イオンがある.

解説 (1) 不適当．給水栓における残留塩素濃度は，遊離残留塩素の場合0.1 mg/L以上，結合残留塩素の場合0.4 mg/L以上を保持していなければならない．数値が逆である.

(2) 適当．一般に使用されている塩素系消毒剤としては，次亜塩素酸ナトリウム（NaClO），液化塩素（液体塩素）（Cl_2），次亜塩素酸カルシウム（高度さらし粉）（$Ca(ClO)_2$）がある.

(3) 適当．残留塩素とは，消毒効果のある有効塩素が水中の微生物を殺菌消毒したり，有機物を酸化分解した後も水中に残留している塩素のことである.

(4) 適当．遊離残留塩素には，次亜塩素酸（HClO）と次亜塩素酸イオン（ClO^-）がある.

▶答（1）

1.5 利水障害・病原微生物・有害物質の生体への影響

問題1 【令和3年 問3】

水道の利水障害（日常生活での水利用への差し障り）に関する次の記述のうち，不適当なものはどれか.

(1) 藻類が繁殖するとジェオスミンや2-メチルイソボルネオール等の有機物が産生され，これらが飲料水に混入すると着色の原因となる.

(2) 飲料水の味に関する物質として，塩化物イオン，ナトリウム等があり，これらの飲料水への混入は主に水道原水や工場排水等に由来する.

(3) 生活廃水や工場排水に由来する界面活性剤が飲料水に混入すると泡立ちにより，不快感をもたらすことがある.

(4) 利水障害の原因となる物質のうち，亜鉛，アルミニウム，鉄，銅は水道原水に由来するが，水道に用いられた薬品や資機材に由来することもある.

解説 (1) 不適当．藻類が繁殖するとジェオスミンや2-メチルイソボルネオール等の有機物が産生され，これらが飲料水に混入すると，カビ臭の原因となる.「着色」が誤り.

(2) 適当．飲料水の味に関する物質として，塩化物イオン，ナトリウム等があり，これの飲料水への混入は主に水道原水や工場排水等に由来する.

(3) 適当．生活廃水や工場排水に由来する界面活性剤が飲料水に混入すると泡立ちにより，不快感をもたらすことがある.

(4) 適当．利水障害の原因となる物質のうち，亜鉛，アルミニウム，鉄，銅は水道原水に由来するが，水道に用いられた薬品や資機材に由来することもある．

▶答 (1)

問題2 【平成29年 問1】

水系感染症の原因となる次の病原微生物のうち，浄水場での塩素消毒が<u>有効でないものはどれか</u>.

(1) 病原性大腸菌O157（オー）

(2) レジオネラ属菌

(3) クリプトスポリジウム

(4) ノロウイルス

解説 (1) 有効．病原性大腸菌O157は，遊離残留塩素0.1 mg/Lで死滅する．また75°Cの加熱1分の条件下でも死滅する.

(2) 有効．レジオネラ属菌は，自然界に広く存在しており，冷却塔水に混入して増殖する．塩素により死滅する．熱に弱く55°C以上でも死滅する.

(3) 有効でない．クリプトスポリジウムは，硬い殻に覆われたオーシストの形で存在し，塩素消毒に対し抵抗性を持つ．加熱，冷凍，乾燥には弱い.

(4) 有効．ノロウイルスは，下痢，吐気，嘔吐，発熱を主な症状とする急性胃腸炎を起こし，それにより汚染された食品や水から経口により感染する．塩素消毒で死滅する.

▶答 (3)

第2章

水道行政

2.1 水道の制度・水道事業の認可・経営全般・水道施設の整備

問題1 【令和4年 問5】

簡易専用水道の管理基準に関する次の記述のうち，不適当なものはどれか．

(1) 有害物や汚水等によって水が汚染されるのを防止するため，水槽の点検等の必要な措置を講じる．

(2) 設置者は，毎年1回以上定期に，その水道の管理について，地方公共団体の機関又は厚生労働大臣の登録を受けた者の検査を受けなければならない．

(3) 供給する水が人の健康を害するおそれがあることを知ったときは，直ちに給水を停止し，かつ，その水を使用することが危険である旨を関係者に周知させる措置を講じる．

(4) 給水栓により供給する水に異常を認めたときは，水道水質基準の全項目について水質検査を行わなければならない．

解説 (1) 適当．有害物や汚水等によって水が汚染されることを防止するため，水槽の点検等の必要な措置を講じる．水道法施行規則第55条（管理基準）第二号参照．

(2) 適当．設置者は，毎年1回以上定期に，その水道の管理について，地方公共団体の機関又は厚生労働大臣の登録を受けた者の検査を受けなければならない．水道法第34条の2（簡易専用水道）第2項及び水道法施行規則第56条（検査）第1項参照．

(3) 適当．供給する水が人の健康を害するおそれがあることを知ったときは，直ちに給水を停止し，かつ，その水を使用することが危険である旨を関係者に周知させる措置を講じる．水道法施行規則第55条（管理基準）第四号参照．

(4) 不適当．給水栓により供給する水に異常を認めたとき，水道水質基準の全項目について定められた項目以外では，その全部又は一部を行う必要がないことが明らかであると認められる場合は，省略することができる．水道法施行規則第54条（準用）で準用する第15条（定期及び臨時の水質検査）第2項第三号参照．

▶答 (4)

問題2 【令和4年 問7】

水道法に関する次の記述の正誤の組み合わせのうち，適当なものはどれか．

ア　国，都道府県及び市町村は水道の基盤の強化に関する施策を策定し，推進又は実施するよう努めなければならない．

イ　国は広域連携の推進を含む水道の基盤を強化するための基本方針を定め，都道府県は基本方針に基づき，水道基盤強化計画を定めなければならない．

ウ　水道事業者等は，水道施設を適切に管理するための水道施設台帳を作成し，保管しなければならない.

エ　指定給水装置工事事業者の5年ごとの更新制度が導入されたことに伴って，給水装置工事主任技術者も5年ごとに更新を受けなければならない.

	ア	イ	ウ	エ
(1)	正	誤	誤	正
(2)	正	正	誤	誤
(3)	誤	誤	正	正
(4)	正	誤	正	誤
(5)	誤	正	誤	正

解説　ア　正しい. 国，都道府県及び市町村は水道の基盤の強化に関する施策を策定し，推進又は実施するように努めなければならない. 水道法第2条の2第1項～第3項参照.

イ　誤り. 国は広域連携の推進を含む水道の基盤を強化するための基本方針を定め，都道府県は基本方針に基づき，関係市町村及び水道事業者等の同意を得て，水道基盤強化計画を定めることができる.「……定めなければならない.」が誤り. 水道法第5条の2（基本方針）第1項，第5条の3（水道基盤強化計画）第1項及び第3項並びに第4項参照.

ウ　正しい. 水道事業者は，水道施設を適切に管理するための水道施設台帳を作成，保管しなければならない. 水道法第22条の3（水道施設台帳）第1項参照.

エ　誤り. 指定給水装置工事事業者の5年ごとの更新制度が導入されたことに伴って，その指定給水装置工事事業者が選任する給水装置工事主任技術者も5年ごとに更新を受けなければならない定めはない. 水道法第25条の3の2（指定の更新）第1項及び第4項で準用する第25条の2（指定の申請）第2項第二号並びに第25条の3（指定の基準）第1項第一号参照.

▶答（4）

問題3　【令和4年 問9】

水道施設運営権に関する次の記述のうち，不適当なものはどれか.

(1) 地方公共団体である水道事業者は，民間資金等の活用による公共施設等の整備等の促進に関する法律（以下本問においては「民間資金法」という.）の規定により，水道施設運営等事業に係る公共施設等運営権を設定しようとするときは，あらかじめ，都道府県知事の許可を受けなければならない.

(2) 水道施設運営等事業は，地方公共団体である水道事業者が民間資金法の規定により水道施設運営権を設定した場合に限り，実施することができる.

(3) 水道施設運営権を有する者が，水道施設運営等事業を実施する場合には，水道事業経営の認可を受けることを要しない.

(4) 水道施設運営権を有する者は，水道施設運営等事業について技術上の業務を担当させるため，水道施設運営等事業技術管理者を置かなければならない．

解説 (1) 不適当．地方公共団体である水道事業者は，民間資金等の活用による公共施設等の整備等の促進に関する法律（以下本問においては「民間資金法」という）の規定により，水道施設運営等の事業に係る公共施設等運営権を設定しようとするときは，あらかじめ，議会の議決を経なければならない．「都道府県知事の許可」が誤り．民間資金法第12条（地方公共団体の議会の議決）参照．

(2) 適当．水道施設運営等事業は，地方公共団体である水道事業者が民間資金法の規定により水道施設運営権を設定した場合に限り，実施することができる．民間資金法第14条（選定事業の実施）第1項参照．

(3) 適当．地方公共団体である水道事業者が，民間資金法の規定により水道施設運営権を設定すれば，水道施設運営権を有する者が水道施設運営等事業を実施する場合には，水道事業経営の認可を受けることを要しない．

(4) 適当．水道施設運営権を有する者は，水道施設運営等事業について技術上の業務を担当させるため，水道施設運営等事業技術管理者を置かなければならない．水道法第19条（水道技術管理者）第1項参照．

▶答 (1)

問題4 【令和3年 問6】

水道法に規定する水道事業等の認可に関する次の記述の正誤の組み合わせのうち，適当なものはどれか．

ア 水道法では，水道事業者を保護育成すると同時に需要者の利益を保護するために，水道事業者を監督する仕組みとして，認可制度をとっている．

イ 水道事業を経営しようとする者は，市町村長の認可を受けなければならない．

ウ 水道事業経営の認可制度によって，複数の水道事業者の給水区域が重複することによる不合理・不経済が回避される．

エ 専用水道を経営しようとする者は，市町村長の認可を受けなければならない．

	ア	イ	ウ	エ
(1)	正	正	正	正
(2)	正	誤	正	誤
(3)	誤	正	誤	正
(4)	正	誤	正	正
(5)	誤	正	誤	誤

解説 ア 正しい．水道法では，水道事業者を保護育成すると同時に需要者の利益を保

2.1 水道の制度・水道事業の認可・経営全般・水道施設の整備

護するために，水道事業者を監督する仕組みとして，認可制度をとっている．水道法第6条（事業の認可及び経営主体）第1項参照．

イ　誤り．水道事業を経営しようとする者は，厚生労働大臣の認可を受けなければならない．「市町村長」が誤り．水道法第6条（事業の認可及び経営主体）第1項参照．

ウ　正しい．水道事業経営の認可制度によって，複数の水道事業者の給水区域が重複することによる不合理・不経済が回避される．

エ　誤り．専用水道を経営しようとする者は，都道府県知事の確認を受けなければならない．水道法第32条（確認）参照．

以上から（2）が正解．

▶答（2）

問題5　【令和3年 問9】

水道事業の経営全般に関する次の記述のうち，不適当なものはどれか．

（1）水道事業者は，水道の布設工事を自ら施行し，又は他人に施行させる場合においては，その職員を指名し，又は第三者に委嘱して，その工事の施行に関する技術上の監督業務を行わせなければならない．

（2）水道事業者は，水道事業によって水の供給を受ける者から，水質検査の請求を受けたときは，すみやかに検査を行い，その結果を請求者に通知しなければならない．

（3）水道事業者は，水道法施行令で定めるところにより，水道の管理に関する技術上の業務の全部又は一部を他の水道事業者若しくは水道用水供給事業者又は当該業務を適正かつ確実に実施することができる者として同施行令で定める要件に該当するものに委託することができる．

（4）地方公共団体である水道事業者は，民間資金等の活用による公共施設等の整備等の促進に関する法律に規定する公共施設等運営権を設定しようとするときは，水道法に基づき，あらかじめ都道府県知事の認可を受けなければならない．

解説（1）適当．水道事業者は，水道の布設工事を自ら施行し，又は他人に施行させる場合においては，その職員を指名し，又は第三者に委嘱して，その工事の施行に関する技術上の監督業務を行わせなければならない．水道法第12条（技術者による布設工事の監督）第1項参照．

（2）適当．水道事業者は，水道事業によって水の供給を受ける者から，水質検査の請求を受けたときは，すみやかに検査を行い，その結果を請求者に通知しなければならない．水道法第18条（検査の請求）第2項参照．

（3）適当．水道事業者は，水道法施行令で定めるところにより，水道の管理に関する技術上の業務の全部又は一部を他の水道事業者若しくは水道用水供給事業者又は当該業務を適正かつ確実に実施することができる者として同施行令で定める要件に該当するものに委託することができる．水道法第24条の3（業務の委託）第1項参照．

(4) 不適当．地方公共団体である水道事業者は，民間資金等の活用による公共施設等の整備等の促進に関する法律（以下「民活法」という）に規定する公共施設等運営権を設定しようとするときは，公共施設等の管理者等が，選定事業者に設定することができる．この場合，水道法に基づき，あらかじめ都道府県知事の認可を受ける定めはない．民活法第16条（公共施設等運営権の設定）参照． ▶答 (4)

問題6 【令和2年 問5】

簡易専用水道の管理基準に関する次の記述のうち，不適当なものはどれか．

(1) 水槽の掃除を2年に1回以上定期に行う．
(2) 有害物や汚水等によって水が汚染されるのを防止するため，水槽の点検等を行う．
(3) 給水栓により供給する水に異常を認めたときは，必要な水質検査を行う．
(4) 供給する水が人の健康を害するおそれがあることを知ったときは，直ちに給水を停止する．

解説 (1) 不適当．水槽の掃除を1年に1回以上定期に行う．「2年」が誤り．水道法第34条の2（簡易専用水道）第1項及び水道法施行規則第55条（管理基準）第一号参照．

(2) 適当．有害物や汚水等によって水が汚染されるのを防止するため，水槽の点検等を行う．水道法施行規則第55条（管理基準）第二号参照．

(3) 適当．給水栓により供給する水に異常を認めたときは，必要な水質検査を行う．水道法施行規則第55条（管理基準）第三号参照．

(4) 適当．供給する水が人の健康を害するおそれがあることを知ったときは，直ちに給水を停止する．同時にその水を使用することが危険である旨を関係者に周知させる措置を講ずることが必要である．水道法施行規則第55条（管理基準）第四号参照． ▶答 (1)

問題7 【令和2年 問6】

平成30年に一部改正された水道法に関する次の記述のうち，不適当なものはどれか．

(1) 国，都道府県及び市町村は水道の基盤の強化に関する施策を策定し，推進又は実施するよう努めなければならない．
(2) 国は広域連携の推進を含む水道の基盤を強化するための基本方針を定め，都道府県は基本方針に基づき，関係市町村及び水道事業者等の同意を得て，水道基盤強化計画を定めることができる．
(3) 水道事業者は，水道施設を適切に管理するための水道施設台帳を作成，保管しなければならない．

(4) 指定給水装置工事事業者の5年更新制度が導入されたことに伴って，その指定給水装置工事事業者が選任する給水装置工事主任技術者も5年ごとに更新を受けなければならない．

解説 (1) 適当．国，都道府県及び市町村は水道の基盤の強化に関する施策を策定し，推進又は実施するよう努めなければならない．水道法第2条の2第1項～第3項参照．

(2) 適当．国は広域連携の推進を含む水道の基盤を強化するための基本方針を定め，都道府県は基本方針に基づき，関係市町村及び水道事業者等の同意を得て，水道基盤強化計画を定めることができる．水道法第5条の2（基本方針）第1項，第5条の3（水道基盤強化計画）第1項及び第3項並びに第4項参照．

(3) 適当．水道事業者は，水道施設を適切に管理するための水道施設台帳を作成，保管しなければならない．水道法第22条の3（水道施設台帳）第1項参照．

(4) 不適当．指定給水装置工事事業者の5年更新制度が導入されたことに伴って，その指定給水装置工事事業者が選任する給水装置工事主任技術者も5年ごとに更新を受けなければならない定めはない．水道法第25条の3の2（指定の更新）第1項及び第4項で準用する第25条の2（指定の申請）第2項第二号並びに第25条の3（指定の基準）第1項第一号参照．

▶答 (4)

問題8 【令和元年 問4】

簡易専用水道の管理に関する次の記述の［　　］内に入る語句の組み合わせのうち，適当なものはどれか．

簡易専用水道の［ア］は，水道法施行規則第55条に定める基準に従い，その水道を管理しなければならない．この基準として，［イ］の掃除を［ウ］以内ごとに1回定期に行うこと，［イ］の点検など，水が汚染されるのを防止するために必要な措置を講じることが定められている．

簡易専用水道の［ア］は，［ウ］以内ごとに1回定期に，その水道の管理について地方公共団体の機関又は厚生労働大臣の［エ］を受けた者の検査を受けなければならない．

	ア	イ	ウ	エ
(1)	設置者	水槽	1年	登録
(2)	水道技術管理者	給水管	1年	指定
(3)	設置者	給水管	3年	指定
(4)	水道技術管理者	水槽	3年	登録

解説 ア「設置者」である．水道法第34条の2（簡易専用水道）第1項参照．

イ「水槽」である．水道法施行規則第55条（管理基準）第一号参照．

ウ「1年」である．水道法施行規則第56条（検査）第1項参照．

エ「登録」である．水道法施行規則第56条（検査）第2項参照．

以上から（1）が正解． ▶答（1）

問題9 【令和元年 問9】

水道法に規定する水道事業等の認可に関する次の記述の正誤の組み合わせのうち，適当なものはどれか．

ア　水道法では，水道事業者を保護育成すると同時に需要者の利益を保護するために，水道事業者を監督する仕組みとして，認可制度をとっている．

イ　水道事業経営の認可制度によって，複数の水道事業者の給水区域が重複することによる不合理・不経済が回避される．

ウ　水道事業を経営しようとする者は，市町村長の認可を受けなければならない．

エ　水道用水供給事業者については，給水区域の概念はないので認可制度をとっていない．

	ア	イ	ウ	エ
(1)	正	正	誤	誤
(2)	誤	誤	正	正
(3)	正	誤	正	誤
(4)	誤	正	誤	正

解説　ア　正しい．水道法では，水道事業者を保護育成すると同時に需要者の利益を保護するために，水道事業者を監督する仕組みとして，認可制度をとっている．水道法第6条（事業の認可及び経営主体）第1項参照．

イ　正しい．水道事業経営の認可制度によって，複数の水道事業者の給水区域が重複することによる不合理・不経済が回避される．

ウ　誤り．水道事業を経営しようとする者は，厚生労働大臣の認可を受けなければならない．水道事業は主として市町村が経営を行うが，市町村以外が経営を行う場合は，市町村の同意が必要である．水道法第6条（事業の認可及び経営主体）第1項及び第2項参照．

エ　誤り．水道用水供給事業者については，給水区域の概念はないが，水道事業の機能の一部を代替するものであることから，認可制度をとっている．水道法第26条（事業の認可）参照．

以上から（1）が正解． ▶答（1）

問題10

【平成30年 問9】

水道事業者等による水道施設の整備に関する次の記述の下線部（1）から（4）までのうち，不適当なものはどれか．

水道事業者又は(1)水道用水供給事業者は，一定の資格を有する(2)水道技術管理者の監督のもとで水道施設を建設し，工事した施設を利用して(3)給水を開始する前に，(4)水質検査・施設検査を行う．

解説 (2) 不適当．正しくは「技術者」である．水道法第12条（技術者による布設工事の監督）第1項及び第2項並びに第13条（給水開始前の届出及び検査）第1項参照．その他は正しい．なお，水道法第31条（準用）参照．

▶答 (2)

問題11

【平成29年 問4】

水道法に規定する水道事業の認可に関する次の記述のうち，不適当なものはどれか．

(1) 水道法では，水道事業者を保護育成すると同時に需要者の利益を保護するために，水道事業者を監督する仕組みとして認可制度をとっている．

(2) 水道事業を経営しようとする者は，市町村長の認可を受けなければならない．

(3) 水道事業経営の認可制度によって，複数の水道事業者の供給区域が重複することによる不合理・不経済が回避される．

(4) 水道用水供給事業については，給水区域の概念はないが，水道事業の機能の一部を代替するものであることから，認可制度をとっている．

解説 (1) 適当．水道法では，水道事業者を保護育成すると同時に需要者の利益を保護するために，水道事業者を監督する仕組みとして認可制度をとっている．水道法第6条（事業の認可及び経営主体）第1項参照．

(2) 不適当．水道事業を経営しようとする者は，厚生労働大臣の認可を受けなければならない．水道法第6条（事業の認可及び経営主体）第1項参照．

(3) 適当．水道事業経営の認可制度によって，複数の水道事業者の供給区域が重複することによる不合理・不経済が回避される．

(4) 適当．水道用水供給事業については，給水区域の概念はないが，水道事業の機能の一部を代替するものであることから，認可制度をとっている．

▶答 (2)

2.2 水道事業者と指定給水装置工事事業者

題1　【令和4年 問6】

指定給水装置工事事業者の5年ごとの更新時に，水道事業者が確認することが望ましい事項に関する次の記述の正誤の組み合わせのうち，適当なものはどれか．

ア　指定給水装置工事事業者の受注実績
イ　給水装置工事主任技術者等の研修会の受講状況
ウ　適切に作業を行うことができる技能を有する者の従事状況
エ　指定給水装置工事事業者の講習会の受講実績

	ア	イ	ウ	エ
(1)	正	正	正	正
(2)	正	誤	正	正
(3)	誤	誤	正	誤
(4)	誤	正	誤	誤
(5)	誤	正	正	正

解説　ア　誤り．正しくは「指定給水装置工事事業者の業務内容（営業時間，漏水修理，対応工事等)」が，確認事項である．

イ　正しい．「指定給水装置工事事業者等の研修会の受講状況」は，確認事項である．

ウ　正しい．「適切に作業を行うことができる技能を有する者の従事状況」は，確認事項である．

エ　正しい．「指定給水装置工事事業者の講習会の受講実績」は，確認事項である．

指定給水装置工事技術指針2020，35頁参照．

以上から（5）が正解．　▶答（5）

問題2　【令和3年 問5】

指定給水装置工事事業者の5年ごとの更新時に，水道事業者が確認することが望ましい事項に関する次の記述の正誤の組み合わせのうち，適当なものはどれか．

ア　給水装置工事主任技術者等の研修会の受講状況
イ　指定給水装置工事事業者の講習会の受講実績
ウ　適切に作業を行うことができる技能を有する者の従事状況
エ　指定給水装置工事事業者の業務内容（営業時間，漏水修繕，対応工事等）

	ア	イ	ウ	エ
(1)	誤	正	正	正

(2)	正	誤	正	正
(3)	正	正	誤	正
(4)	正	正	正	誤
(5)	正	正	正	正

解説 ア　正しい.「給水装置工事主任技術者等の研修会の受講状況」は確認事項である.

イ　正しい.「指定給水装置工事事業者の講習会の受講実績」は確認事項である.

ウ　正しい.「適切に作業を行うことができる技能を有する者の従事状況」は確認事項である.

エ　正しい.「指定給水装置工事事業者の業務内容（営業時間，漏水修繕，対応工事等）」は確認事項である.

給水装置工事技術指針2020，35頁参照.

以上から（5）が正解.

▶答（5）

問題3 【令和2年 問7】

指定給水装置工事事業者の5年ごとの更新時に，水道事業者が確認することが望ましい事項に関する次の記述の正誤の組み合わせのうち，適当なものはどれか.

ア　指定給水装置工事事業者の講習会の受講実績

イ　指定給水装置工事事業者の受注実績

ウ　給水装置工事主任技術者等の研修会の受講状況

エ　適切に作業を行うことができる技能を有する者の従事状況

	ア	イ	ウ	エ
(1)	正	誤	正	正
(2)	誤	正	正	誤
(3)	正	誤	正	誤
(4)	誤	誤	誤	正

解説 ア　正しい．指定給水装置工事事業者の講習会の受講実績については，指定した水道事業者が実施している講習会の受講実績を確認する．参加していない場合は，不参加の理由等を聞き取り，受講への動機付けを行う．

イ　誤り．指定給水装置工事事業者の「受注実績」ではなく，「業務内容」が正しい．「業務内容」は，営業時間，漏水修繕，対応工事等で受注実績ではない．

ウ　正しい．給水装置工事主任技術者等の研修会の受講状況については，選任している給水装置工事主任技術者及びその他の給水装置工事に従事する者の研修受講状況を確認する（外部研修，自社内研修等の受講の確認）．

エ　正しい．適切に作業を行うことができる技能を有する者の従事状況については，過去1年間の給水装置工事（配水管から水道メーターまで）で，主に配置した「適切に作業を行うことが出来る技能を有する者」について確認する（雇用関係，下請け等の制限はない）．また，配水管への分水栓の取付け，配水管の穿孔，給水管接合の経験の有無を確認する．給水装置工事技術指針2020，35頁参照．

以上から（1）が正解．　▶答（1）

題4　【令和元年 問7】

指定給水装置工事事業者制度に関する次の記述のうち，不適当なものはどれか．

(1) 水道事業者による指定給水装置工事事業者の指定の基準は，水道法により水道事業者ごとに定められている．

(2) 指定給水装置工事事業者は，給水装置工事主任技術者及びその他の給水装置工事に従事する者の給水装置工事の施行技術の向上のために，研修の機会を確保するよう努める必要がある．

(3) 水道事業者は，指定給水装置工事事業者の指定をしたときは，遅滞なく，その旨を一般に周知させる措置をとる必要がある．

(4) 水道事業者は，その給水区域において給水装置工事を適正に施行することができると認められる者の指定をすることができる．

解説　(1) 不適当．水道事業者による指定給水装置工事事業者の指定の基準は，全国一律に水道法によって定められている．水道法第25条の3（指定の基準）参照．

(2) 適当．指定給水装置工事事業者は，給水装置工事主任技術者及びその他の給水装置工事に従事する者の給水装置工事の施行技術の向上のために，研修の機会を確保するよう努める必要がある．水道法施行規則第36条（事業の運営の基準）第四号参照．

(3) 適当．水道事業者は，指定給水装置工事事業者の指定をしたときは，遅滞なく，その旨を一般に周知させる措置をとる必要がある．水道法第25条の3（指定の基準）第2項参照．

(4) 適当．水道事業者は，その給水区域において給水装置工事を適正に施行することができると認められる者の指定をすることができる．水道法第16条の2（給水装置工事）第1項参照．　▶答（1）

問題5　【平成30年 問5】

指定給水装置工事事業者の責務に関する次の記述の正誤の組み合わせのうち，適当なものはどれか．

ア　指定給水装置工事事業者は，水道法第16条の2の指定を受けた日から2週間以内に給水装置工事主任技術者を選任しなければならない．

イ　指定給水装置工事事業者は，その選任した給水装置工事主任技術者が欠けるに至ったときは，当該事由が発生した日から30日以内に新たに給水装置工事主任技術者を選任しなければならない．

ウ　指定給水装置工事事業者は，事業所の名称及び所在地その他厚生労働省令で定める事項に変更があったときは，当該変更のあった日から2週間以内に届出書を水道事業者に提出しなければならない．

エ　指定給水装置工事事業者は，給水装置工事の事業を廃止し又は休止したときは，当該廃止又は休止の日から30日以内に届出書を水道事業者に提出しなければならない．

	ア	イ	ウ	エ
(1)	正	誤	正	誤
(2)	誤	正	誤	正
(3)	正	誤	誤	正
(4)	誤	正	正	誤

解説　ア　正しい．水道法施行規則第21条（給水装置工事主任技術者の選任）第1項参照．

イ　誤り．「30日以内」が誤りで，正しくは「2週間以内」である．水道法施行規則第21条（給水装置工事主任技術者の選任）第2項参照．

ウ　誤り．「2週間以内」が誤りで，正しくは「30日以内」である．水道法施行規則第34条（変更の届出）第2項参照．

エ　正しい．水道法施行規則第35条（廃止等の届出）参照．

以上から（3）が正解．

▶答（3）

問題6　【平成29年 問8】

水道法施行規則に定める給水装置工事の事業の運営の基準に関する次の記述のうち，<u>不適当なものはどれか</u>．

(1) 給水装置工事ごとに，給水装置工事主任技術者の職務を行う者を指名すること．

(2) 配水管から分岐して給水管を設ける工事及び給水装置の配水管への取付口から水道メーターまでの工事を施行する場合において，水道事業者の承認を受けた工法，工期等の条件に適合するよう工事を行うこと．

(3) 構造材質基準に適合しない給水装置を設置しないこと．また，給水管の切断等に適さない機械器具を使用しないこと．

(4) 工事ごとに，給水装置工事主任技術者に所要の記録を作成させ，それを1年間保存すること．

解説 (1) 適当．給水装置工事ごとに，給水装置工事主任技術者の職務を行う者を指名すること．水道法施行規則第36条（事業の運営の基準）第一号参照．

(2) 適当．配水管から分岐して給水管を設ける工事及び給水装置の配水管への取付口から水道メーターまでの工事を施行する場合において，水道事業者の承認を受けた工法，工期等の条件に適合するよう工事を行うこと．水道法施行規則第36条（事業の運営の基準）第二号及び第三号参照．

(3) 適当．構造材質基準に適合しない給水装置を設置しないこと．また，給水管の切断等に適さない機械器具を使用しないこと．水道法施行規則第36条（事業の運営の基準）第五号イ及びロ参照．

(4) 不適当．誤りは「1年間」で，正しくは「3年間」である．工事ごとに，給水装置工事主任技術者に所要の記録を作成させ，それを3年間保存すること．水道法施行規則第36条（事業の運営の基準）第六号本文参照．

▶答 (4)

2.3 給水装置工事主任技術者の選任・職務

問題1 【令和3年 問7】

給水装置工事主任技術者について水道法に定められた次の記述の正誤の組み合わせのうち，適当なものはどれか．

ア 指定給水装置工事事業者は，工事ごとに，給水装置工事主任技術者を選任しなければならない．

イ 指定給水装置工事事業者は，給水装置工事主任技術者を選任した時は，遅滞なくその旨を国に届け出なければならない．これを解任した時も同様とする．

ウ 給水装置工事主任技術者は，給水装置工事に従事する者の技術上の指導監督を行わなければならない．

エ 給水装置工事主任技術者は，給水装置工事に係る給水装置が構造及び材質の基準に適合していることの確認を行わなければならない．

	ア	イ	ウ	エ
(1)	正	正	誤	誤
(2)	正	誤	正	誤
(3)	誤	正	誤	正
(4)	誤	誤	正	正
(5)	誤	正	誤	誤

解説 ア　誤り．指定給水装置工事事業者は，事業所ごとに，給水装置工事主任技術者（免状の交付を受けている者）のうちから当該工事に関して職務を行う給水装置工事主任技術者を選任しなければならない．水道法第25条の4（給水装置工事主任技術者）第1項参照．

イ　誤り．指定給水装置工事事業者は，給水装置工事主任技術者を選任した時は，遅滞なくその旨を水道事業者に届け出なければならない．これを解任した時も同様とする．水道法第25条の4（給水装置工事主任技術者）第2項参照．

ウ　正しい．給水装置工事主任技術者は，給水装置工事に従事する者の技術上の指導監督を行わなければならない．水道法第25条の4（給水装置工事主任技術者）第3項第二号参照．

エ　正しい．給水装置工事主任技術者は，給水装置工事に係る給水装置が構造及び材質の基準に適合していることの確認を行わなければならない．水道法第25条の4（給水装置工事主任技術者）第3項第三号参照．

以上から（4）が正解．

▶答（4）

問題2　【令和元年 問6】

給水装置工事主任技術者の職務に該当する次の記述の正誤の組み合わせのうち，適当なものはどれか．

ア　給水管を配水管から分岐する工事を施行しようとする場合の配水管の布設位置の確認に関する水道事業者との連絡調整

イ　給水装置工事に関する技術上の管理

ウ　給水装置工事に従事する者の技術上の指導監督

エ　給水装置工事を完了した旨の水道事業者への連絡

	ア	イ	ウ	エ
(1)	正	誤	正	誤
(2)	正	正	誤	正
(3)	誤	正	正	誤
(4)	正	正	正	正

解説 ア　正しい．給水管を配水管から分岐する工事を施行しようとする場合の配水管の布設位置の確認に関する水道事業者との連絡調整．水道法施行規則第23条（給水装置工事主任技術者の職務）第一号参照．

イ　正しい．給水装置工事に関する技術上の管理．水道法第25条の4（給水装置工事主任技術者）第3項第一号参照．

ウ　正しい．給水装置工事に従事する者の技術上の指導監督．水道法第25条の4（給水装置工事主任技術者）第3項第二号参照．

エ　正しい．給水装置工事を完了した旨の水道事業者への連絡．水道法施行規則第23条（給水装置工事主任技術者の職務）第三号参照．

以上から（4）が正解．　▶答（4）

題3　【平成29年 問7】

水道法に規定する給水装置工事主任技術者の職務としての水道事業者との連絡又は調整に関する次の記述の正誤の組み合わせのうち，適当なものはどれか．

ア　配水管から分岐して給水管を設ける工事に係る工法，工期その他の工事上の条件に関する連絡調整．

イ　水道メーターの下流側に給水管及び給水栓を設ける工事に係る工法，工期その他の工事上の条件に関する連絡調整．

ウ　給水装置工事（水道法施行規則第13条に規定する給水装置の軽微な変更を除く．）に着手した旨の連絡．

エ　給水装置工事（水道法施行規則第13条に規定する給水装置の軽微な変更を除く．）を完了した旨の連絡．

	ア	イ	ウ	エ
(1)	正	誤	誤	正
(2)	誤	正	正	正
(3)	正	誤	正	正
(4)	正	正	誤	誤

解説　ア　正しい．配水管から分岐して給水管を設ける工事に係る工法，工期その他の工事上の条件に関する連絡調整．水道法施行規則第23条（給水装置工事主任技術者の職務）第二号参照．

イ　誤り．誤りは「下流側」で，正しくは「上流側」である．水道メーターの上流側に給水管及び給水栓を設ける工事に係る工法，工期その他の工事上の条件に関する連絡調整．水道法施行規則第23条（給水装置工事主任技術者の職務）第二号参照．

ウ　誤り．「給水装置工事（水道法施行規則第13条に規定する給水装置の軽微な変更を除く．）に着手した旨の連絡」の定めはない．

エ　正しい．給水装置工事（水道法施行規則第13条に規定する給水装置の軽微な変更を除く．）を完了した旨の連絡．水道法施行規則第23条（給水装置工事主任技術者の職務）第三号参照．

以上から（1）が正解．　▶答（1）

2.4 水道技術管理者

問題1 【令和3年 問8】

水道法第19条に規定する水道技術管理者の事務に関する次の記述のうち，不適当なものはどれか．

(1) 水道施設が水道法第5条の規定による施設基準に適合しているかどうかの検査に関する事務に従事する．
(2) 配水施設以外の水道施設又は配水池を新設し，増設し，又は改造した場合における，使用開始前の水質検査及び施設検査に関する事務に従事する．
(3) 水道により供給される水の水質検査に関する事務に従事する．
(4) 水道事業の予算・決算台帳の作成に関する事務に従事する．
(5) 給水装置が水道法第16条の規定に基づき定められた構造及び材質の基準に適合しているかどうかの検査に関する事務に従事する．

解説 (1) 適当．水道技術管理者は，水道施設が水道法第5条の規定による施設基準に適合しているかどうかの検査に関する事務に従事する．水道法第19条（水道技術管理者）第2項第一号参照．

(2) 適当．配水施設以外の水道施設又は配水池を新設し，増設し，又は改造した場合における，使用開始前の水質検査及び施設検査に関する事務に従事する．水道法第19条（水道技術管理者）第2項第二号参照．

(3) 適当．水道により供給される水の水質検査に関する事務に従事する．水道法第19条（水道技術管理者）第2項第四号参照．

(4) 不適当．水道事業の調書及び図面台帳の作成に関する事務に従事する．「予算・決算」ではない．水道法第19条（水道技術管理者）第2項第七号，第22条の3（水道施設台帳）第1項及び水道法施行規則第17条の3（水道施設台帳）第1項参照．

(5) 適当．給水装置が水道法第16条の規定に基づき定められた構造及び材質の基準に適合しているかどうかの検査に関する事務に従事する．水道法第19条（水道技術管理者）第2項第三号参照．

▶答 (4)

問題2 【平成29年 問5】

水道法第19条の水道技術管理者に関する次の記述のうち，不適当なものはどれか．

(1) 水道事業者は，水道の管理について技術上の業務を担当させるため，水道技術管理者1人を置かなければならない．この場合，水道事業者は，自ら水道技術管理者となることはできない．

(2) 水道技術管理者は，水道により供給される水の水質検査に関する事務に従事し，及びこれらの事務に従事する他の職員を監督しなければならない．

(3) 水道技術管理者は，水道施設が水道法第5条の規定による施設基準に適合しているかどうかの検査に関する事務に従事し，及びこれらの事務に従事する他の職員を監督しなければならない．

(4) 水道技術管理者は，給水装置の構造及び材質が水道法第16条の規定に基づく政令で定める基準に適合しているかどうかの検査に関する事務に従事し，及びこれらの事務に従事する他の職員を監督しなければならない．

解説 (1) 不適当．水道事業者は，水道の管理について技術上の業務を担当させるため，水道技術管理者1人を置かなければならない．この場合，水道事業者は，自ら水道技術管理者となることができる．水道法第19条（水道技術管理者）第1項参照．

(2) 適当．水道技術管理者は，水道により供給される水の水質検査に関する事務に従事し，及びこれらの事務に従事する他の職員を監督しなければならない．水道法第19条（水道技術管理者）第2項第四号参照．

(3) 適当．水道技術管理者は，水道施設が水道法第5条の規定による施設基準に適合しているかどうかの検査に関する事務に従事し，及びこれらの事務に従事する他の職員を監督しなければならない．水道法第19条（水道技術管理者）第2項第一号参照．

(4) 適当．水道技術管理者は，給水装置の構造及び材質が水道法第16条の規定に基づく政令で定める基準に適合しているかどうかの検査に関する事務に従事し，及びこれらの事務に従事する他の職員を監督しなければならない．水道法第19条（水道技術管理者）第2項第三号参照．

▶答 (1)

2.5 供給規程

問題1 【令和4年 問8】

水道法第14条の供給規程が満たすべき要件に関する次の記述のうち，不適当なものはどれか．

(1) 水道事業者及び指定給水装置工事事業者の責任に関する事項並びに給水装置工事の費用の負担区分及びその額の算出方法が，適正かつ明確に定められていること．

(2) 料金が，能率的な経営の下における適正な原価に照らし，健全な経営を確保することができる公正妥当なものであること．

(3) 特定の者に対して不当な差別的取扱いをするものでないこと．

(4) 貯水槽水道が設置される場合においては，貯水槽水道に関し，水道事業者及び当該貯水槽水道の設置者の責任に関する事項が，適正かつ明確に定められていること.

解説 (1) 不適当. 水道事業者及び水道の需要者の責任に関する事項並びに給水工事の費用の負担区分及びその額の算出方法が，適正かつ明確に定められていること. 誤りは「指定給水装置工事事業者」である. 水道法第14条（供給規程）第2項第三号参照.

(2) 適当. 料金が，能率的な経営の下における適正な原価に照らし，健全な経営を確保することができる公正妥当なものであること. 水道法第14条（供給規程）第2項第二号参照.

(3) 適当. 特定の者に対して不当な差別的取り扱いをするものでないこと. 水道法第14条（供給規程）第2項第四号参照.

(4) 適当. 貯水槽水道が設置される場合においては，貯水槽水道に関し，水道事業者及び当該貯水槽水道の設置者の責任に関する事項が，適正かつ明確に定められていること. 水道法第14条（供給規程）第2項第五号参照.

▶答 (1)

題2 【令和2年 問8】

水道法第14条の供給規程に関する次の記述の正誤の組み合わせのうち，<u>適当なものはどれか</u>.

ア　水道事業者は，料金，給水装置工事の費用の負担区分その他の供給条件について，供給規程を定めなければならない.

イ　水道事業者は，供給規程を，その実施の日以降に速やかに一般に周知させる措置をとらなければならない.

ウ　供給規程は，特定の者に対して不当な差別的取扱いをするものであってはならない.

エ　専用水道が設置される場合においては，専用水道に関し，水道事業者及び当該専用水道の設置者の責任に関する事項が，供給規程に適正，かつ，明確に定められている必要がある.

	ア	イ	ウ	エ
(1)	正	正	誤	誤
(2)	誤	正	正	誤
(3)	正	誤	正	正
(4)	誤	正	誤	正
(5)	正	誤	正	誤

解説 ア　正しい. 水道事業者は，料金，給水装置工事の費用の負担区分その他の供給

条件について，供給規程を定めなければならない．水道法第14条（供給規程）第1項参照．

イ　誤り．水道事業者は，供給規程を，その実施の日までに一般に周知させる措置をとらなければならない．「その実施の日以降すみやかに」が誤り．水道法第14条（供給規程）第4項参照．

ウ　正しい．供給規程は，特定の者に対して不当な差別的取扱いをするものであってはならない．水道法第14条（供給規程）第2項第四号参照．

エ　誤り．専用水道については除外されている．水道法第14条（供給規程）第2項第五号かっこ書参照．

以上から（5）が正解．　▶答（5）

問題3　【平成30年 問8】

水道法第14条に規定する供給規程に関する次の記述のうち，不適当なものはどれか．

（1）水道事業者には供給規程を制定する義務がある．

（2）指定給水装置工事事業者及び給水装置工事主任技術者にとって，水道事業者の給水区域で給水装置工事を施行する際に，供給規程は工事を適正に行うための基本となるものである．

（3）供給規程において，料金が定率又は定額をもって明確に定められている必要がある．

（4）専用水道が設置されている場合においては，専用水道に関し，水道事業者及び当該専用水道の設置者の責任に関する事項が，適正かつ明確に定められている必要がある．

解説（1）適当．水道法第14条（供給規程）第1項参照．

（2）適当．水道法第14条（供給規程）第3項及び水道法施行規則第12条の2～第12条の4参照．

（3）適当．水道法第14条（供給規程）第2項第二号参照．

（4）不適当．誤りは「専用水道」で，正しくは「貯水槽水道」である．水道法第14条（供給規程）第2項第五号参照．　▶答（4）

2.6 給水義務

問題1 【令和2年 問9】

水道法第15条の給水義務に関する次の記述の正誤の組み合わせのうち，適当なものはどれか．

ア　水道事業者は，当該水道により給水を受ける者が正当な理由なしに給水装置の検査を拒んだときには，供給規程の定めるところにより，その者に対する給水を停止することができる．

イ　水道事業者は，災害その他正当な理由があってやむを得ない場合には，給水区域の全部又は一部につきその間給水を停止することができる．

ウ　水道事業者は，事業計画に定める給水区域外の需要者から給水契約の申込みを受けたとしても，これを拒んではならない．

エ　水道事業者は，給水区域内であっても配水管が未布設である地区からの給水の申込みがあった場合，配水管が布設されるまでの期間の給水契約の拒否等，正当な理由がなければ，給水契約を拒むことはできない．

	ア	イ	ウ	エ
(1)	誤	正	正	誤
(2)	正	正	誤	正
(3)	正	誤	誤	正
(4)	誤	正	誤	正
(5)	正	誤	正	誤

解説　ア　正しい．水道事業者は，当該水道により給水を受ける者が正当な理由なしに給水装置の検査を拒んだときには，供給規程の定めるところにより，その者に対する給水を停止することができる．水道法第15条（給水義務）第3項参照．

イ　正しい．水道事業者は，災害その他正当な理由があってやむを得ない場合には，給水区域の全部又は一部につきその間給水を停止することができる．水道法第15条（給水義務）第2項参照．

ウ　誤り．水道事業者は，事業計画に定める給水区域外の需要者から給水契約の申込みを受けた場合，これを拒むことができる．なお，事業計画に定める給水区域内の需要者から給水契約の申込みを受けた場合，正当な理由がなければこれを拒んではならない．水道法第15条（給水義務）第1項参照．

エ　正しい．水道事業者は，給水区域内であっても配水管が未布設である地区からの給水の申込みがあった場合，配水管が布設されるまでの期間の給水契約の拒否等，正当な理由がなければ，給水契約を拒むことはできない．水道法第15条（給水義務）第1項参照．

以上から（2）が正解．　　▶答（2）

問題2　【令和元年 問8】

水道法第15条の給水義務に関する次の記述のうち，不適当なものはどれか．

(1) 水道事業者は，当該水道により給水を受ける者に対し，災害その他正当な理由がありやむを得ない場合を除き，常時給水を行う義務がある．

(2) 水道事業者の給水区域内で水道水の供給を受けようとする住民には，その水道事業者以外の水道事業者を選択する自由はない．

(3) 水道事業者は，当該水道により給水を受ける者が料金を支払わないときは，供給規程の定めるところにより，その者に対する給水を停止することができる．

(4) 水道事業者は，事業計画に定める給水区域内の需要者から給水契約の申し込みを受けた場合には，いかなる場合であっても，これを拒んではならない．

解説　(1) 適当．水道事業者は，当該水道により給水を受ける者に対し，災害その他正当な理由がありやむを得ない場合を除き，常時給水を行う義務がある．水道法第15条（給水義務）第1項参照．

(2) 適当．水道事業者の給水区域内で水道水の供給を受けようとする住民には，その水道事業者以外の水道事業者を選択する自由はない．

(3) 適当．水道事業者は，当該水道により給水を受ける者が料金を支払わないときは，供給規程の定めるところにより，その者に対する給水を停止することができる．水道法第3項参照．

(4) 不適当．水道事業者は，事業計画に定める給水区域内の需要者から給水契約の申し込みを受けた場合には，正当な理由（基準に適さない給水装置の使用など）があれば，これを拒むことができる．水道法第1項参照．　　▶答（4）

問題3　【平成29年 問6】

水道法第15条の給水義務に関する次の記述のうち，不適当なものはどれか．

(1) 水道事業者は，当該水道により給水を受ける者が料金を支払わないときは，供給規程の定めるところにより，その者に対する給水を停止することができる．

(2) 水道事業者は，当該水道により給水を受ける者に対し，正当な理由がありやむを得ない場合を除き，常時給水を行う義務がある．

(3) 水道事業者は，事業計画に定める給水区域内の需要者から給水契約の申し込みを受けたときは，いかなる場合であってもこれを拒んではならない．

(4) 水道事業者は，当該水道により給水を受ける者が正当な理由なしに給水装置の検査を拒んだときは，供給規程の定めるところにより，その者に対する給水を停止することができる．

解説 (1) 適当．水道事業者は，当該水道により給水を受ける者が料金を支払わないときは，供給規程の定めるところにより，その者に対する給水を停止することができる．水道法第15条（給水義務）第3項参照．

(2) 適当．水道事業者は，当該水道により給水を受ける者に対し，正当な理由がありやむを得ない場合を除き，常時給水を行う義務がある．水道法第15条（給水義務）第1項参照．

(3) 不適当．水道事業者は，事業計画に定める給水区域内の需要者から給水契約の申し込みを受けたとき，正当な理由がなければ，これを拒んではならない．したがって，正当な理由があれば拒むことができる．水道法第15条（給水義務）第1項参照．

(4) 適当．水道事業者は，当該水道により給水を受ける者が正当な理由なしに給水装置の検査を拒んだときは，供給規程の定めるところにより，その者に対する給水を停止することができる．水道法第15条（給水義務）第3項参照．

▶答 (3)

2.7 給水装置

■ 2.7.1 給水装置の検査

問題1 【令和2年 問20】

水道法第17条（給水装置の検査）の次の記述において［　　］内に入る語句の組み合わせのうち，正しいものはどれか．

水道事業者は，［ア］，その職員をして，当該水道によって水の供給を受ける者の土地又は建物に立ち入り，給水装置を検査させることができる．ただし，人の看守し，若しくは人の住居に使用する建物又は［イ］に立ち入るときは，その看守者，居住者又は［ウ］の同意を得なければならない．

	ア	イ	ウ
(1)	年末年始以外に限り	閉鎖された門内	土地又は建物の所有者
(2)	日出後日没前に限り	施錠された門内	土地又は建物の所有者
(3)	年末年始以外に限り	施錠された門内	これらに代るべき者

(4) 日出後日没前に限り　　閉鎖された門内　　これらに代るべき者

解説 ア「日出後日没前に限り」である.

イ「閉鎖された門内」である.

ウ「これらに代るべき者」である.

水道法第17条（給水装置の検査）第1項参照.

以上から（4）が正解.　　▶答（4）

※なお，本問題は第4章（給水装置の構造及び性能）に出題されたものであるが，問題の内容からここに掲載した.

問題2　【平成30年 問6】

水道法に規定する給水装置の検査等に関する次の記述の正誤の組み合わせのうち，適当なものはどれか.

ア　水道事業者は，日出後日没前に限り，指定給水装置工事事業者をして，当該水道によって水の供給を受ける者の土地又は建物に立ち入り，給水装置を検査させることができる.

イ　水道事業者は，当該水道によって水の供給を受ける者の給水装置の構造及び材質が水道法の政令の基準に適合していないときは，供給規程の定めるところにより，給水装置が基準に適合するまでの間その者への給水を停止することができる.

ウ　水道事業によって水の供給を受ける者は，指定給水装置工事事業者に対して，給水装置の検査及び供給を受ける水の水質検査を請求することができる.

エ　水道事業者は，当該水道によって水の供給を受ける者の給水装置の構造及び材質が水道法の政令の基準に適合していないときは，供給規程の定めるところにより，その者の給水契約の申込みを拒むことができる.

	ア	イ	ウ	エ
(1)	誤	正	誤	正
(2)	誤	誤	正	誤
(3)	正	正	誤	誤
(4)	正	誤	正	正

解説 ア　誤り．誤りは「指定給水装置工事事業者」で，正しくは「その職員」である．水道法第17条（給水装置の検査）第1項参照.

イ　正しい．水道法第16条（給水装置の構造及び材質）参照.

ウ　誤り．誤りは「指定給水装置工事事業者」で，正しくは「当該水道事業者」である．水道法第18条（検査の要求）第1項参照.

エ　正しい．水道法第16条（給水装置の構造及び材質）参照．

以上から（1）が正解．　▶答（1）

■ 2.7.2　布設の監督及び給水装置工事等

問題1　【令和元年 問5】

給水装置及び給水装置工事に関する次の記述のうち，不適当なものはどれか．

（1）給水装置工事とは給水装置の設置又は変更の工事をいう．つまり，給水装置を新設，改造，修繕，撤去する工事をいう．

（2）工場生産住宅に工場内で給水管及び給水用具を設置する作業は，給水用具の製造工程であり給水装置工事に含まれる．

（3）水道メーターは，水道事業者の所有物であるが，給水装置に該当する．

（4）給水用具には，配水管からの分岐器具，給水管を接続するための継手が含まれる．

解説（1）適当．給水装置工事とは給水装置の設置又は変更の工事をいう．つまり，給水装置を新設，改造，修繕，撤去する工事をいう．水道法第3条（用語の定義）第11項参照．

（2）不適当．工場生産住宅に工場内で給水管及び給水用具を設置する作業は，給水用具の製造工程であり現場で行う工事ではないため給水装置工事に含まれない．

（3）適当．水道メーターは，水道事業者の所有物であるが，給水装置に該当する．

（4）適当．給水用具には，配水管からの分岐器具，給水管を接続するための継手が含まれる．　▶答（2）

問題2　【平成30年 問7】

水道法に規定する給水装置及び給水装置工事に関する次の記述のうち，不適当なものはどれか．

（1）受水槽式で給水する場合は，配水管の分岐から受水槽への注入口（ボールタップ等）までが給水装置である．

（2）配水管から分岐された給水管路の途中に設けられる弁類や湯沸器等は給水装置であるが，給水管路の末端に設けられる自動食器洗い機等は給水装置に該当しない．

（3）製造工場内で管，継手，弁等を用いて湯沸器やユニットバス等を組立てる作業は，給水用具の製造工程であり給水装置工事ではない．

（4）配水管から分岐された給水管に直結する水道メーターは，給水装置に該当する．

第2章　水道行政

解説 (1) 適当．受水槽式で給水する場合は，配水管の分岐から受水槽への注入口（ボールタップ等）までは直結しているため給水装置である．

(2) 不適当．配水管から分岐された給水管路の途中に設けられる弁類や湯沸器等は給水装置であるが，給水管路の末端に設けられる自動食器洗い機等も直結しているため給水装置に該当する．

(3) 適当．製造工場内で管，継手，弁等を用いて湯沸器やユニットバス等を組立てる作業は，給水用具の製造工程であり給水装置工事ではない．

(4) 適当．配水管から分岐された給水管に直結する水道メーターは，給水装置に該当する．

▶答 (2)

問題3 【平成29年 問9】

水道法に規定する給水装置及び給水装置工事に関する次の記述のうち，不適当なものはどれか．

(1) 配水管から分岐された給水管に直結する水道メーターは，給水装置に該当する．

(2) 受水槽以降の給水管に設置する給水栓，湯沸器等の給水設備は給水装置に該当しない．

(3) 配水管から分岐された給水管に直結して温水洗浄便座を設置する工事は，給水装置工事に該当する．

(4) 配水管から分岐された給水管に直結して自動販売機を設置する工事は，給水装置工事に該当しない．

解説 (1) 適当．配水管から分岐された給水管に直結する水道メーターは，給水装置に該当する．水道法第3条（用語の定義）第9項参照．

(2) 適当．受水槽以降の給水管に設置する給水栓，湯沸器等の給水設備は配水管から分岐された給水管に直結していないので給水装置に該当しない．

(3) 適当．配水管から分岐された給水管に直結して温水洗浄便座を設置する工事は，給水装置工事に該当する．

(4) 不適当．配水管から分岐された給水管に直結して自動販売機を設置する工事は，給水装置工事に該当する．

▶答 (4)

2.8 水質及び安全性の確保・管理

問題1 【令和4年 問4】

水道事業者等の水質管理に関する次の記述のうち，不適当なものはどれか．

(1) 水道により供給される水が水質基準に適合しないおそれがある場合は臨時の検査を行う.
(2) 水質検査に供する水の採取の場所は，給水栓を原則とし，水道施設の構造等を考慮して，当該水道により供給される水が水質基準に適合するかどうかを判断することができる場所を選定する.
(3) 水道法施行規則に規定する衛生上必要な措置として，取水場，貯水池，導水渠，浄水場，配水池及びポンプ井は，常に清潔にし，水の汚染防止を充分にする.
(4) 水質検査を行ったときは，これに関する記録を作成し，水質検査を行った日から起算して1年間，これを保存しなければならない.

解説 (1) 適当．水道により供給される水が水質基準に適合しないおそれがある場合は，臨時の検査を行う．水道法第20条（水質検査）第1項参照.

(2) 適当．水質検査に供する水の採取の場所は，給水栓を原則として，水道施設の構造等を考慮して，当該水道により供給される水が水質基準に適合するかどうかを判断することができる場所を選定する．水道法施行規則第15条（定期及び臨時の水質検査）第2項参照.

(3) 適当．水道法施行規則に規定する衛生上必要な措置として，取水場，貯水池，導水渠，浄水場，配水池及びポンプ井は，常に清潔にし，水の汚染防止を充分にする．水道法第22条（衛生上の措置）及び水道法施行規則第17条（衛生上必要な措置）第1項第一号参照.

(4) 不適当．水質検査を行ったときは，これに関する記録を作成し，水質検査を行った日から起算して5年間，これを保存しなければならない．水道法第13条（給水開始前の届出及び検査）第2項及び第20条（水質検査）第2項参照.

▶答 (4)

問題2 【令和3年 問4】

水質管理に関する次の記述のうち，不適当なものはどれか.

(1) 水道事業者は，水質検査を行うため，必要な検査施設を設けなければならないが，厚生労働省令の定めるところにより，地方公共団体の機関又は厚生労働大臣の登録を受けた者に委託して行うときは，この限りではない.
(2) 水質基準項目のうち，色及び濁り並びに消毒の残留効果については，1日1回以上検査を行わなければならない.
(3) 水質検査に供する水の採取の場所は，給水栓を原則とし，水道施設の構造等を考慮して，水質基準に適合するかどうかを判断することができる場所を選定する.
(4) 水道事業者は，その供給する水が人の健康を害するおそれがあることを知ったときは，直ちに給水を停止し，かつ，その水を使用することが危険である旨を関係者に周知させる措置を講じなければならない．

解説 (1) 適当．水道事業者は，水質検査を行うため，必要な検査施設を設けなければならないが，厚生労働省令の定めるところにより，地方公共団体の機関又は厚生労働大臣の登録を受けた者に委託して行うときは，この限りではない．水道法第20条（水質検査）第3項参照．

(2) 不適当．水質基準項目は，色ではなく色度，濁りではなく濁度であり，消毒の残留効果の水質基準項目は定めていない．色及び濁り並びに消毒の残留効果（規則第17条（衛生上必要な措置）第1項第三号）の検査は，1日1回以上の定期検査の項目である．水道法施行規則第15条（定期及び臨時の水質検査）第1項第一号イ参照．

(3) 適当．水質検査に供する水の採取の場所は，給水栓を原則とし，水道施設の構造等を考慮して，水質基準に適合するかどうかを判断することができる場所を選定する．水道法施行規則第15条（定期及び臨時の水質検査）第1項第二号参照．

(4) 適当．水道事業者は，その供給する水が人の健康を害するおそれがあることを知ったときは，直ちに給水を停止し，かつ，その水を使用することが危険である旨を関係者に周知させる措置を講じなければならない．水道法第23条（給水の緊急停止）第1項参照．

▶答 (2)

問題3 【令和2年 問4】

水質管理に関する次の記述のうち，不適当なものはどれか．

(1) 水道事業者は，毎事業年度の開始前に水質検査計画を策定しなければならない．

(2) 水道事業者は，供給される水の色及び濁り並びに消毒の残留効果に関する検査を，3日に1回以上行わなければならない．

(3) 水道事業者は，水質基準項目に関する検査を，項目によりおおむね1カ月に1回以上，又は3カ月に1回以上行わなければならない．

(4) 水道事業者は，その供給する水が人の健康を害するおそれのあることを知ったときは，直ちに給水を停止し，かつ，その水を使用することが危険である旨を関係者に周知させる措置を講じなければならない．

(5) 水道事業者は，水道の取水場，浄水場又は配水池において業務に従事している者及びこれらの施設の設置場所の構内に居住している者について，厚生労働省令の定めるところにより，定期及び臨時の健康診断を行わなければならない．

解説 (1) 適当．水道事業者は，毎事業年度の開始前に水質検査計画を策定しなければならない．水道法施行規則第15条（定期及び臨時の水質検査）第6項参照．

(2) 不適当．水道事業者は，供給される水の色及び濁り並びに消毒の残留効果に関する検査を，1日に1回以上行わなければならない．「3日」が誤り．水道法施行規則第15条（定期及び臨時の水質検査）第1項第一号イ参照．

(3) 適当．水道事業者は，水質基準項目に関する検査を，項目によりおおむね1カ月に1回以上，又は3カ月に1回以上行わなければならない．水道法施行規則第15条（定期及び臨時の水質検査）第1項第三号イ参照．

(4) 適当．水道事業者は，その供給する水が人の健康を害するおそれのあることを知ったときは，直ちに給水を停止し，かつ，その水を使用することが危険である旨を関係者に周知させる措置を講じなければならない．水道法第23条（給水の緊急停止）第1項参照．

(5) 適当．水道事業者は，水道の取水場，浄水場又は配水池において業務に従事している者及びこれらの施設の設置場所の構内に居住している者について，厚生労働省令の定めるところにより，定期及び臨時の健康診断を行わなければならない．水道法第21条（健康診断）第1項参照．

▶答（2）

問題4 【平成30年 問4】

水道法に規定する水道事業者等の水道水質管理上の措置に関する次の記述のうち，不適当なものはどれか．

(1) 3年ごとに水質検査計画を策定し，需要者に対し情報提供を行う．
(2) 1日1回以上色及び濁り並びに消毒の残留効果に関する検査を行う．
(3) 給水栓における水が，遊離残留塩素0.1 mg/L（結合残留塩素ならば0.4 mg/L）以上保持するように塩素消毒をする．
(4) 供給する水が人の健康を害するおそれがあることを知ったときは，直ちに給水を停止し，かつ，その水を使用することが危険である旨を関係者に周知しなければならない．

解説 (1) 不適当．水質検査計画は，毎事業年度開始前にその情報の提供を行う．水道法施行規則第17条の2（情報提供）本文及び第一号参照．

(2) 適当．1日1回以上色及び濁り並びに消毒の残留効果に関する検査を行う．水道法施行規則第15条（定期及び臨時の水質検査）第1項第一号イ参照．

(3) 適当．給水栓における水が，遊離残留塩素0.1 mg/L（結合残留塩素ならば0.4 mg/L）以上保持するように塩素消毒をする．水道法施行規則第17条（衛生上必要な措置）第1項第三号参照．

(4) 適当．供給する水が人の健康を害するおそれがあることを知ったときには，直ちに給水を停止し，かつ，その水を使用することが危険である旨を関係者に周知しなければならない．水道法第23条（給水の緊急停止）第1項参照．

▶答（1）

第3章

給水装置工事法

3.1 指定給水装置工事事業者の事業の運営

問題1

【令和4年 問10】

水道法施行規則第36条の指定給水装置工事事業者の事業の運営に関する次の記述の［　　］内に入る語句の組み合わせのうち，適当なものはどれか．

水道法施行規則第36条第1項第2号に規定する「適切に作業を行うことができる技能を有する者」とは，配水管への分水栓の取付け，配水管の穿孔，給水管の接合等の配水管から給水管を分岐する工事に係る作業及び当該分岐部から［ア］までの配管工事に係る作業について，配水管その他の地下埋設物に変形，破損その他の異常を生じさせることがないよう，適切な［イ］，［ウ］，地下埋設物の［エ］の方法を選択し，正確な作業を実施することができる者をいう．

	ア	イ	ウ	エ
(1)	水道メーター	給水用具	工程	移設
(2)	宅地内	給水用具	工程	防護
(3)	水道メーター	資機材	工法	防護
(4)	止水栓	資機材	工法	移設
(5)	宅地内	給水用具	工法	移設

解説 ア「水道メーター」である．

イ「資機材」である．

ウ「工法」である

エ「防護」である．

給水装置工事技術指針　本編　5.1 給水装置工事の施行　5.1.1 排水管から分岐以降水道メーターまでの工事の施行　1. 工事施行に当たっての留意事項解説参照．

以上から（3）が正解．

▶答（3）

問題2

【令和3年 問10】

水道法施行規則第36条第1項第2号の指定給水装置工事事業者における「事業の運営の基準」に関する次の記述の［　　］内に入る語句の組み合せのうち，適当なものはどれか．

「適切に作業を行うことができる技能を有する者」とは，配水管への分水栓の取付け，配水管の［ア］，給水管の接合等の配水管から給水管を分岐する工事に係る作業及び当該分岐部から［イ］までの配管工事に係る作業について，当該［ウ］その他の地下埋設物に変形，破損その他の異常を生じさせることがないよう，適切な資機材，工法，地下埋設物の防護の方法を選択し，［エ］を実施できる者をいう．

	ア	イ	ウ	エ
(1)	点検	止水栓	給水管	技術上の監理
(2)	点検	水道メーター	給水管	正確な作業
(3)	穿孔	止水栓	配水管	技術上の監理
(4)	穿孔	水道メーター	給水管	技術上の監理
(5)	穿孔	水道メーター	配水管	正確な作業

解説 ア「穿孔」である．

イ「水道メーター」である．

ウ「配水管」である．

エ「正確な作業」である．

給水装置工事技術指針　本編　5.1 給水装置工事の施行　5.1.1 排水管から分岐以降水道メーターまでの工事の施行　1. 工事施行に当たっての留意事項解説参照．

以上から（5）が正解．

▶答（5）

問題 3　【令和 2 年 問 10】

水道法施行規則第 36 条の指定給水装置工事事業者の事業の運営に関する次の記述の［　］内に入る語句の組み合わせのうち，正しいものはどれか．

法施行規則第 36 条第 1 項第 2 号における「適切に作業を行うことができる技能を有する者」とは，配水管への分水栓の取付け，配水管の穿孔，給水管の接合等の配水管から給水管を分岐する工事に係る作業及び当該分岐部分から［ア］までの配管工事に係る作業について，配水管その他の地下埋設物に変形，破損その他の異常を生じさせることがないよう，適切な［イ］，［ウ］，地下埋設物の［エ］の方法を選択し，正確な作業を実施することができる者をいう．

	ア	イ	ウ	エ
(1)	水道メーター	資機材	工法	防護
(2)	止水栓	材料	工程	防護
(3)	水道メーター	材料	工程	移設
(4)	止水栓	資機材	工法	移設

解説 ア「水道メーター」である．

イ「資機材」である．

ウ「工法」である．

エ「防護」である．

給水装置工事技術指針　本編　5.1 給水装置工事の施行　5.1.1 排水管から分岐以降水道メーターまでの工事の施行　1. 工事施行に当たっての留意事項解説参照.

以上から（1）が正解.　▶答（1）

問題4　【令和元年 問10】

水道法施行規則第36条の指定給水装置工事事業者の事業の運営に関する次の記述の［　　］内に入る語句の組み合わせのうち，適当なものはどれか.

「適切に作業を行うことができる技能を有する者」とは，配水管への分水栓の取付け，配水管の［ア］，給水管の接合等の配水管から給水管を分岐する工事に係る作業及び当該分岐部から［イ］までの配管工事に係る作業について，［ウ］その他の地下埋設物に変形，破損その他の異常を生じさせることがないよう，適切な資機材，工法，地下埋設物の防護の方法を選択し，［エ］を実施できる者をいう.

	ア	イ	ウ	エ
(1)	維持管理	止水栓	当該給水管	技術上の管理
(2)	穿孔	水道メーター	当該配水管	正確な作業
(3)	維持管理	水道メーター	当該給水管	正確な作業
(4)	穿孔	止水栓	当該配水管	技術上の管理

解説　ア「穿孔」である.

イ「水道メーター」である.

ウ「当該配水管」である.

エ「正確な作業」である.

給水装置工事技術指針　本編　5.1 給水装置工事の施行　5.1.1 排水管から分岐以降水道メーターまでの工事の施行　1. 工事施行に当たっての留意事項解説参照.　▶答（2）

3.2 給水管等

■ 3.2.1 配管工事の留意点

問題1　【令和3年 問16】

配管工事の留意点に関する次の記述のうち，不適当なものはどれか.

（1）水路の上越し部，鳥居配管となっている箇所等，空気溜まりを生じるおそれがある場所にあっては空気弁を設置する.

3.2 給水管等

(2) 高水圧が生じる場所としては，配水管の位置に対し著しく低い場所にある給水装置などが挙げられるが，そのような場所には逆止弁を設置する．
(3) 給水管は，将来の取替え，漏水修理等の維持管理を考慮して，できるだけ直線に配管する．
(4) 地階又は2階以上に配管する場合は，修理や改造工事に備えて，各階ごとに止水栓を設置する．
(5) 給水管の布設工事が1日で完了しない場合は，工事終了後必ずプラグ等で汚水やごみ等の侵入を防止する措置を講じておく．

解説 (1) 適当．水路の上越し部，鳥居配管となっている箇所等，空気溜まりを生じるおそれがある場所にあっては空気弁を設置する（**図3.1** 参照）．

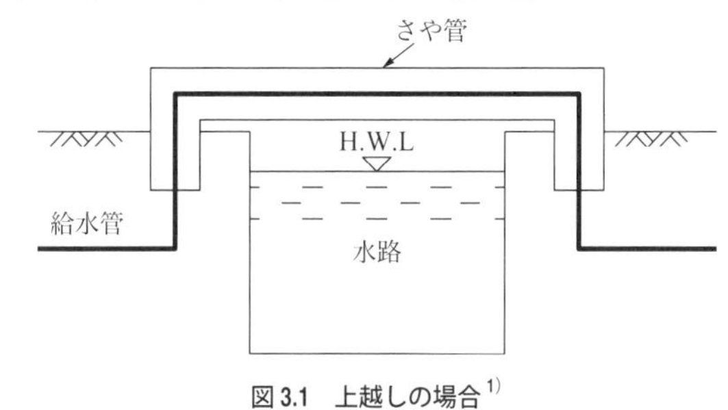

図3.1　上越しの場合 [1)]

(2) 不適当．高水圧が生じる場所としては，配水管の位置に対し著しく低い場所にある給水装置などが挙げられるが，そのような場所には減圧弁を設置する．「逆止弁」が誤り．
(3) 適当．給水管は，将来の取替え，漏水修理等の維持管理を考慮して，できるだけ直線に配管する．
(4) 適当．地階又は2階以上に配管する場合は，修理や改造工事に備えて，各階ごとに止水栓を設置する．
(5) 適当．給水管の布設工事が1日で完了しない場合は，工事終了後必ずプラグ等で汚水やごみ等の侵入を防止する措置を講じておく．

▶答 (2)

問題2 【令和2年 問17】

配管工事の留意点に関する次の記述のうち，不適当なものはどれか．

(1) 地階あるいは2階以上に配管する場合は，原則として各階ごとに逆止弁を設置する．
(2) 行き止まり配管の先端部，水路の上越し部，鳥居配管となっている箇所等のうち，空気溜まりを生じるおそれがある場所などで空気弁を設置する．
(3) 給水管を他の埋設管に近接して布設すると，漏水によるサンドブラスト（サンドエロージョン）現象により他の埋設管に損傷を与えるおそれがあることなどのため，原則として30 cm以上離隔を確保し配管する．
(4) 高水圧を生じるおそれのある場所には，減圧弁を設置する．

(5) 宅地内の配管は，できるだけ直線配管とする．

解説 (1) 不適当．誤りは「逆止弁」で，正しくは「止水栓」である．地階あるいは2階以上に配管する場合は，原則として各階ごとに止水栓を設置する．

(2) 適当．行き止まり配管の先端部，水路の上越し部，鳥居配管となっている箇所等のうち，空気溜まりを生じるおそれがある場所などで空気弁を設置する．

(3) 適当．給水管を他の埋設管に近接して布設すると，漏水によるサンドブラスト（サンドエロージョン）現象により他の埋設管に損傷を与えるおそれがあることなどのため，原則として30 cm以上離隔を確保し配管する（**図3.2**参照）．

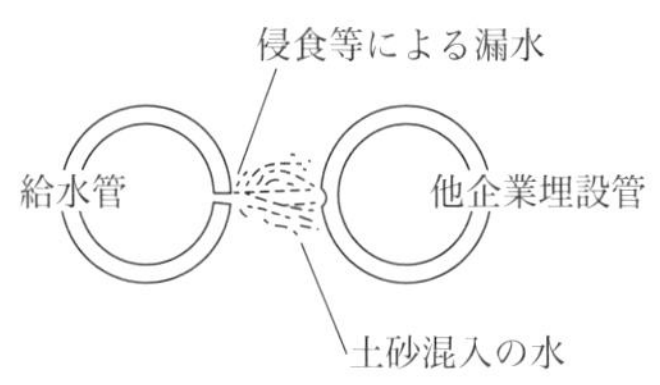

図3.2 サンドブラスト[1)]

(4) 適当．高水圧を生じるおそれのある場所には，減圧弁を設置する．

(5) 適当．宅地内の配管は，できるだけ直線配管とする． ▶答 (1)

問題3 【平成29年 問12】

給水管の配管工事に関する次の記述のうち，不適当なものはどれか．

(1) 宅地内の主配管は，家屋の基礎の外回りに布設することを原則とし，スペースなどの問題でやむを得ず構造物の下を通過させる場合は，さや管を設置しその中に配管する．

(2) さや管ヘッダ工法で使用する給水管としては，主にポリエチレン二層管が使用されている．

(3) さや管ヘッダ工法では，床下にヘッダを設置し，床に点検口を設けて点検できるようにするのが一般的である．

(4) 水圧，水撃作用等により給水管が離脱するおそれのある場所には，適切な離脱防止のための措置を講じる．

解説 (1) 適当．宅地内の主配管は，家屋の基礎の外回りに布設することを原則とし，スペースなどの問題でやむを得ず構造物の下を通過させる場合は，さや管を設置しその中に配管する．

(2) 不適当．さや管ヘッダ工法で使用する給水管としては，主に架橋ポリエチレン管又はポリブテン管が使用されている．ポリエチレン二層管は低温での耐衝撃性に優れ，耐寒性があることから寒冷地の配管に多く使われている．

(3) 適当．さや管ヘッダ工法では，床下にヘッダを設置し，床に点検口を設けて点検できるようにするのが一般的である．

(4) 適当．水圧，水撃作用等により給水管が離脱するおそれのある場所には，適切な離脱防止のための措置を講じる．

▶答 (2)

■ 3.2.2 給水管分岐

問題1 【令和4年 問11】

給水管の取出しに関する次の記述の正誤の組み合わせのうち，適当なものはどれか．

ア 配水管を断水してT字管，チーズ等により給水管を取り出す場合は，断水に伴う需要者への広報等に時間を要するので，充分に余裕を持って水道事業者と協議し，断水作業，通水作業等の作業時間，雨天時の対応等を確認する．

イ ダクタイル鋳鉄管の分岐穿孔に使用するサドル付分水栓用ドリルは，エポキシ樹脂粉体塗装の場合とモルタルライニング管の場合とでは，形状が異なる．

ウ ダクタイル鋳鉄管のサドル付分水栓等による穿孔箇所には，穿孔部のさびこぶ発生防止のため，水道事業者が指定する防食コアを装着する．

エ 不断水分岐作業の場合には，分岐作業終了後に充分に排水すれば，水質確認を行わなくてもよい．

	ア	イ	ウ	エ
(1)	正	正	正	誤
(2)	誤	誤	正	誤
(3)	誤	正	誤	正
(4)	正	正	誤	正
(5)	正	正	誤	誤

解説 ア 正しい．配水管を断水してT字管，チーズ等により給水管を取り出す場合は，断水に伴う需要者への広報等に時間を要するので，充分に余裕を持って水道事業者と協議し，断水作業，通水作業等の作業時間，雨天時の対応等を確認する．

イ 正しい．ダクタイル鋳鉄管の分岐穿孔に使用するサドル付分水栓用ドリルは，エポキシ樹脂粉体塗装の場合（先端角が90～100°）とモルタルライニング管の場合（一般に先端角が118°）とでは，形状が異なる．

ウ　正しい．ダクタイル鋳鉄管のサドル付分水栓等による穿孔箇所には，穿孔部のさびこぶ発生防止のため，水道事業者が指定する防食コアを装着する．

エ　誤り．不断水分岐作業の場合には，分岐作業終了後に充分に排水しても，水質確認を行う．

以上から（1）が正解．　▶答（1）

問題2　【令和4年 問12】

配水管からの分岐穿孔に関する次の記述のうち，不適当なものはどれか．

(1) 割T字管は，配水管の管軸頂部にその中心線がくるように取り付け，給水管の取出し方向及び割T字管が管軸方向から見て傾きがないか確認する．

(2) ダクタイル鋳鉄管からの分岐穿孔の場合，割T字管の取り付け後，分岐部に水圧試験用治具を取り付けて加圧し，水圧試験を行う．負荷水圧は，常用圧力+0.5 MPa以下とし，最大1.25 MPaとする．

(3) 割T字管を用いたダクタイル鋳鉄管からの分岐穿孔の場合，穿孔はストローク管理を確実に行う．また，穿孔中はハンドルの回転が重く感じ，センタードリルの穿孔が終了するとハンドルの回転は軽くなる．

(4) 割T字管を用いたダクタイル鋳鉄管からの分岐穿孔の場合，防食コアを穿孔した孔にセットしたら，拡張ナットをラチェットスパナで締め付ける．規定量締付け後，拡張ナットを緩める．

(5) ダクタイル鋳鉄管に装着する防食コアの挿入機及び防食コアは，製造者及び機種等により取扱いが異なるので，必ず取扱説明書を読んで器具を使用する．

解説 (1) 不適当．割T字管（**図3.3**参照）は，配水管の管軸水平部にその中心線がくるように取り付け，給水管の取出し方向及び割T字管が管水平方向から見て傾きがないか確認する．「管軸頂部」及び「管軸方向」が誤り．「管軸頂部」に取り付けるものは，サドル付分水栓である（図7.10参照）．

(2) 適当．ダクタイル鋳鉄管からの分岐穿孔の場合，割T字管の取り付け後，分岐部に水圧試験用治具を取り付けて加圧し，水圧試験を行う．負荷水圧は，常用圧力+0.5 MPa以下とし，最大1.25 MPaとする．

(3) 適当．割T字管を用いたダクタイル鋳鉄管からの分岐穿孔の場合，穿孔はストローク管理を確実に行う．又，穿孔中はハンドルの回転が重く感じ，センタードリルの穿孔が終了するとハンドルの回転は軽くなる．

(4) 適当．割T字管を用いたダクタイル鋳鉄管からの分岐穿孔の場合，防食コアを穿孔した孔にセットしたら，拡張ナットをラチェットスパナで締め付ける．規定量締め付け後，拡張ナットを緩める．

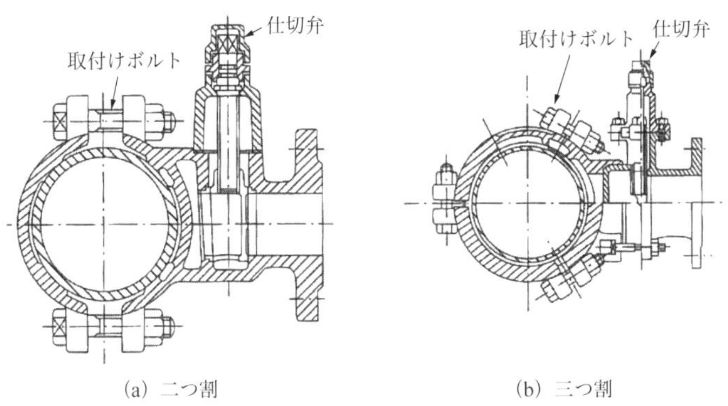

図 3.3　割 T 字管例[2)]

(5) 適当．ダクタイル鋳鉄管に装着する防食コアの挿入機及び防食コアは，製造者及び機種等により取扱いが異なるので，必ず取扱説明書を読んで器具を使用する．▶答 (1)

問題 3　【令和 3 年 問 11】

配水管からの給水管の取出しに関する次の記述の正誤の組み合わせのうち，適当なものはどれか．

ア　配水管への取付口の位置は，他の給水装置の取付口から 30 センチメートル以上離し，また，給水管の口径は，当該給水装置による水の使用量に比し，著しく過大でないこと．

イ　異形管から給水管を取り出す場合は，外面に付着した土砂や外面被覆材を除去し，入念に清掃したのち施工する．

ウ　不断水分岐作業の終了後は，水質確認（残留塩素の測定及び色，におい，濁り，味の確認）を行う．

エ　ダクタイル鋳鉄管の分岐穿孔に使用するサドル付分水栓用ドリルの先端角は，一般的にモルタルライニング管が 90° ～ 100° で，エポキシ樹脂粉体塗装管が 118° である．

	ア	イ	ウ	エ
(1)	正	正	誤	正
(2)	誤	誤	正	誤
(3)	正	誤	正	誤
(4)	誤	正	誤	正

(5) 正　誤　正　正

解説　ア　正しい．配水管への取付口の位置は，他の給水装置の取付口から30センチメートル以上離し，又，給水管の口径は，当該給水装置による水の使用量に比し，著しく過大でないこと．令第6条（給水管の構造及び材質の基準）第1項第一号及び第二号参照．

イ　誤り．異形管から給水管を取り出さない．

ウ　正しい．不断水分岐作業の終了後は，水質確認（残留塩素の測定及び色，におい，濁り，味の確認）を行う．

エ　誤り．ダクタイル鋳鉄管の分岐穿孔に使用するサドル付分水栓用ドリルの先端角は，一般的にモルタルライニング管が118°で，エポキシ樹脂粉体塗装管が90～100°である．

以上から（3）が正解．

▶答（3）

問題4 【令和3年 問12】

ダクタイル鋳鉄管からのサドル付分水栓穿孔作業に関する次の記述の正誤の組み合わせのうち，適当なものはどれか．

ア　サドル付分水栓を取り付ける前に，弁体が全閉状態になっていること，パッキンが正しく取り付けられていること，塗装面やねじ等に傷がないこと等を確認する．

イ　サドル付分水栓は，配水管の管軸頂部にその中心線がくるように取り付け，給水管の取出し方向及びサドル付分水栓が管軸方向から見て傾きがないことを確認する．

ウ　サドル付分水栓の穿孔作業に際し，サドル付分水栓の吐水部又は穿孔機の排水口に排水用ホースを連結し，ホース先端を下水溝に直接接続し，確実に排水する．

エ　穿孔中はハンドルの回転が軽く感じるが，穿孔が完了する過程においてハンドルが重くなるため，特に口径50mmから取り出す場合にはドリルの先端が管底に接触しないよう注意しながら完全に穿孔する．

	ア	イ	ウ	エ
(1)	誤	正	誤	誤
(2)	正	誤	誤	正
(3)	誤	正	正	誤
(4)	正	誤	正	誤
(5)	誤	正	誤	正

解説　ア　誤り．サドル付分水栓を取り付ける前に，弁体が全開状態になっていること

と，パッキンが正しく取り付けられていること，塗装面やねじ等に傷がないこと等，サドル付き分水栓が正常かどうかを確認する．

イ　正しい．サドル付分水栓は，配水管の管軸頂部にその中心線がくるように取り付け，給水管の取出し方向及びサドル付分水栓が管軸方向から見て傾きがないことを確認する．

ウ　誤り．サドル付分水栓の穿孔作業に際し，サドル付分水栓の吐水部又は穿孔機の排水口に排水用ホースを連結し，ホース先端をバケツに直接接続し，確実に排水する．「下水溝」が誤り．

エ　誤り．穿孔中はハンドルの回転が重く感じるが，穿孔が完了する過程においてハンドルが軽くなるため，特に口径50 mmから取り出す場合にはドリルの先端が管底に接触しないよう注意しながら完全に穿孔する．「軽く」と「重く」の記述が逆である．

以上から（1）が正解．

▶答（1）

題5　【令和2年 問11】

配水管からの給水管の取出し方法に関する次の記述のうち，<u>不適当なものはどれか</u>．

（1）サドル付分水栓によるダクタイル鋳鉄管の分岐穿孔に使用するドリルは，モルタルライニング管の場合とエポキシ樹脂粉体塗装管の場合とで形状が異なる．

（2）サドル付分水栓の穿孔作業に際し，サドル付分水栓の吐水部へ排水ホースを連結させ，ホース先端は下水溝などへ直接接続し確実に排水する．

（3）ダクタイル鋳鉄管に装着する防食コアは非密着形と密着形があるが，挿入機は製造業者及び機種等により取扱いが異なるので，必ず取扱説明書をよく読んで器具を使用する．

（4）割T字管は，配水管の管軸水平部にその中心がくるように取付け，給水管の取出し方向及び割T字管が管水平方向から見て傾きがないか確認する．

解説（1）適当．サドル付分水栓によるダクタイル鋳鉄管の分岐穿孔に使用するドリルは，モルタルライニング管の場合（一般的に先端角が118°）とエポキシ樹脂粉体塗装管の場合（先端角が90～100°）とで形状が異なる．

（2）不適当．サドル付分水栓の穿孔作業に際し，サドル付分水栓の吐水部へ排水ホースを連結させ，ホース先端はバケツ等に差し込み，下水溝に直接接続しないようにする．

（3）適当．ダクタイル鋳鉄管に装着する防食コアは非密着形と密着形があるが，挿入機は製造業者及び機種等により取扱いが異なるので，必ず取扱説明書をよく読んで器具を使用する．

（4）適当．割T字管（分割型のT字管と仕切弁が一体の構造，図3.3参照）は，配水管の管軸水平部にその中心がくるように取付け，給水管の取出し方向及び割T字管が管水平

方向から見て傾きがないか確認する． ▶答（2）

問題6 【令和2年 問12】

サドル付分水栓穿孔工程に関する（1）から（5）までの手順の記述のうち，<u>不適当なものはどれか</u>．

（1）配水管がポリエチレンスリーブで被覆されている場合は，サドル付分水栓取付け位置の中心線より20 cm程度離れた両位置を固定用ゴムバンド等により固定してから，中心線に沿って切り開き，固定した位置まで折り返し，配水管の管肌をあらわす．

（2）サドル付分水栓のボルトナットの締め付けは，全体に均一になるように行う．

（3）サドル付分水栓の頂部のキャップを取外し，弁（ボール弁又はコック）の動作を確認してから弁を全閉にする．

（4）サドル付分水栓の頂部に穿孔機を静かに載せ，サドル付分水栓と一体となるように固定する．

（5）穿孔作業は，刃先が管面に接するまでハンドルを静かに回転させ，穿孔を開始する．最初はドリルの芯がずれないようにゆっくりとドリルを下げる．

解説 （1）適当．配水管がポリエチレンスリーブで被覆されている場合は，サドル付分水栓取付け位置の中心線より20 cm程度離れた両位置を固定用ゴムバンド等により固定してから，中心線に沿って切り開き，固定した位置まで折り返し，配水管の管肌をあらわす．

（2）適当．サドル付分水栓のボルトナットの締め付けは，全体に均一になるように行う．

（3）不適当．サドル付分水栓の頂部のキャップを取外し，弁（ボール弁又はコック）の動作を確認してから弁を全開にする．

（4）適当．サドル付分水栓の頂部に穿孔機を静かに載せ，サドル付分水栓と一体となるように固定する．

（5）適当．穿孔作業は，刃先が管面に接するまでハンドルを静かに回転させ，穿孔を開始する．最初はドリルの芯がずれないようにゆっくりとドリルを下げる． ▶答（3）

問題7 【令和元年 問11】

サドル付分水栓の穿孔施工に関する次の記述の正誤の組み合わせのうち，<u>適当なものはどれか</u>．

ア　サドル付分水栓を取付ける前に，弁体が全閉状態になっているか，パッキンが正しく取付けられているか，塗装面やねじ等に傷がないか等を確認する．

イ　サドル付分水栓は，配水管の管軸頂部にその中心線が来るように取付け，給水管の取出し方向及びサドル付き分水栓が管軸方向から見て傾きがないことを確認する.

ウ　穿孔中はハンドルの回転が軽く感じられる. 穿孔の終了に近づくとハンドルの回転は重く感じられるが, 最後まで回転させ, 完全に穿孔する.

エ　電動穿孔機は, 使用中に整流ブラシから火花を発し, また, スイッチのON・OFF時にも火花を発するので, ガソリン, シンナー, ベンジン, 都市ガス, LPガス等引火性の危険物が存在する環境の場所では絶対に使用しない.

	ア	イ	ウ	エ
(1)	正	誤	誤	正
(2)	誤	正	正	誤
(3)	正	誤	正	誤
(4)	誤	正	誤	正

解説　ア　誤り. サドル付分水栓を取付ける前に, 弁体が全開状態になっているか, パッキンが正しく取付けられているか, 塗装面やねじ等に傷がないか等を確認する. 「全閉状態」が誤り.

イ　正しい. サドル付分水栓は, 配水管の管軸頂部にその中心線が来るように取付け, 給水管の取出し方向及びサドル付き分水栓が管軸方向から見て傾きがないことを確認する.

ウ　誤り. 穿孔中はハンドルの回転が重く感じられる. 穿孔の終了に近づくとハンドルの回転は軽く感じられるが, 最後まで回転させ, 完全に穿孔する. 「軽く」と「重く」が逆である.

エ　正しい. 電動穿孔機は, 使用中に整流ブラシから火花を発し, 又, スイッチのON・OFF時にも火花を発するので, ガソリン, シンナー, ベンジン, 都市ガス, LPガス等引火性の危険物が存在する環境の場所では絶対に使用しない.

以上から (4) が適当.

▶答 (4)

問題8　【平成30年 問10】

サドル付分水栓の穿孔に関する次の記述の正誤の組み合わせのうち, 適当なものはどれか.

ア　サドル付分水栓を取付ける前に, 弁体が全開状態になっているか, パッキンが正しく取付けられているか, 塗装面やねじ等に傷がないか等, サドル付分水栓が正常かどうか確認する.

イ　サドル付分水栓の取付け位置を変えるときは, サドル取付ガスケットを保護するため, サドル付分水栓を持ち上げて移動させてはならない.

ウ　サドル付分水栓の穿孔作業に際し, サドル付分水栓の吐水部又は穿孔機の排水口に排水用ホースを連結し，切粉の飛散防止のためホース先端を下水溝に直接接続し，確実に排水する.

エ　防食コアの取付けは，ストレッチャ（コア挿入機のコア取付け部）先端にコア取付け用ヘッドを取付け，そのヘッドに該当口径のコアを差し込み，非密着形コアの場合は固定ナットで軽く止める.

	ア	イ	ウ	エ
(1)	正	正	誤	誤
(2)	誤	正	正	誤
(3)	正	誤	誤	正
(4)	誤	誤	正	正

解説　ア　正しい．サドル付分水栓を取付ける前に，弁体が全開状態になっているか，パッキンが正しく取付けられているか，塗装面やねじ等に傷がないか等，サドル付分水栓が正常かどうか確認する.

イ　誤り．誤りは「……移動させてはならない.」で，正しくは「……移動させる.」である．サドル付分水栓の取付け位置を変えるときは，サドル取付ガスケット（サドルと配水管の水密性を確保するためのゴム製のシール剤）を保護するため，サドル付分水栓を持ち上げて移動させる.

ウ　誤り．誤りは「……下水溝に直接接続し，確実に排水する.」で，正しくは「……バケツ等に差し込み，下水溝に直接接続しないようにする.」である.

エ　正しい．防食コアの取付けは，ストレッチャ（コア挿入機のコア取付け部）先端にコア取付け用ヘッドを取付け，そのヘッドに該当口径のコアを差し込み，非密着形コアの場合は固定ナットで軽く止める．なお，密着形コアの場合は製造業者の取扱説明書に従い取り付ける（**図 3.4** 参照）.

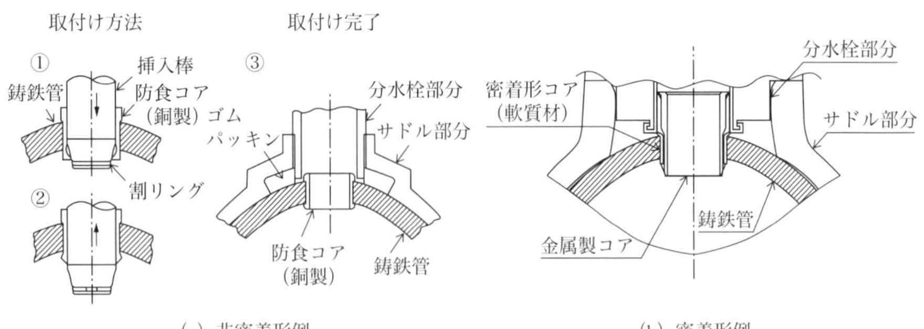

図 3.4　防食コア例 [3)]

以上から（3）が正解.　　▶答（3）

問題9　【平成30年 問11】

配水管からの給水管分岐に関する次の記述の正誤の組み合わせのうち，適当なものはどれか.

ア　配水管への取付け口における給水管の口径は，当該給水装置による水の使用量に比し，著しく過大でないようにする.

イ　配水管から給水管の分岐の取出し位置は，配水管の直管部又は異形管からとする.

ウ　給水管の取出しには，配水管の管種及び口径並びに給水管の口径に応じたサドル付分水栓，分水栓，割T字管等を用い，配水管を切断しT字管やチーズ等による取出しをしてはならない.

エ　配水管を断水して給水管を分岐する場合の配水管断水作業及び給水管の取出し工事は水道事業者の指示による.

	ア	イ	ウ	エ
(1)	誤	誤	正	誤
(2)	正	誤	正	誤
(3)	誤	正	誤	正
(4)	正	誤	誤	正

解説　ア　正しい．配水管への取付け口における給水管の口径は，当該給水装置による水の使用量に比し，著しく過大でないようにする.

イ　誤り．誤りは「異形管」である．異形管からは分岐しない．配水管から給水管の分岐の取出し位置は，配水管の直管部からとする.

ウ　誤り．誤りは「……取出しをしてはならない.」である．正しくは「……取出しを行う.」である．給水管の取出しには，配水管の管種及び口径並びに給水管の口径に応じたサドル付分水栓，分水栓，割T字管等を用いるか，又は配水管を切断しT字管やチーズ等による取出しを行う.

エ　正しい．配水管を断水して給水管を分岐する場合の配水管断水作業及び給水管の取出し工事は，水道事業者の指示による.

以上から（4）が正解.　　▶答（4）

問題10　【平成30年 問12】

分岐穿孔に関する次の記述の正誤の組み合わせのうち，適当なものはどれか.

ア　サドル付分水栓によるダクタイル鋳鉄管の分岐穿孔に使用するドリルは，モルタルライニング管の場合とエポキシ樹脂粉体塗装管の場合とでは，形状が異なる．

イ　ダクタイル鋳鉄管に装着する防食コアの挿入機は，製造業者及び機種等が異なっていても扱い方は同じである．

ウ　硬質ポリ塩化ビニル管に分水栓を取付ける場合は，分水電気融着サドル，分水栓付電気融着サドルのどちらかを使用する．

エ　割T字管は，配水管の管軸水平部にその中心がくるように取付け，給水管の取出し方向及び割T字管が管水平方向から見て傾きがないか確認する．

	ア	イ	ウ	エ
(1)	正	誤	誤	正
(2)	正	誤	正	誤
(3)	誤	正	誤	正
(4)	誤	正	正	誤

解説　ア　正しい．サドル付分水栓によるダクタイル鋳鉄管の分岐穿孔に使用するドリルは，モルタルライニング管の場合とエポキシ樹脂粉体塗装管の場合とでは，形状が異なる．

イ　誤り．誤りは「……同じである．」で，正しくは「……異なる．」である．ダクタイル鋳鉄管に装着する防食コアの挿入機は，製造業者及び機種等が異なっていると扱い方は異なる．

ウ　誤り．誤りは「硬質ポリ塩化ビニル管」で，正しくは「水道配水用ポリエチレン管」である．水道配水用ポリエチレン管に分水栓を取付ける場合は，サドル付分水栓，分水電気融着サドル，分水栓付電気融着サドルのどちらかを使用する．

エ　正しい．割T字管（分割型のT字管と仕切弁が一体の構造，図3.3参照）は，配水管の管軸水平部にその中心がくるように取付け，給水管の取出し方向及び割T字管が管水平方向から見て傾きがないかを確認する．

以上から（1）が正解．　▶答（1）

問題11　【平成29年 問10】

給水管の取出し工事に関する次の記述のうち，不適当なものはどれか．

(1) 配水管への取付口における給水管の口径は，当該給水装置による水の使用量に比べて著しく過大であってはならない．

(2) 異形管から給水管を取出す場合は，外面に付着した土砂や外面被覆材を除去し，入念に清掃したのち施工する．

(3) 硬質ポリ塩化ビニル管に分水栓を取付ける場合は，配水管の折損防止のためサドル付分水栓を使用する.

(4) サドル付分水栓の配水管への取付けは，取付けボルトナットの均等締付けを行った後，最終の締付け強さを，トルクレンチを用いて確認する.

解説 (1) 適当．配水管への取付口における給水管の口径は，当該給水装置による水の使用量に比べて著しく過大であってはならない.

(2) 不適当．異形管から給水管の取出しを行わない．なお，継手も同様に給水管の取出しを行わない.

(3) 適当．硬質ポリ塩化ビニル管に分水栓を取付ける場合は，配水管の折損防止のためサドル付分水栓を使用する.

(4) 適当．サドル付分水栓の配水管への取付けは，取付けボルトナットの均等締付けを行った後，最終の締付け強さを，トルクレンチを用いて確認する. ▶答 (2)

問題12 【平成29年 問11】

サドル付分水栓穿孔（せんこう）に関する次の記述の正誤の組み合わせのうち，適当なものはどれか.

ア　サドル付分水栓によるダクタイル鋳鉄管の分岐穿孔に使用するドリルは，配水管の内面ライニングの仕様に応じた適切なものを使用する.

イ　磨耗したドリル及びカッターは，管のライニング材のめくれ，剥離等が生じやすいので使用してはならない.

ウ　穿孔作業は，穿孔する面が円弧であるため，ドリルの芯がずれないよう穿孔ドリルを強く押し下げ，すばやく穿孔を開始する.

エ　ダクタイル鋳鉄管のサドル付分水栓の穿孔箇所には，穿孔断面の防食のための水道事業者が指定する防錆剤（ぼうせいざい）を塗布する.

	ア	イ	ウ	エ
(1)	正	正	誤	誤
(2)	誤	正	正	誤
(3)	正	誤	正	正
(4)	誤	誤	誤	正

解説 ア　正しい．サドル付分水栓によるダクタイル鋳鉄管の分岐穿孔に使用するドリルは，配水管の内面ライニングの仕様に応じた適切なものを使用する.

イ　正しい．磨耗したドリル及びカッターは，管のライニング材のめくれ，剥離等が生じやすいので使用してはならない.

ウ　誤り．穿孔作業は，穿孔する面が円弧であるため，穿孔ドリルを強く押し下げるとドリル芯がずれ正常な状態で穿孔ができず，この後の防食コアの装着に支障が出るおそれがあるため，最初はドリルの芯がずれないようにゆっくりドリルを下げる．

エ　誤り．ダクタイル鋳鉄管のサドル付分水栓の穿孔箇所には，防食コアを取り付ける．防錆剤を塗布しない．

以上から（1）が正解．

▶答（1）

■ 3.2.3　給水管の接合・継手

3.2 給水管等

問題1　【令和4年 問19】

各種の水道管の継手及び接合方法に関する次の記述のうち，不適当なものはどれか．

(1) ステンレス鋼鋼管のプレス式継手による接合は，専用締付け工具を使用するもので，短時間に接合ができ，高度な技術を必要としない方法である．

(2) ダクタイル鋳鉄管のNS形及びGX形継手は，大きな伸縮余裕，曲げ余裕をとっているため，管体に無理な力がかかることなく継手の動きで地盤の変動に適応することができる．

(3) 水道給水用ポリエチレン管のEF継手による接合は，融着作業中のEF接続部に水が付着しないように，ポンプによる充分な排水を行う．

(4) 硬質塩化ビニルライニング鋼管のねじ接合において，管の切断はパイプカッター，チップソーカッター，ガス切断等を使用して，管軸に対して直角に切断する．

(5) 銅管の接合には継手を使用するが，25 mm以下の給水管の直管部は，胴接ぎとすることができる．

解説　(1) 適当．ステンレス鋼鋼管のプレス式継手による接合は，専用締付け工具を使用するもので，短時間に接合ができ，高度な技術を必要としない方法である（**図3.5**参照）．

(2) 適当．ダクタイル鋳鉄管のNS形及びGX形継手は，大きな伸縮余裕，曲げ余裕をとっているため，管体に無理な力がかかることなく継手の動きで地盤の変動に適応することができる（**図3.6**参照）．

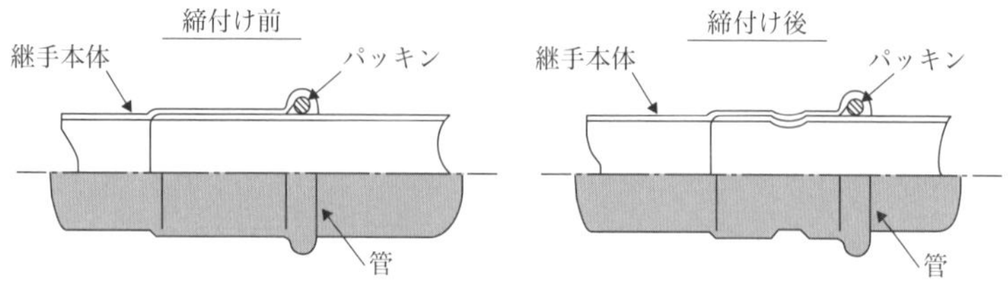

図3.5　プレス式継手 [2)]

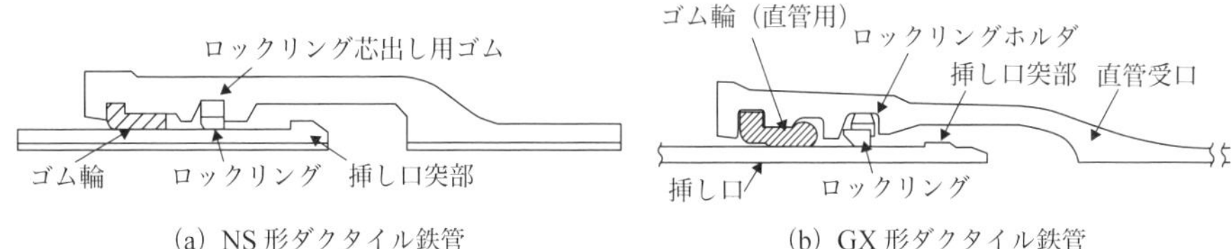

図 3.6 NS 形及び GX 形の接合[3)]

(3) 適当．水道給水用ポリエチレン管の EF（Electro Fusion：電気融着）継手による接合は，融着作業中の EF 接続部に水が付着しないように，ポンプによる充分な排水を行う．

(4) 不適当．硬質塩化ビニルライニング鋼管のねじ接合において，管の切断は管軸に対して直角に切断するが，パイプカッター，チップソーカッター，ガス切断，高速砥石等は管に悪影響を及ぼすので使用しない．自動金のこ盤（帯のこ盤，弦のこ盤），ねじ切り機に搭載された自動丸のこ機等を使用する．

(5) 適当．銅管の接合には継手を使用するが，25 mm 以下の給水管の直管部は，胴接ぎとすることができる．

▶答 (4)

問題 2　【令和 3 年 問 17】

給水管の接合に関する次の記述の正誤の組み合わせのうち，適当なものはどれか．

ア　水道用ポリエチレン二層管の金属継手による接合においては，管種（1 ～ 3 種）に適合したものを使用し，接合に際しては，金属継手を分解して，袋ナット，樹脂製リングの順序で管に部品を通し，樹脂製リングは割りのない方を袋ナット側に向ける．

イ　硬質塩化ビニルライニング鋼管のねじ継手に外面樹脂被覆継手を使用する場合は，埋設の際，防食テープを巻く等の防食処理等を施す必要がある．

ウ　ダクタイル鋳鉄管の接合に使用する滑剤は，継手用滑剤に適合するものを使用し，グリース等の油剤類は使用しない．

エ　水道配水用ポリエチレン管の EF 継手による接合は，長尺の陸継ぎが可能であり，異形管部分の離脱防止対策が不要である．

	ア	イ	ウ	エ
(1)	正	正	誤	誤
(2)	誤	正	正	誤
(3)	誤	正	誤	正
(4)	正	誤	誤	正
(5)	誤	誤	正	正

第 3 章　給水装置工事法

解説 ア　誤り．水道用ポリエチレン二層管（**図 3.7** 参照）の金属継手による接合においては，管種（1～3種）に適合したものを使用し，接合に際しては，金属継手を分解して，袋ナット，樹脂製リングの順序で管に部品を通し，樹脂製リングは割りのある方を袋ナット側に向ける．「ない方」が誤り（**図 3.8** 参照）．

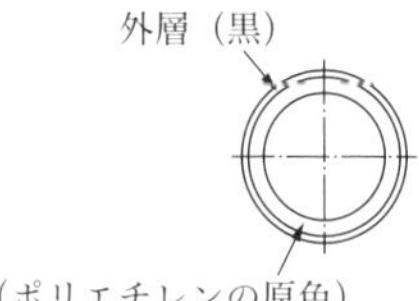

図 3.7　ポリエチレン二層管

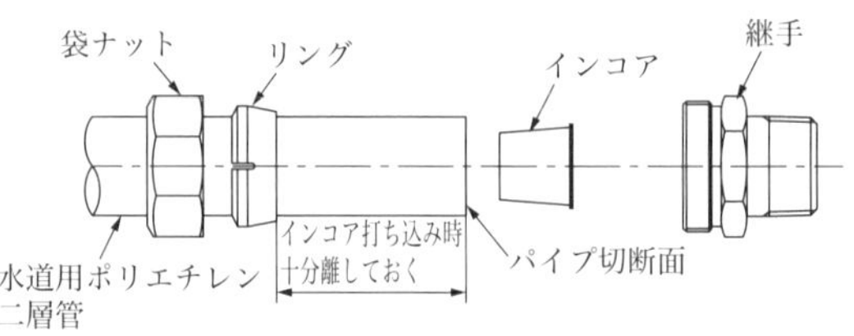

図 3.8　金属継手の接合（メカニカル式）例[1)]

イ　誤り．硬質塩化ビニルライニング鋼管のねじ継手には，管端防食継手を使用する．埋設の際には管端防食継手の外面を合成樹脂で覆った外面樹脂被覆継手を使用する．外面樹脂被覆継手を使った場合，さらに防食テープを巻く等の防食処理等を施す必要はない．

ウ　正しい．ダクタイル鋳鉄管の接合に使用する滑剤は，継手用滑剤に適合するものを使用し，グリース等の油剤類は使用しない．

エ　正しい．水道配水用ポリエチレン管のEF（Electro Fusion：電気融着）継手による接合は，長尺の陸継ぎが可能であり，異形管部分の離脱防止対策が不要である．

以上から（5）が正解．

▶答（5）

問題 3　【令和元年 問13】

水道配水用ポリエチレン管のEF継手による接合に関する次の記述のうち，不適当なものはどれか．

（1）継手との管融着面の挿入範囲をマーキングし，この部分を専用工具（スクレーパ）で切削する．

（2）管端から200 mm程度の内外面及び継手本体の受口内面やインナーコアに付着した油・砂等の異物をウエス等で取り除く．

（3）管に挿入標線を記入後，継手をセットし，クランプを使って，管と継手を固定する．

（4）コントローラのコネクタを継手に接続のうえ，継手バーコードを読み取り通電を開始し，融着終了後，所定の時間冷却確認後，クランプを取り外す．

 (1) 適当．継手との管融着面の挿入範囲をマーキングし，この部分を専用工具(スクレーパ) で切削する．

(2) 不適当．管端から200 mm程度の内外面及び継手本体の受口内面やインナーコアに付着した油・砂等の異物をウエス等で取り除くのは，メカニカル式継手による接合である．

(3) 適当．管に挿入標線を記入後，継手をセットし，クランプを使って，管と継手を固定する．

(4) 適当．コントローラのコネクタを継手に接続のうえ，継手バーコードを読み取り通電を開始し，融着終了後，所定の時間冷却確認後，クランプを取り外す． ▶答 (2)

問題4 【平成30年 問17】

給水管の接合方法に関する次の記述のうち，不適当なものはどれか．

(1) 硬質塩化ビニルライニング鋼管，耐熱性硬質塩化ビニルライニング鋼管，ポリエチレン粉体ライニング鋼管の接合は，ねじ接合が一般的である．

(2) ステンレス鋼鋼管及び波状ステンレス鋼管の接合には，伸縮可とう式継手又はTS継手を使用する．

(3) 銅管の接合には，トーチランプ又は電気ヒータによるはんだ接合とろう接合がある．

(4) ポリエチレン二層管の接合には，金属継手を使用する．

解説 (1) 適当．硬質塩化ビニルライニング鋼管，耐熱性硬質塩化ビニルライニング鋼管，ポリエチレン粉体ライニング鋼管の接合は，ねじ接合が一般的である．

(2) 不適当．誤りは「……TS継手……」で，正しくは「……プレス式継手……」である．ステンレス鋼鋼管及び波状ステンレス鋼管の接合には，伸縮可とう式継手（**図3.9**参照）又はプレス式継手（図3.5参照）を使用する．なお，TS継手のTSはTaper sized solvent welding methodの略で塩ビ管の接合法の1つである（**図3.10**参照）．

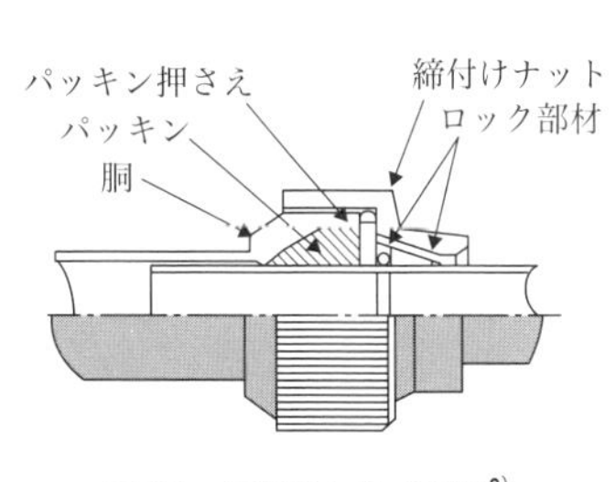

図3.9 伸縮可とう式の例[2)]

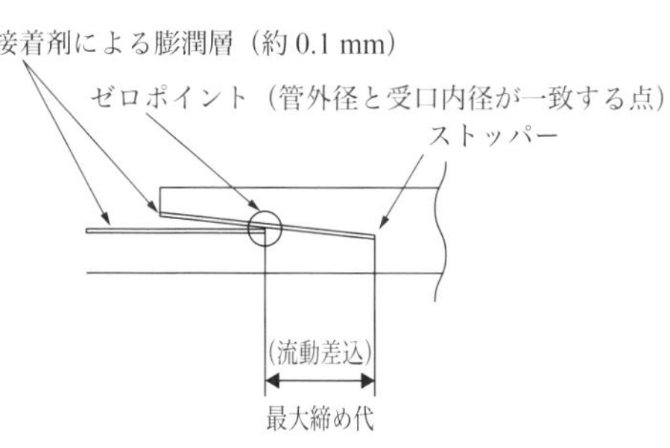

図3.10 TS接合[2)]

(3) 適当．銅管の接合には，トーチランプ又は電気ヒータによるはんだ接合とろう接合がある．なお，溶加材の融点が450°C未満をはんだ接合（主な成分，亜鉛，鉛，スズ）といい，450°C以上をろう接合（マグネシウム，アルミニウム，銅，ニッケル，銀，金，パラジウムなど）という．

(4) 適当．ポリエチレン二層管の接合には，金属継手を使用する． ▶答 (2)

問題5 【平成29年 問16】

各管種の継手及び接合に関する次の記述のうち，不適当なものはどれか．

(1) 銅管の接合には継手を使用するが，25mm以下の給水管の直管部は，胴継ぎとすることができる．

(2) ステンレス鋼管のプレス式継手による接合は，専用締付け工具を使用するもので，短時間に接合でき，高度な技術を必要としない方法である．

(3) 硬質塩化ビニルライニング鋼管のねじ接合において，管の切断はパイプカッター，チップソーカッター，ガス切断等を使用して，管軸に対して直角に切断する．

(4) ダクタイル鋳鉄管のNS形及びGX形継手は，大きな伸縮余裕，曲げ余裕をとっているため，管体に無理な力がかかることなく継手の動きで地盤の変動に適応することができる．

解説 (1) 適当．銅管の接合には継手を使用するが，25mm以下の給水管の直管部は，胴継ぎとすることができる．

(2) 適当．ステンレス鋼管のプレス式継手による接合は，専用締付け工具を使用するもので，短時間に接合でき，高度な技術を必要としない方法である（図3.5参照）．

(3) 不適当．硬質塩化ビニルライニング鋼管のねじ接合において，管の切断は管軸に対して直角に切断するが，パイプカッター，チップソーカッター，ガス切断，高速砥石は，管に悪影響を及ぼすので使用しない．自動金のこ盤（帯のこ盤，弦のこ盤），ねじ切り機に搭載された自動丸のこ機等を使用する．

(4) 適当．ダクタイル鋳鉄管のNS形（管芯が一直線）及びGX形継手（2本の管が2°以内）は，大きな伸縮余裕，曲げ余裕をとっているため，管体に無理な力がかかることなく継手の動きで地盤の変動に適応することができる（図3.6参照）． ▶答 (3)

問題6 【平成29年 問17】

給水管の接合に関する次の記述の正誤の組み合わせのうち，適当なものはどれか．

ア　硬質塩化ビニルライニング鋼管のねじ継手に外面樹脂被覆継手を使用する場合は，埋設の際，さらに防食テープを巻く等の防食処理等を施す必要がある．

イ　銅管のろう接合とは，管の差込み部と継手受口との隙間にろうを加熱溶解して，毛細管現象により吸い込ませて接合する方法である．

ウ　ポリエチレン粉体ライニング鋼管のEF継手による接合は，接合方法がマニュアル化され，かつEFコントローラによる最適融着条件が自動制御されるなどの特長がある．また，異形管部分の離脱防止対策が不要である．

エ　ダクタイル鋳鉄管の接合に使用する滑剤は，継手用滑剤に適合するものを使用し，グリース等の油剤類は絶対に使用しない．

	ア	イ	ウ	エ
(1)	正	正	誤	誤
(2)	誤	正	正	誤
(3)	誤	正	誤	正
(4)	正	誤	誤	正

解説　ア　誤り．硬質塩化ビニルライニング鋼管のねじ継手に外面樹脂被覆継手を使用しない場合は，埋設の際，防食テープを巻く等の防食処理等を施す必要がある．外面樹脂被覆継手を使った場合，さらに防食テープを巻く等の防食処理等を施す必要はない．

イ　正しい．銅管のろう接合とは，管の差込み部と継手受口との隙間にろうを加熱溶解して，毛細管現象により吸い込ませて接合する方法である．

ウ　誤り．誤りは「ポリエチレン粉体ライニング鋼管」で，正しくは「水道配水用ポリエチレン管」である．水道配水用ポリエチレン管のEF（電気融着）継手による接合は，接合方法がマニュアル化され，かつEF（電気融着）コントローラによる最適融着条件が自動制御されるなどの特長がある．又，異形管部分の離脱防止対策が不要である．

エ　正しい．ダクタイル鋳鉄管の接合に使用する滑剤は，継手用滑剤に適合するものを使用し，グリース等の油剤類は絶対に使用しない．

以上から（3）が正解．　▶答（3）

■ 3.2.4　給水管の明示・埋設深さ・防護等

問題1　【令和4年 問13】

給水管の明示に関する次の記述の正誤の組み合わせのうち，適当なものはどれか．

ア　道路管理者と水道事業者等道路地下占用者の間で協議した結果に基づき，占用物埋設工事の際に埋設物頂部と路面の間に折り込み構造の明示シートを設置している場合がある．

イ　道路部分に布設する口径75 mm以上の給水管には，明示テープ等により管を明示しなければならない．

ウ　道路部分に給水管を埋設する際に設置する明示シートは，水道事業者の指示により，指定された仕様のものを任意の位置に設置する．

エ　明示テープの色は，水道管は青色，ガス管は緑色，下水道管は茶色とされている．

	ア	イ	ウ	エ
(1)	正	誤	正	正
(2)	誤	正	誤	正
(3)	正	正	誤	正
(4)	正	誤	正	誤
(5)	誤	正	正	誤

解説　ア　正しい．道路管理者と水道事業者等道路地下占用者の間で協議した結果に基づき，占用物埋設工事の際に埋設物頂部と路面の間に折り込み構造の明示シートを設置している場合がある（**図 3.11** 参照）．

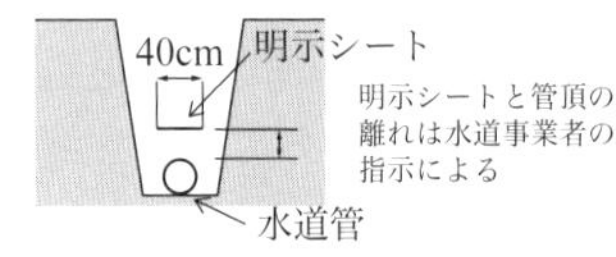

図 3.11　明示シートの施工例 [2)]

イ　正しい．道路部分に布設する口径 75 mm 以上の給水管には，明示テープ等により管を明示しなければならない．

ウ　誤り．道路部分に給水管を埋設する際に設置する明示シートは，水道事業者の指示により，指定された仕様のものを指示された位置に設置する．

エ　正しい．明示テープの色は，水道管は青色，ガス管は緑色，下水道管は茶色とされている．その他，工業用水管は白色，電話線は赤色，電力線はオレンジ色である．

以上から（3）が正解．　▶答（3）

問題 2　【令和 2 年 問 13】

給水管の埋設深さ及び占用位置に関する次の記述の［　　］内に入る語句の組み合わせのうち，<u>正しいものはどれか</u>．

道路法施行令第 11 条の 3 第 1 項第 2 号ロでは，埋設深さについて「水管又はガス管の本線の頂部と路面との距離が［ア］（工事実施上やむを得ない場合にあっては［イ］）を超えていること」と規定されている．しかし，他の埋設物との交差の関係等で，土被りを標準又は規定値まで取れない場合は，［ウ］と協議することとし，必要な防護措置を施す．

宅地内における給水管の埋設深さは，荷重，衝撃等を考慮して［エ］以上を標準とする．

	ア	イ	ウ	エ
(1)	1.5 m	0.9 m	道路管理者	0.5 m
(2)	1.2 m	0.9 m	水道事業者	0.5 m
(3)	1.2 m	0.6 m	道路管理者	0.3 m
(4)	1.5 m	0.6 m	水道事業者	0.3 m
(5)	1.2 m	0.9 m	道路管理者	0.5 m

解説 ア「1.2 m」である.
イ「0.6 m」である.
ウ「道路管理者」である.
エ「0.3 m」である.

道路法施行令第11条の3（水管又はガス管の占用の場所に関する基準）第1項第2号ロ参照.

以上から（3）が正解.

▶答（3）

問題3 【令和2年 問14】

給水管の明示に関する次の記述のうち，不適当なものはどれか.

(1) 道路部分に布設する口径75 mm以上の給水管に明示テープを設置する場合は，明示テープに埋設物の名称，管理者，埋設年度を表示しなければならない.

(2) 宅地部分に布設する給水管の位置については，維持管理上必要がある場合には，明示杭等によりその位置を明示することが望ましい.

(3) 掘削機械による埋設物の毀損事故を防止するため，道路内に埋設する際は水道事業者の指示により，指定された仕様の明示シートを指示された位置に設置する.

(4) 水道事業者によっては，管の天端部に連続して明示テープを設置することを義務付けている場合がある.

(5) 明示テープの色は，水道管は青色，ガス管は黄色，下水道管は緑色とされている.

解説 (1) 適当．道路部分に布設する口径75 mm以上の給水管に明示テープを設置する場合は，明示テープに埋設物の名称，管理者，埋設年度を表示しなければならない.

(2) 適当．宅地部分に布設する給水管の位置については，維持管理上必要がある場合には，明示杭等によりその位置を明示することが望ましい.

(3) 適当．掘削機械による埋設物の毀損事故を防止するため，道路内に埋設する際は水道事業者の指示により，指定された仕様の明示シートを指示された位置に設置する.

(4) 適当．水道事業者によっては，管の天端部に連続して明示テープを設置することを義務付けている場合がある.

(5) 不適当．明示テープの色は，水道管は青色，ガス管は緑色，下水道管は茶色とされている．その他，工業用水管は白色，電話線は赤色，電力線はオレンジ色である．

▶答 (5)

問題4 【令和元年 問12】

給水管の埋設深さ及び占用位置に関する次の記述のうち，不適当なものはどれか．

(1) 道路を縦断して給水管を埋設する場合は，ガス管，電話ケーブル，電気ケーブル，下水道管等の他の埋設物への影響及び占用離隔に十分注意し，道路管理者が許可した占用位置に配管する．

(2) 浅層埋設は，埋設工事の効率化，工期の短縮及びコスト縮減等の目的のため，運用が開始された．

(3) 浅層埋設が適用される場合，歩道部における水道管の埋設深さは，管路の頂部と路面との距離は0.3 m以下としない．

(4) 給水管の埋設深さは，宅地内にあっては0.3 m以上を標準とする．

3.2 給水管等

解説 (1) 適当．道路を縦断して給水管を埋設する場合は，ガス管，電話ケーブル，電気ケーブル，下水道管等の他の埋設物への影響及び占用離隔に十分注意し，道路管理者が許可した占用位置に配管する．

(2) 適当．浅層埋設は，埋設工事の効率化，工期の短縮及びコスト縮減等の目的のため，運用が開始された．

(3) 不適当．浅層埋設が適用される場合，歩道部における水道管の埋設深さは，管路の頂部と路面との距離は0.5 m以下としない．

(4) 適当．給水管の埋設深さは，宅地内にあっては0.3 m以上を標準とする．

▶答 (3)

問題5 【令和元年 問16】

給水管の明示に関する次の記述の正誤の組み合わせのうち，適当なものはどれか．

ア 道路部分に布設する口径75 mm以上の給水管には，明示テープ等により管を明示しなければならない．

イ 道路部分に埋設する管などの明示テープの地色は，道路管理者ごとに定められており，その指示に従い施工する必要がある．

ウ 道路部分に給水管を埋設する際に設置する明示シートは，指定する仕様のものを任意の位置に設置する．

エ 宅地部分に布設する給水管の位置については，維持管理上必要がある場合，明示杭等によりその位置を明示する．

	ア	イ	ウ	エ
(1)	誤	誤	正	正
(2)	正	誤	誤	正
(3)	誤	正	誤	誤
(4)	正	誤	誤	誤

解説 ア　正しい．道路部分に布設する口径75 mm以上の給水管には，明示テープ等により管を明示しなければならない．

イ　誤り．道路部分に埋設する管などの明示テープの地色は，道路法施行令（第12条）や同施行規則（第4条の3の2）で定められており，その規則に従い施工する必要がある．

ウ　誤り．道路部分に給水管を埋設する際に設置する明示シートは，水道事業者の指示により指定する仕様の明示シートを指示された位置に設置しなければならない．

エ　正しい．宅地部分に布設する給水管の位置については，維持管理上必要がある場合，明示杭等によりその位置を明示する．

以上から（2）が正解．　▶答（2）

問題6　【平成30年 問13】

給水管の埋設深さに関する次の記述の［　　］内に入る語句の組み合わせのうち，適当なものはどれか．

公道下における給水管の埋設深さは，［ア］に規定されており，工事場所等により埋設条件が異なることから［イ］の［ウ］によるものとする．

また，宅地内における給水管の埋設深さは，荷重，衝撃等を考慮して［エ］を標準とする．

	ア	イ	ウ	エ
(1)	道路法施行令	道路管理者	道路占用許可	0.3 m以上
(2)	水道法施行令	所轄警察署	道路使用許可	0.5 m以上
(3)	水道法施行令	道路管理者	道路使用許可	0.3 m以上
(4)	道路法施行令	所轄警察署	道路占用許可	0.5 m以上

解説 ア「道路法施行令」である．

イ「道路管理者」である．

ウ「道路占用許可」である．

エ「0.3 m以上」である．

以上から（1）が正解．　▶答（1）

問題7 【平成30年 問14】

止水栓の設置及び給水管の布設に関する次の記述のうち，不適当なものはどれか．

(1) 止水栓は，給水装置の維持管理上支障がないよう，メーターます又は専用の止水栓きょう内に収納する．

(2) 給水管が水路を横断する場所にあっては，原則として水路の下に給水管を設置する．やむを得ず水路の上に設置する場合には，高水位（H.W.L）より下の高さに設置する．

(3) 給水管を建物の柱や壁等に沿わせて配管する場合には，外圧，自重，水圧等による振動やたわみで損傷を受けやすいので，クリップ等のつかみ金具を使用し，管を1～2mの間隔で建物に固定する．

(4) 給水管は他の埋設物（埋設管，構造物の基礎等）より30cm以上の間隔を確保し配管することを原則とする．

3.2 給水管等

解説 (1) 適当．止水栓は，給水装置の維持管理上支障がないよう，メーターます又は専用の止水栓きょう内に収納する．

(2) 不適当．誤りは「……より下の高さ……」であり，正しくは「……以上の高さ……」である．給水管が水路を横断する場所にあっては，原則として水路の下に給水管を設置する．やむを得ず水路の上に設置する場合には，高水位（H.W.L）以上の高さに設置する．

(3) 適当．給水管を建物の柱や壁等に沿わせて配管する場合には，外圧，自重，水圧等による振動やたわみで損傷を受けやすいので，クリップ等のつかみ金具を使用し，管を1～2mの間隔で建物に固定する．

(4) 適当．給水管は他の埋設物（埋設管，構造物の基礎等）より30cm以上の間隔を確保し配管することを原則とする．

▶答 (2)

問題8 【平成29年 問13】

公道における給水装置工事の現場管理に関する次の記述の正誤の組み合わせのうち，適当なものはどれか．

ア 下水道，ガス，電気，電線等の地下埋設物の近くを掘削する場合は，道路管理者の立ち会いを求める．

イ 掘削に当たっては，工事場所の交通安全などを確保するために保安設備を設置し，必要に応じて保安要員（交通誘導員等）を配置する．

ウ 掘削深さが1.5m以内であっても自立性に乏しい地山の場合は，施工の安全性を確保するため適切な勾配を定めて断面を決定するか，又は土留工を施すこと．

エ 工事の施行によって生じた建設発生土や建設廃棄物等は，「廃棄物の処理及び清掃に関する法律」やその他の規定に基づき，工事施行者が適正かつ速やかに処理する.

	ア	イ	ウ	エ
(1)	誤	正	正	正
(2)	正	誤	正	誤
(3)	正	誤	誤	正
(4)	誤	正	正	誤

解説 ア　誤り．下水道，ガス，電気，電線等の地下埋設物の近くを掘削する場合は，必要に応じて道路管理者の立ち会いを求める．道路管理者の立ち合いを常に求める必要はない．

イ　正しい．掘削に当たっては，工事場所の交通安全などを確保するために保安設備を設置し，必要に応じて保安要員（交通誘導員等）を配置する．

ウ　正しい．掘削深さが1.5 m以内であっても自立性に乏しい地山の場合は，施工の安全性を確保するため適切な勾配を定めて断面を決定するか，又は土留工を施すこと．

エ　正しい．工事の施行によって生じた建設発生土や建設廃棄物等は，「廃棄物の処理及び清掃に関する法律」やその他の規定に基づき，工事施行者が適正かつ速やかに処理する．

以上から（1）が正解．　▶答（1）

3.3 給水装置工事等

■ 3.3.1　給水装置の誤接合（クロスコネクション）等

問題1　【令和4年 問26】

クロスコネクションに関する次の記述の正誤の組み合わせのうち，適当なものはどれか．

ア　給水管と井戸水配管を直接連結する場合，両管の間に逆止弁を設置し，逆流防止の措置を講じる必要がある．

イ　給水装置と受水槽以下の配管との接続はクロスコネクションではない．

ウ　クロスコネクションは，水圧状況によって給水装置内に工業用水，排水，ガス等が逆流するとともに，配水管を経由して他の需要者にまでその汚染が拡大する非常に危険な配管である．

エ　一時的な仮設であっても，給水装置とそれ以外の水管を直接連結してはならない．

	ア	イ	ウ	エ
(1)	誤	誤	正	正
(2)	誤	正	正	正
(3)	正	誤	正	誤
(4)	誤	誤	正	誤
(5)	正	誤	誤	誤

解説 ア　誤り．給水管と井戸水配管を直接連結してはならない．直結すればクロスコネクション（当該給水装置以外の水管その他の設備に直接連結されること）となる．両管の間に逆止弁を設置し，逆流防止の措置を講じても，クロスコネクションとなり認められない．

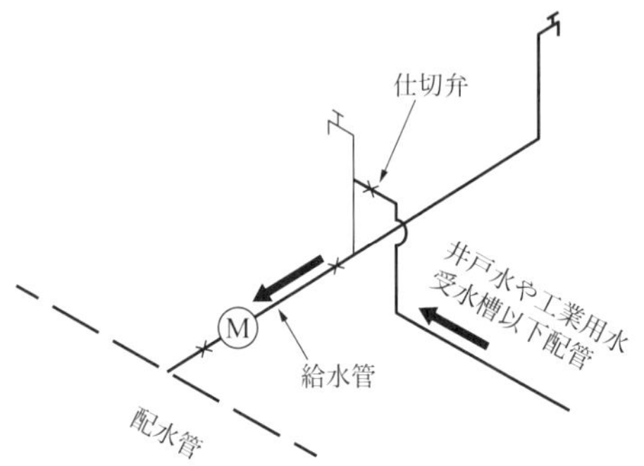

図 3.12　クロスコネクションの例 [1)]

イ　誤り．給水装置と受水槽以下の配管との接続は，クロスコネクションである（**図 3.12** 参照）．

ウ　正しい．クロスコネクションは，水圧状況によって給水装置内に工業用水，排水，ガス等が逆流するとともに，配水管を経由して他の需要者にまでその汚染が拡大する非常に危険な配管である．

エ　正しい．一時的な仮設であっても，給水装置とそれ以外の水管を直接連結してはならない．

以上から（1）が正解．　▶答（1）

※なお，本問題は第 4 章（給水装置の構造及び性能）に出題されたものであるが，問題の内容からここに掲載した．

問題 2　【令和 3 年 問 24】

クロスコネクション及び水の汚染防止に関する次の記述の正誤の組み合わせのうち，適当なものはどれか．

ア　給水装置と受水槽以下の配管との接続はクロスコネクションではない．

イ　給水装置と当該給水装置以外の水管，その他の設備とは，仕切弁や逆止弁が介在しても，また，一時的な仮設であってもこれらを直接連結してはならない．

ウ　シアンを扱う施設に近接した場所があったため，鋼管を使用して配管した．

エ　合成樹脂管は有機溶剤などに侵されやすいので，そのおそれがある箇所には使用しないこととし，やむを得ず使用する場合は，さや管などで適切な防護措置を施す．

	ア	イ	ウ	エ
(1)	誤	正	誤	正
(2)	誤	正	正	誤
(3)	正	正	誤	誤
(4)	誤	誤	正	正
(5)	正	誤	誤	正

解説　ア　誤り．給水装置と受水槽以下の配管との接続はクロスコネクションである（図 3.12 参照）．

イ　正しい．給水装置と当該給水装置以外の水管，その他の設備とは，仕切弁や逆止弁が介在しても，又，一時的な仮設であってもこれらを直接連結してはならない．

ウ　誤り．シアンを扱う施設に近接した場所には，配管してはならない．

エ　正しい．合成樹脂管は有機溶剤などに侵されやすいので，そのおそれがある箇所には使用しないこととし，やむを得ず使用する場合は，さや管などで適切な防護措置を施す．

以上から（1）が正解．　▶答（1）

※なお，本問題は第 4 章（給水装置の構造及び性能）に出題されたものであるが，問題の内容からここに掲載した．

問題 3　【令和 2 年 問 29】

クロスコネクションに関する次の記述の正誤の組み合わせのうち，適当なものはどれか．

ア　クロスコネクションは，水圧状況によって給水装置内に工業用水，排水，ガス等が逆流するとともに，配水管を経由して他の需要者にまでその汚染が拡大する非常に危険な配管である．

イ　給水管と井戸水配管の間に逆流を防止するための逆止弁を設置すれば直接連結してもよい．

ウ　給水装置と受水槽以下の配管との接続はクロスコネクションではない．

エ　一時的な仮設であれば，給水装置とそれ以外の水管を直接連結することができる．

	ア	イ	ウ	エ
(1)	正	誤	誤	正
(2)	誤	正	正	正

(3)	正	誤	正	誤
(4)	誤	正	正	誤
(5)	正	誤	誤	誤

解説 ア　正しい．クロスコネクション（当該給水装置以外の水管その他の設備に直接連結されること）は，水圧状況によって給水装置内に工業用水，排水，ガス等が逆流するとともに，配水管を経由して他の需要者にまでその汚染が拡大する非常に危険な配管である．

イ　誤り．給水管と井戸水配管の間に逆流を防止するための逆止弁を設置しても直接連結してはならない．

ウ　誤り．給水装置と受水槽以下の配管との接続は，クロスコネクションとなる．

エ　誤り．一時的な仮設であっても，給水装置とそれ以外の水管を直接連結することはできない．

以上から（5）が正解．　▶答（5）

※なお，本問題は第4章（給水装置の構造及び性能）に出題されたものであるが，問題の内容からここに掲載した．

問題4　【令和元年 問25】

クロスコネクションに関する次の記述の正誤の組み合わせのうち，適当なものはどれか．

ア　クロスコネクションは，水圧状況によって給水装置内に工業用水，排水，ガス等が逆流するとともに，配水管を経由して他の需要者にまでその汚染が拡大する非常に危険な配管である．

イ　給水管と井戸水配管は，両管の間に逆止弁を設置し，逆流防止の措置を講じれば，直接連結することができる．

ウ　給水装置と受水槽以下の配管との接続はクロスコネクションではない．

エ　給水装置と当該給水装置以外の水管，その他の設備とは，一時的な仮設であればこれを直接連結することができる．

	ア	イ	ウ	エ
(1)	誤	正	正	誤
(2)	正	誤	誤	誤
(3)	正	誤	正	誤
(4)	誤	誤	誤	正

解説 ア　正しい．クロスコネクションは，水圧状況によって給水装置内に工業用水，

排水，ガス等が逆流するとともに，配水管を経由して他の需要者にまでその汚染が拡大する非常に危険な配管である．

イ　誤り．給水管と井戸水配管とは，両管の間に逆止弁を設置し，逆流防止の措置を講じても，直接連結することができない．

ウ　誤り．クロスコネクションは，当該給水装置以外の水管その他の設備に直接連結されることをいうから，給水装置と受水槽（水圧が変化し直結とならない）以下の配管との接続はクロスコネクションである．

エ　誤り．給水装置と当該給水装置以外の水管，その他の設備とは，一時的な仮設であってもこれを直接連結することはできない．

以上から（2）が正解．　▶答（2）

※なお，本問題は第4章（給水装置の構造及び性能）に出題されたものであるが，問題の内容からここに掲載した．

問題5　【平成30年 問21】

クロスコネクションに関する次の記述の正誤の組み合わせのうち，適当なものはどれか．

ア　給水管と井戸水配管を直接連結する場合，仕切弁や逆止弁を設置する．

イ　クロスコネクションは，水圧状況によって給水装置内に工業用水，排水，ガス等が逆流するとともに，配水管を経由して他の需要者にまでその汚染が拡大する非常に危険な配管である．

ウ　一時的な仮設であれば，給水装置とそれ以外の水管を直接連結することができる．

エ　クロスコネクションの多くは，井戸水，工業用水及び事業活動で用いられている液体の管と給水管を接続した配管である．

	ア	イ	ウ	エ
(1)	正	誤	正	誤
(2)	誤	誤	正	正
(3)	誤	正	誤	正
(4)	正	正	誤	誤

解説　ア　誤り．給水管と井戸水配管を直接連結してはならない．

イ　正しい．クロスコネクション（当該給水装置以外の水管その他の設備に直接連結されること）は，水圧状況によって給水装置内に工業用水，排水，ガス等が逆流するとともに，配水管を経由して他の需要者にまでその汚染が拡大する非常に危険な配管である．

ウ　誤り．一時的な仮設であっても，給水装置とそれ以外の水管を直接連結することはできない．

エ　正しい．クロスコネクションの多くは，井戸水，工業用水及び事業活動で用いられている液体の管と給水管を接続した配管である．

以上から（3）が正解．　▶答（3）

※なお，本問題は第4章（給水装置の構造及び性能）に出題されたものであるが，問題の内容からここに掲載した．

問題6　【平成29年 問27】

クロスコネクションに関する次の記述の正誤の組み合わせのうち，適当なものはどれか．

ア　給水管と井戸水配管を直接連結する場合，両管の間に逆止弁を設置し，逆流防止の措置を講じる必要がある．

イ　クロスコネクションは，水圧状況によって給水装置内に工業用水，排水，ガス等が逆流するとともに，配水管を経由して他の需要者にまでその汚染が拡大する非常に危険な配管である．

ウ　給水装置と当該給水装置以外の水管，その他の設備とは，一時的な仮設であってもこれを直接連結することは絶対に行ってはならない．

エ　給水装置と受水槽以下の配管との接続はクロスコネクションではない．

	ア	イ	ウ	エ
(1)	正	誤	誤	正
(2)	誤	正	正	誤
(3)	誤	正	誤	正
(4)	正	誤	正	誤

解説　ア　誤り．給水管と井戸水配管を直接連結してはならない．

イ　正しい．クロスコネクションは，水圧状況によって給水装置内に工業用水，排水，ガス等が逆流するとともに，配水管を経由して他の需要者にまでその汚染が拡大する非常に危険な配管である．

ウ　正しい．給水装置と当該給水装置以外の水管，その他の設備とは，一時的な仮設であってもこれを直接連結することは絶対に行ってはならない．

エ　誤り．クロスコネクションは，当該給水装置が当該給水装置以外の水管その他の設備に直接連結（水圧が変化しないこと）されることをいうから，当該給水装置の水管と受水槽（水圧が変化する）以下の配管（水管）との接続は直接連結されているのでクロスコネクションである．

以上から（2）が正解. ▶答（2）

※なお，本問題は第4章（給水装置の構造及び性能）に出題されたものであるが，問題の内容からここに掲載した.

■ 3.3.2 給水装置工事の安全・衛生対策

問題1 【平成30年 問16】

給水装置工事に関する次の記述のうち，不適当なものはどれか.

(1) 給水管及び給水用具は，最終の止水機構の流出側に設置される給水用具を含め，耐圧性能基準に適合したものを用いる.

(2) 給水装置の接合箇所は，水圧に対する充分な耐力を確保するためにその構造及び材質に応じた適切な接合が行われたものでなければならない.

(3) 減圧弁，安全弁（逃し弁），逆止弁，空気弁及び電磁弁は，耐久性能基準に適合したものを用いる. ただし，耐寒性能が求められるものを除く.

(4) 家屋の主配管は，配管の経路について構造物の下の通過を避けること等により漏水時の修理を容易に行うことができるようにしなければならない.

解説 (1) 不適当. 誤りは「…… 含め，……」で，正しくは「…… 除き，……」である. 給水管及び給水用具は，最終の止水機構の流出側に設置される給水用具を除き，耐圧性能基準に適合したものを用いる.

(2) 適当. 給水装置の接合箇所は，水圧に対する充分な耐力を確保するためにその構造及び材質に応じた適切な接合が行われたものでなければならない.

(3) 適当. 減圧弁，安全弁（逃し弁），逆止弁，空気弁及び電磁弁は，耐久性能基準に適合したものを用いる. ただし，耐寒性能が求められるものを除く.

(4) 適当. 家屋の主配管は，配管の経路について構造物の下の通過を避けること等により漏水時の修理を容易に行うことができるようにしなければならない. ▶答（1）

3.4 給水装置

■ 3.4.1 給水装置及び配管の選定・施工・工事

問題1 【令和4年 問15】

スプリンクラーに関する次の記述の正誤の組み合わせのうち，適当なものはどれか.

ア　消防法の適用を受ける水道直結式スプリンクラー設備の設置に当たり，分岐する配水管からスプリンクラーヘッドまでの水理計算及び給水管，給水用具の選定は，給水装置工事主任技術者が行う．

イ　消防法の適用を受けない住宅用スプリンクラーは，停滞水が生じないよう日常生活において常時使用する水洗便器や台所水栓等の末端給水栓までの配管途中に設置する．

ウ　消防法の適用を受ける乾式配管方式の水道直結式スプリンクラー設備は，消火時の水量をできるだけ多くするため，給水管分岐部と電動弁との間を長くすることが望ましい．

エ　平成19年の消防法改正により，一定規模以上のグループホーム等の小規模社会福祉施設にスプリンクラーの設置が義務付けられた．

	ア	イ	ウ	エ
(1)	正	誤	正	誤
(2)	誤	正	誤	正
(3)	正	正	誤	正
(4)	正	誤	誤	正
(5)	誤	正	正	誤

解説　ア　誤り．消防法の適用を受ける水道直結式スプリンクラー設備の設置に当たり，分岐する配水管からスプリンクラーヘッドまでの水理計算及び給水管，給水用具の選定は，消防設備士が行う．

イ　正しい．消防法の適用を受けない住宅用スプリンクラーは，停滞水が生じないよう日常生活において常時使用する水洗便器や台所水栓等の末端給水栓までの配管途中に設置する（**図3.13**参照）．

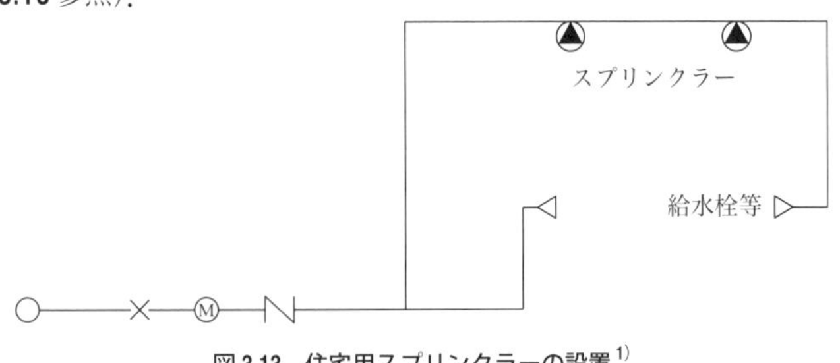

図3.13　住宅用スプリンクラーの設置[1)]

ウ　誤り．消防法の適用を受ける乾式配管方式の水道直結式スプリンクラー設備は，給水管の分岐から電動弁までの間（停滞区間）の停滞水をできるだけ少なくするため，給水管分岐部と電動弁との間を短くすることが望ましい（**図3.14**参照）．

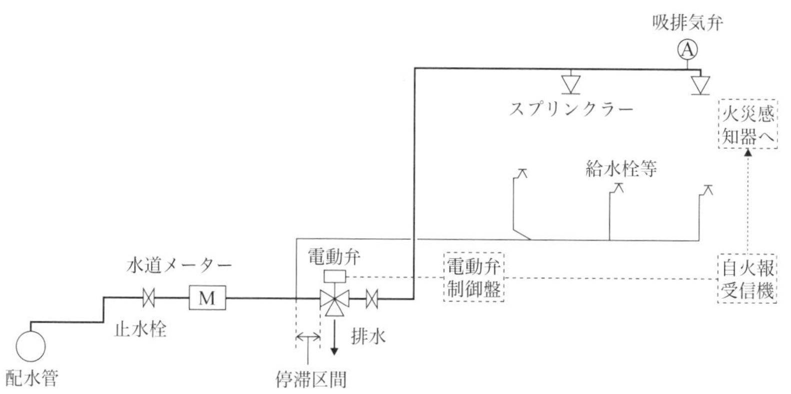

図 3.14　乾式配管方式の水道直結式スプリンクラー設備

エ　正しい．平成 19 年の消防法改正により，一定規模以上のグループホーム等の小規模社会福祉施設にスプリンクラーの設置が義務付けられた．

以上から（2）が正解．　▶答（2）

問題 2　【令和 4 年 問 17】

給水管の配管工事に関する次の記述のうち，不適当なものはどれか．

(1) 水圧，水撃作用等により給水管が離脱するおそれのある場所には，適切な離脱防止のための措置を講じる．

(2) 宅地内の主配管は，家屋の基礎の外回りに布設することを原則とし，スペースなどの問題でやむを得ず構造物の下を通過させる場合は，さや管を設置しその中に配管する．

(3) 配管工事に当たっては，漏水によるサンドブラスト現象などにより他企業埋設物への損傷を防止するため，他の埋設物との離隔は原則として 30 cm 以上確保する．

(4) 地階あるいは 2 階以上に配管する場合は，原則として階ごとに止水栓を設置する．

(5) 給水管を施工上やむを得ず曲げ加工して配管する場合，曲げ配管が可能な材料としては，ライニング鋼管，銅管，ポリエチレン二層管がある．

解説（1）適当．水圧，水撃作用等により給水管が離脱するおそれのある場所には，適切な離脱防止のための措置を講じる．

(2) 適当．宅地内の主配管は，家屋の基礎の外回りに布設することを原則とし，スペースなどの問題でやむを得ず構造物の下を通過させる場合は，さや管を設置しその中に配管する．

(3) 適当．配管工事に当たっては，漏水によるサンドブラスト現象などにより他企業埋設物への損傷を防止するため，他の埋設物との離隔は原則として30 cm以上確保する．

(4) 適当．地階あるいは2階以上に配管する場合は，原則として階ごとに止水栓を設置する．

(5) 不適当．給水管を施工上やむを得ず曲げ加工して配管する場合，曲げ配管が可能な材料としては，ステンレス鋼鋼管，銅管，ポリエチレン二層管，ポリエチレン管がある．ライニング鋼管は曲げ配管を行うと，ライニングがはく離する可能性があり，曲げ配管を行わない．又，硬質銅管は曲げ加工は行わない．

▶答（5）

3.4 給水装置

問題3 【令和4年 問18】

給水管及び給水用具の選定に関する次の記述の［　　］内に入る語句の組み合わせのうち，適当なものはどれか．

給水管及び給水用具は，配管場所の施工条件や設置環境，将来の維持管理等を考慮して選定する．

配水管の取付口から［ア］までの使用材料等については，地震対策並びに漏水時及び災害時等の［イ］を円滑かつ効率的に行う観点から，［ウ］が指定している場合が多いので確認する．

	ア	イ	ウ
(1)	水道メーター	応急給水	厚生労働省
(2)	止水栓	緊急工事	厚生労働省
(3)	止水栓	応急給水	水道事業者
(4)	水道メーター	緊急工事	水道事業者

解説 ア「水道メーター」である．

イ「緊急工事」である．

ウ「水道事業者」である．

以上から（4）が正解．

▶答（4）

問題4 【令和3年 問13】

止水栓の設置及び給水管の防護に関する次の記述の正誤の組み合わせのうち，適当なものはどれか．

ア　止水栓は，給水装置の維持管理上支障がないよう，メーターボックス（ます）又は専用の止水栓きょう内に収納する．

イ　給水管を建物の柱や壁等に添わせて配管する場合には，外力，自重，水圧等による振動やたわみで損傷を受けやすいので，クリップ等のつかみ金具を使用し，管を3～4 mの間隔で建物に固定する．

ウ　給水管を構造物の基礎や壁を貫通させて設置する場合は，構造物の貫通部に配管スリーブ等を設け，スリーブとの間隙を弾性体で充填し，給水管の損傷を防止する．

エ　給水管が水路を横断する場所にあっては，原則として水路を上越しして設置し，さや管等による防護措置を講じる．

	ア	イ	ウ	エ
(1)	誤	正	誤	正
(2)	正	誤	誤	正
(3)	正	誤	正	誤
(4)	正	正	誤	誤
(5)	誤	正	正	誤

解説　ア　正しい．止水栓は，給水装置の維持管理上支障がないよう，メーターボックス（ます）又は専用の止水栓きょう内に収納する．

イ　誤り．給水管を建物の柱や壁等に添わせて配管する場合には，外力，自重，水圧等による振動やたわみで損傷を受けやすいので，クリップ等のつかみ金具を使用し，管を1～2mの間隔で建物に固定する．「3～4m」が誤り．

ウ　正しい．給水管を構造物の基礎や壁を貫通させて設置する場合は，構造物の貫通部に配管スリーブ等を設け，スリーブとの間隙を弾性体で充填し，給水管の損傷を防止する．

エ　誤り．給水管が水路を横断する場所にあっては，原則として水路を下越しして設置し，さや管等による防護措置を講じる（**図3.15**参照）．

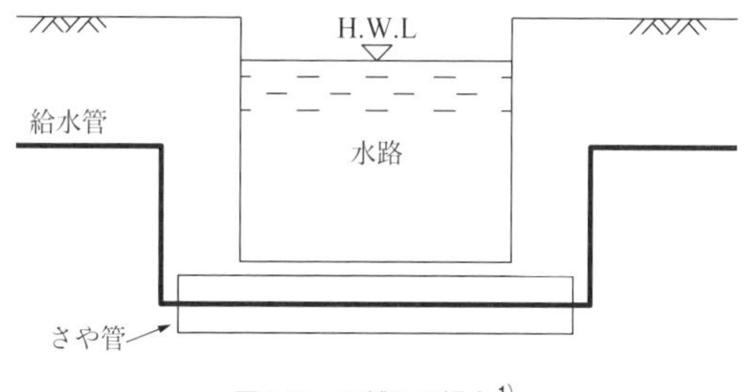

図3.15　下越しの場合[1)]

▶答（3）

問題5　【令和3年 問19】

消防法の適用を受けるスプリンクラーに関する次の記述のうち，<u>不適当なものはどれか</u>．

(1) 平成19年の消防法改正により，一定規模以上のグループホーム等の小規模社会

第3章　給水装置工事法

福祉施設にスプリンクラーの設置が義務付けられた．
(2) 水道直結式スプリンクラー設備の工事は，水道法に定める給水装置工事として指定給水装置工事事業者が施工する．
(3) 水道直結式スプリンクラー設備の設置で，分岐する配水管からスプリンクラーヘッドまでの水理計算及び給水管，給水用具の選定は，消防設備士が行う．
(4) 水道直結式スプリンクラー設備は，消防法令適合品を使用するとともに，給水装置の構造及び材質の基準に関する省令に適合した給水管，給水用具を用いる．
(5) 水道直結式スプリンクラー設備の配管は，消火用水をできるだけ確保するために十分な水を貯留することのできる構造とする．

解説 (1) 適当．平成19年の消防法改正により，一定規模以上のグループホーム等の小規模社会福祉施設にスプリンクラーの設置が義務付けられた．

(2) 適当．水道直結式スプリンクラー設備の工事は，水道法に定める給水装置工事として指定給水装置工事事業者が施工する．

(3) 適当．水道直結式スプリンクラー設備の設置で，分岐する配水管からスプリンクラーヘッドまでの水理計算及び給水管，給水用具の選定は，消防設備士が行う．

(4) 適当．水道直結式スプリンクラー設備は，消防法令適合品を使用するとともに，給水装置の構造及び材質の基準に関する省令に適合した給水管，給水用具を用いる．

(5) 不適当．このような定めはない．

▶答 (5)

問題6 【令和3年 問37】

建築物に設ける飲料水の配管設備に関する次の記述の正誤の組み合わせのうち，適当なものはどれか．

ア ウォーターハンマーが生ずるおそれがある場合においては，エアチャンバーを設けるなど有効なウォーターハンマー防止のための措置を講ずる．

イ 給水タンクは，衛生上有害なものが入らない構造とし，金属性のものにあっては，衛生上支障のないように有効なさび止めのための措置を講ずる．

ウ 防火対策のため，飲料水の配管と消火用の配管を直接連結する場合は，仕切弁及び逆止弁を設置するなど，逆流防止の措置を講ずる．

エ 給水タンク内部に飲料水以外の配管を設置する場合には，さや管などにより，防護措置を講ずる．

	ア	イ	ウ	エ
(1)	正	誤	正	誤
(2)	正	正	誤	誤
(3)	誤	正	正	正

(4) 誤　誤　正　正
(5) 誤　正　誤　正

解説 ア　正しい．ウォーターハンマー（水撃作用）が生ずるおそれがある場合においては，エアチャンバーを設けるなど有効なウォーターハンマー防止のための措置を講ずる．

イ　正しい．給水タンクは，衛生上有害なものが入らない構造とし，金属性のものにあっては，衛生上支障のないように有効なさび止めのための措置を講ずる．

ウ　誤り．防火対策のため，飲料水の配管と消火用の配管を直接連結する場合は，湿式配管（**図 3.16** 参照）では末端給水栓までの配管途中にスプリンクラーを設置し，常時充水されている配管方法をとる．乾式配管（**図 3.17** 参照）ではスプリンクラー配管への分岐部下流に電動弁を設置して，弁閉止時には自動排水し，電動弁以後の配管を空にできる配管方法で，火災時には熱で火災感知器が反応するとその信号で，電動弁が開放され下流の配管内を充水し，その後，スプリンクラー（SP）ヘッドが作動し放水が行われる．仕切弁及び逆止弁を設置するなど，逆流防止の措置を講ずることは行わない．

エ　誤り．給水タンク内部に飲料水以外の配管を設置しない．

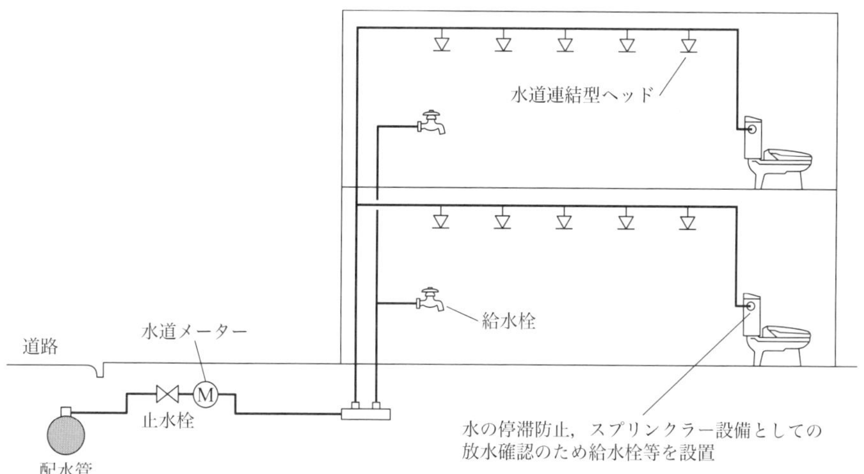

図 3.16　湿式スプリンクラー配管例 [1)]

第3章　給水装置工事法

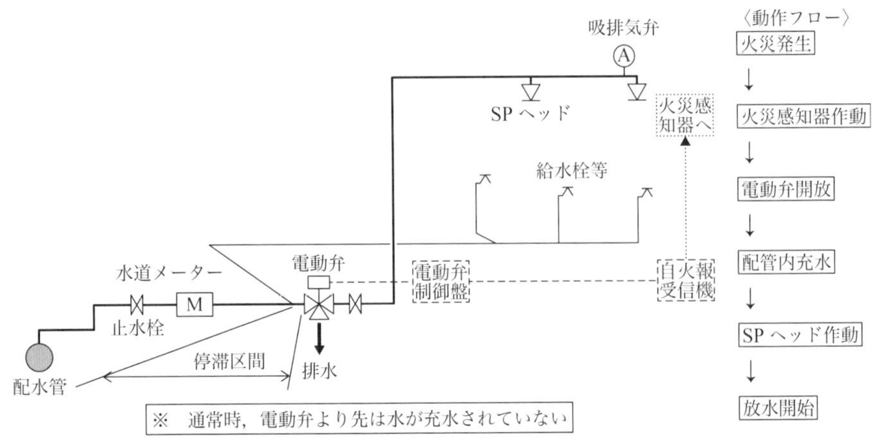

図 3.17　乾式配管とスプリンクラー動作フロー例[1)]

以上から（2）が正解.　▶答（2）

※なお，本問題は第 6 章（給水装置工事事務論）に出題されたものであるが，問題の内容からここに掲載した.

問題 7　【令和 2 年 問 18】

消防法の適用を受けるスプリンクラーに関する次の記述のうち，<u>不適当なものはどれか</u>.

(1) 水道直結式スプリンクラー設備の工事は，水道法に定める給水装置工事として指定給水装置工事事業者が施工する.

(2) 災害その他正当な理由によって，一時的な断水や水圧低下等により水道直結式スプリンクラー設備の性能が十分発揮されない状況が生じても水道事業者に責任がない.

(3) 湿式配管による水道直結式スプリンクラー設備は，停滞水が生じないよう日常生活において常時使用する水洗便器や台所水栓等の末端給水栓までの配管途中に設置する.

(4) 乾式配管による水道直結式スプリンクラー設備は，給水管の分岐から電動弁までの間の停滞水をできるだけ少なくするため，給水管分岐部と電動弁との間を短くすることが望ましい.

(5) 水道直結式スプリンクラー設備の設置に当たり，分岐する配水管からスプリンクラーヘッドまでの水理計算及び給水管，給水用具の選定は，給水装置工事主任技術者が行う.

解説 (1) 適当．水道直結式スプリンクラー設備の工事は，水道法に定める給水装置工事として指定給水装置工事事業者が施工する．

(2) 適当．災害その他正当な理由によって，一時的な断水や水圧低下等により水道直結式スプリンクラー設備の性能が十分発揮されない状況が生じても水道事業者に責任がない．

(3) 適当．湿式配管による水道直結式スプリンクラー設備は，停滞水が生じないよう日常生活において常時使用する水洗便器や台所水栓等の末端給水栓までの配管途中に設置する．

(4) 適当．乾式配管による水道直結式スプリンクラー設備は，給水管の分岐から電動弁までの間の停滞水をできるだけ少なくするため，給水管分岐部と電動弁との間（停滞区間）を短くすることが望ましい（図3.14参照）．

(5) 不適当．誤りは「給水装置工事主任技術者」で，正しくは「消防整備士」である．水道直結式スプリンクラー設備の設置に当たり，分岐する配水管からスプリンクラーヘッドまでの水理計算及び給水管，給水用具の選定は，消防整備士が行う．なお，設置工事は，給水装置工事として指定給水装置工事事業者が施工する． ▶答 (5)

問題8 【令和2年 問19】

給水管の配管工事に関する次の記述のうち，不適当なものはどれか．

(1) 水道用ポリエチレン二層管（1種管）の曲げ半径は，管の外径の25倍以上とする．

(2) 水道配水用ポリエチレン管の曲げ半径は，長尺管の場合には外径の30倍以上，5m管と継手を組み合わせて施工の場合には外径の75倍以上とする．

(3) ステンレス鋼鋼管を曲げて配管するとき，継手の挿し込み寸法等を考慮して，曲がりの始点又は終点からそれぞれ10cm以上の直管部分を確保する．

(4) ステンレス鋼鋼管を曲げて配管するときの曲げ半径は，管軸線上において，呼び径の10倍以上とする．

解説 (1) 適当．水道用ポリエチレン二層管（1種管）の曲げ半径は，管の外径の25倍以上とする．なお，2種管の場合は50倍以上，3種管の場合は30倍以上である．まげ半径については**図3.18**参照．

(2) 適当．水道配水用ポリエチレン管の曲げ半径は，長尺管の場合には外径の30倍以上，5m管と継手を組み合わせて施工の場合には外径の75倍以上とする．

(3) 適当．ステンレス鋼鋼管を曲げて配管するとき，継手の挿し込み寸法等を考慮して，曲がりの始点又は終点からそれぞれ10cm以上の直管部分を確保する．

(4) 不適当．ステンレス鋼鋼管を曲げて配管するときの曲げ半径は，管軸線上において，呼び径の4倍以上とする．「10倍以上」が誤り．

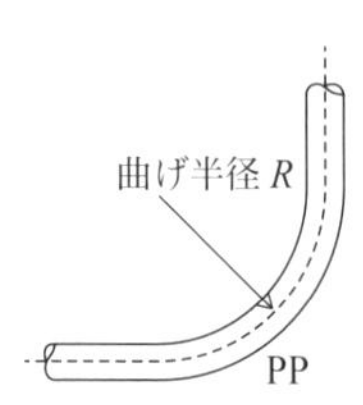

口径〔mm〕	1種管	2種管	公称外径	3種管
	曲げ半径 R〔cm〕			曲げ半径 R〔cm〕
13	55以上	110以上	—	—
20	70以上	135以上	25	80以上
25	85以上	170以上	32	100以上
30	105以上	210以上	40	120以上
40	120以上	240以上	50	150以上
50	150以上	300以上	63	200以上

図3.18　水道用ポリエチレン二層管の曲げ半径例[1]

▶答（4）

※選択肢（1）に関して，給水工事技術振興財団の正答番号一覧では「正答なし」だが，「給水装置工事技術指針2020」では「25倍以上」としているので，本書では「25倍以上」としている．

問題9　【令和元年 問14】

給水管の配管工事に関する次の記述のうち，不適当なものはどれか．

（1）水圧，水撃作用等により給水管が離脱するおそれがある場所にあっては，適切な離脱防止のための措置を講じる．

（2）給水管の配管にあたっては，事故防止のため，他の埋設物との間隔を原則として20 cm以上確保する．

（3）給水装置は，ボイラー，煙道等高温となる場所，冷凍庫の冷凍配管等に近接し凍結のおそれのある場所を避けて設置する．

（4）宅地内の配管は，できるだけ直線配管とする．

解説　（1）適当．水圧，水撃作用等により給水管が離脱するおそれがある場所にあっては，適切な離脱防止のための措置を講じる．

（2）不適当．給水管の配管にあたっては，事故防止のため，他の埋設物との間隔を原則として30 cm以上確保する．

（3）適当．給水装置は，ボイラー，煙道等高温となる場所，冷凍庫の冷凍配管等に近接し凍結のおそれのある場所を避けて設置する．

（4）適当．宅地内の配管は，家屋と平行に経済的な直線配管とする．　▶答（2）

問題10　【令和元年 問15】（一部改変）

給水管の配管工事に関する次の記述のうち，不適当なものはどれか．

（1）ステンレス鋼鋼管の曲げ加工は，ベンダーにより行い，加熱による焼曲げ加工等は行ってはならない．

（2）ステンレス鋼鋼管の曲げの最大角度は，原則として90°（補角）とし，曲げ部分にしわ，ねじれ等がないようにする．

(3) 硬質銅管の曲げ加工は，専用パイプベンダーを用いて行う．
(4) ポリエチレン二層管（1種管）の曲げ半径は，管の外径の25倍以上とする．

解説 (1) 適当．ステンレス鋼鋼管の曲げ加工は，ベンダーにより行い，加熱による焼曲げ加工等は行ってはならない．

(2) 適当．ステンレス鋼鋼管の曲げの最大角度は，原則として90°（補角）とし，曲げ部分にしわ，ねじれ等がないようにする．

(3) 不適当．硬質銅管の曲げ加工は，専用パイプベンダーを使わない．専用パイプベンダーを用いて行うのは，軟質銅管と軟質コイル管（被覆銅管）である．

(4) 適当．ポリエチレン二層管（1種管）の曲げ半径は，管の外径の25倍以上とする（図3.18参照）．

▶答 (3)

問題11

【令和元年 問19】

消防法の適用を受けるスプリンクラーに関する次の記述の正誤の組み合わせのうち，適当なものはどれか．

ア　水道直結式スプリンクラー設備は，消防法令に適合すれば，給水装置の構造及び材質の基準に適合しなくてもよい．

イ　平成19年の消防法改正により，一定規模以上のグループホーム等の小規模社会福祉施設にスプリンクラーの設置が義務付けられた．

ウ　水道直結式スプリンクラー設備の設置に当たり，分岐する配水管からスプリンクラーヘッドまでの水理計算及び給水管，給水用具の選定は，消防設備士が行う．

エ　乾式配管方式の水道直結式スプリンクラー設備は，消火時の水量をできるだけ多くするため，給水管分岐部と電動弁との間を長くすることが望ましい．

	ア	イ	ウ	エ
(1)	誤	正	正	誤
(2)	正	誤	正	誤
(3)	誤	正	誤	正
(4)	正	誤	誤	正

解説 ア　誤り．水道直結式スプリンクラー設備は，消防法令に適合しても，給水装置の構造及び材質の基準に適合しなければならない．

イ　正しい．平成19年の消防法改正により，一定規模以上のグループホーム等の小規模社会福祉施設にスプリンクラーの設置が義務付けられた．

ウ　正しい．水道直結式スプリンクラー設備の設置に当たり，分岐する配水管からスプリンクラーヘッドまでの水理計算及び給水管，給水用具の選定は，消防設備士が行う．

エ　誤り．乾式配管方式の水道直結式スプリンクラー設備は，給水管分岐部と電動弁との間（停滞区間）の停滞水をできるだけ少なくするため，給水管分岐部と電動弁との間（停滞区間）を短くすることが望ましい．「消火時の水量をできるだけ多くする」と「長く」が誤り（図3.14参照）．

以上から（1）が正解．　▶答（1）

問題12　【平成30年 問18】（一部改変）

給水管の配管工事に関する次の記述のうち，不適当なものはどれか．

（1）ポリエチレン二層管（1種管）を曲げて配管するときの曲げ半径は，管の外径の25倍以上とする．

（2）ステンレス鋼鋼管の曲げ加工は，加熱による焼曲げ加工により行う．

（3）ステンレス鋼鋼管を曲げて配管するときの曲げ半径は，管軸線上において，呼び径の4倍以上でなければならない．

（4）ステンレス鋼鋼管の曲げの最大角度は，原則として90°（補角）とし，曲げ部分にしわ，ねじれ等がないようにする．

解説（1）適当．ポリエチレン二層管（1種管）を曲げて配管するときの曲げ半径は，管の外径の25倍以上とする（図3.18参照）．

（2）不適当．ステンレス鋼鋼管の曲げ加工は，ベンダーにより行い，加熱による焼曲げ加工を行ってはならない．

（3）適当．ステンレス鋼鋼管を曲げて配管するときの曲げ半径は，管軸線上において，呼び径の4倍以上でなければならない．

（4）適当．ステンレス鋼鋼管の曲げの最大角度は，原則として90°（補角）とし，曲げ部分にしわ，ねじれ等がないようにする．　▶答（2）

問題13　【平成30年 問19】

消防法の適用を受けるスプリンクラーに関する次の記述のうち，不適当なものはどれか．

（1）平成19年の消防法改正により，一定規模以上のグループホーム等の小規模社会福祉施設にスプリンクラーの設置が義務付けられた．

（2）水道直結式スプリンクラー設備の工事は，水道法に定める給水装置工事として指定給水装置工事事業者が施工する．

（3）水道直結式スプリンクラー設備の設置で，分岐する配水管からスプリンクラーヘッドまでの水理計算及び給水管，給水用具の選定は，給水装置工事主任技術者が行う．

(4) 水道直結式スプリンクラー設備は，消防法適合品を使用するとともに，給水装置の構造及び材質の基準に関する省令に適合した給水管，給水用具を用いる.

解説 (1) 適当．平成19年の消防法改正により，一定規模以上のグループホーム等の小規模社会福祉施設にスプリンクラーの設置が義務付けられた.

(2) 適当．水道直結式スプリンクラー設備の工事は，水道法に定める給水装置工事として指定給水装置工事事業者が施工する.

(3) 不適当．誤りは「給水装置工事主任技術者」で，正しくは「消防設備士」である．水道直結式スプリンクラー設備の設置で，分岐する配水管からスプリンクラーヘッドまでの水理計算及び給水管，給水用具の選定は，消防設備士が行う.

(4) 適当．水道直結式スプリンクラー設備は，消防法適合品を使用するとともに，「給水装置の構造及び材質の基準に関する省令」（平成九年三月十九日，厚生省令第十四号）に適合した給水管，給水用具を用いる.

▶答 (3)

問題14 【平成29年 問14】

消防法の適用を受けるスプリンクラーに関する次の記述のうち，不適当なものはどれか.

(1) 水道直結式スプリンクラー設備の工事は，水道法に定める給水装置工事として指定給水装置工事事業者が施工する.

(2) 水道直結式スプリンクラーは水道法の適用を受けることから，分岐する配水管からスプリンクラーヘッドまでの水理計算及び給水管，給水用具の選定は，給水装置工事主任技術者が行う.

(3) 乾式配管による水道直結式スプリンクラー設備は，給水管の分岐から電動弁までの間の停滞水をできるだけ少なくするため，給水管分岐部と電動弁との間を短くすることが望ましい.

(4) 災害その他正当な理由によって，一時的な断水や水圧低下等により水道直結式スプリンクラー設備の性能が十分発揮されない状況が生じても水道事業者に責任がない.

解説 (1) 適当．水道直結式スプリンクラー設備の工事は，水道法に定める給水装置工事として指定給水装置工事事業者が施工する.

(2) 不適当．水道直結式スプリンクラーは水道法の適用を受けるが，分岐する配水管からスプリンクラーヘッドまでの水理計算及び給水管，給水用具の選定は，消防設備士が行う.

(3) 適当．乾式配管による水道直結式スプリンクラー設備（弁閉止時は自動排水し，電動弁以降の配管を空とするもの）は，給水管の分岐から電動弁までの間（停滞区間）の停滞水をできるだけ少なくするため，給水管分岐部と電動弁との間（停滞区間）を短くすることが望ましい（図3.14参照）.

(4) 適当．災害その他正当な理由によって，一時的な断水や水圧低下等により水道直結式スプリンクラー設備の性能が十分発揮されない状況が生じても水道事業者に責任がない.

▶答 (2)

問題15 【平成29年 問18】

配管工事の留意点に関する次の記述のうち，不適当なものはどれか.

(1) 水路の上越し部，鳥居配管となっている箇所等，空気溜まりを生じるおそれがある場所にあっては空気弁を設置する.

(2) 地階又は2階以上に配管する場合は，修理や改造工事に備えて，各階ごとに止水栓を設置する.

(3) 給水管を他の埋設管に近接して布設すると，給水管等の漏水によるサンドブラスト現象により損傷を与えるおそれがあるため，原則として他の埋設管より30 cm以上の間隔を確保し，配管する.

(4) 高水圧を生じるおそれのある場所としては，水撃作用が生じるおそれのある箇所や，配水管の位置に対し著しく低い場所にある給水装置，直結増圧式給水による低層階部が挙げられるが，そのような場所には逆止弁を設置する.

解説 (1) 適当．水路の上越し部，鳥居配管となっている箇所等，空気溜まりを生じるおそれがある場所にあっては空気弁を設置する.

(2) 適当．地階又は2階以上に配管する場合は，修理や改造工事に備えて，各階ごとに止水栓を設置する.

(3) 適当．給水管を他の埋設管に近接して布設すると，給水管等の漏水によるサンドブラスト現象により損傷を与えるおそれがあるため，原則として他の埋設管より30 cm以上の間隔を確保し，配管する.

(4) 不適当．誤りは「逆止弁」で，正しくは「減圧弁」である．高水圧を生じるおそれのある場所としては，水撃作用が生じるおそれのある箇所や，配水管の位置に対し著しく低い場所にある給水装置，直結増圧式給水による低層階部が挙げられるが，そのような場所には減圧弁を設置する.

▶答 (4)

問題16 【平成29年 問19】

給水管の配管工事に関する次の記述のうち，不適当なものはどれか.

(1) 給水管は，設置場所の土圧，輪荷重その他の荷重に対し十分な耐力を有する材質のものを選定するほか，地震等の変位に対応できるよう伸縮可撓（かとう）性に富んだ継手又は給水管とする.

(2) 直管を曲げ配管できる材料としては，ライニング鋼管，銅管，ポリエチレン二層管がある.

(3) 給水装置は，ボイラー，煙道等高温となる場所，冷凍庫の冷凍配管等に近接し凍結のおそれのある場所は避けて設置する.

(4) 給水装置工事は，いかなる場合でも衛生に十分注意し，工事の中断時又は一日の工事終了後には，管端にプラグ等で栓をし，汚水等が流入しないようにする.

解説 (1) 適当. 給水管は，設置場所の土圧，輪荷重その他の荷重に対し十分な耐力を有する材質のものを選定するほか，地震等の変位に対応できるよう伸縮可撓性に富んだ継手又は給水管とする.

(2) 不適当. 誤りは「ライニング鋼管」で，正しくは「ステンレス鋼鋼管」である. 直管を曲げ配管できる材料としてはステンレス鋼鋼管，銅管，ポリエチレン二層管がある.

(3) 適当. 給水装置は，ボイラー，煙道等高温となる場所，冷凍庫の冷凍配管等に近接し凍結のおそれのある場所は避けて設置する.

(4) 適当. 給水装置工事は，いかなる場合でも衛生に十分注意し，工事の中断時又は一日の工事終了後には，管端にプラグ等で栓をし，汚水等が流入しないようにする.

▶答 (2)

■ 3.4.2 給水装置の異常現象

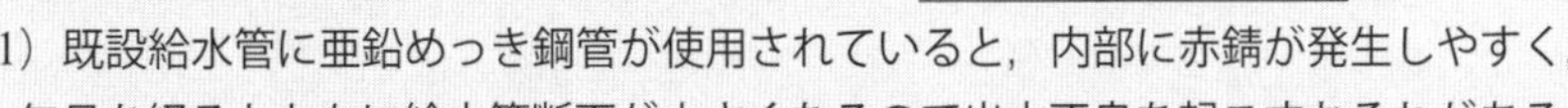

問題1 【令和2年 問16】

給水装置の異常現象に関する次の記述のうち，不適当なものはどれか.

(1) 既設給水管に亜鉛めっき鋼管が使用されていると，内部に赤錆が発生しやすく，年月を経るとともに給水管断面が小さくなるので出水不良を起こすおそれがある.

(2) 水道水が赤褐色になる場合は，水道管内の錆が剥離・流出したものである.

(3) 配水管の工事等により断水すると，通水の際スケール等が水道メーターのストレーナに付着し出水不良となることがあるので，この場合はストレーナを清掃する.

(4) 配水管工事の際に水道水に砂や鉄粉が混入した場合，給水用具を損傷することもあるので，まず給水栓を取り外して，管内からこれらを除去する.

(5) 水道水から黒色の微細片が出る場合，止水栓や給水栓に使われているパッキンのゴムやフレキシブル管の内層部の樹脂等が劣化し，栓の開閉を行った際に細かく砕けて出てくるのが原因だと考えられる.

解説 (1) 適当．既設給水管に亜鉛めっき鋼管が使用されていると，内部に赤錆が発生しやすく，年月を経るとともに給水管断面が小さくなるので出水不良を起こすおそれがある．

(2) 適当．水道水が赤褐色になる場合は，水道管内の錆が剥離・流出したものである．

(3) 適当．配水管の工事等により断水すると，通水の際スケール等が水道メーターのストレーナに付着し出水不良となることがあるので，この場合はストレーナを清掃する．

(4) 不適当．誤りは「給水栓」で，正しくは「水道メーター」である．配水管工事の際に水道水に砂や鉄粉が混入した場合，給水用具を損傷することもあるので，まず水道メーターを取り外して，水道メーターからこれらを除去する．

(5) 適当．水道水から黒色の微細片が出る場合，止水栓や給水栓に使われているパッキンのゴムやフレキシブル管の内層部の樹脂等が劣化し，栓の開閉を行った際に細かく砕けて出てくるのが原因だと考えられる．

▶答 (4)

問題2 【令和元年 問18】

給水装置の異常現象に関する次の記述の正誤の組み合わせのうち，適当なものはどれか．

ア　給水管に硬質塩化ビニルライニング鋼管を使用していると，亜鉛メッキ鋼管に比べて，内部にスケール（赤錆）が発生しやすく，年月を経るとともに給水管断面が小さくなるので出水不良を起こす．

イ　水道水は，無味無臭に近いものであるが，塩辛い味，苦い味，渋い味等が感じられる場合は，クロスコネクションのおそれがあるので，飲用前に一定時間管内の水を排水しなければならない．

ウ　埋設管が外力によってつぶれ小さな孔があいてしまった場合，給水時にエジェクタ作用によりこの孔から外部の汚水や異物を吸引することがある．

エ　給水装置工事主任技術者は，需要者から給水装置の異常を告げられ，依頼があった場合は，これらを調査し，原因究明とその改善を実施する．

	ア	イ	ウ	エ
(1)	誤	正	誤	正
(2)	正	正	誤	誤
(3)	誤	誤	正	正
(4)	正	誤	正	誤

解説 ア　誤り．給水管に亜鉛メッキ鋼管を使用していると，硬質塩化ビニルライニング鋼管に比べて，内部にスケール（赤錆）が発生しやすく，年月を経るとともに給水管断面が小さくなるので出水不良を起こす．「硬質塩化ビニルライニング鋼管」と「亜鉛

メッキ鋼管」が逆である．

イ　誤り．水道水は，無味無臭に近いものであるが，塩辛い味，苦い味，渋い味等が感じられる場合は，クロスコネクションのおそれがあるので，直ちに使用を中止する．

ウ　正しい．埋設管が外力によってつぶれ小さな孔があいてしまった場合，給水時にエジェクタ（吸引）作用によりこの孔から外部の汚水や異物を吸引することがある．

エ　正しい．給水装置工事主任技術者は，需要者から給水装置の異常を告げられ，依頼があった場合は，これらを調査し，原因究明とその改善を実施する．

以上から（3）が正解．　▶答（3）

題3　【平成29年 問15】

給水装置の異常現象に関する次の記述のうち，不適当なものはどれか．

（1）給水管に亜鉛めっき鋼管が使用されていると，内部にスケール（赤錆）が発生しやすく，年月を経るとともに給水管断面が小さくなるので出水不良を起こすことがある．

（2）水道水が赤褐色になる場合は，鋳鉄管，鋼管の錆（さび）が流速の変化，流水の方向変化等により流出したものである．

（3）配水管の工事等により断水した場合，通水の際の水圧によりスケール等が水道メーターのストレーナに付着し出水不良となることがあるので，このような場合はストレーナを清掃する．

（4）配水管工事の際に水道水に砂や鉄粉が混入した場合，給水用具を損傷することもあるので，給水栓を取り外して，管内からこれらを除去しなければならない．

解説　（1）適当．給水管に亜鉛めっき鋼管が使用されていると，内部にスケール（赤錆）が発生しやすく，年月を経るとともに給水管断面が小さくなるので出水不良を起こすことがある．このような場合は，管の布設替えが必要である．

（2）適当．水道水が赤褐色になる場合は，鋳鉄管，鋼管の錆が流速の変化，流水の方向変化等により流出したものである．一定時間排水をすれば回復する．

（3）適当．配水管の工事等により断水した場合，通水の際の水圧によりスケール等が水道メーターのストレーナに付着し出水不良となることがあるので，このような場合はストレーナを清掃する．

（4）不適当．誤りは「給水栓」で，正しくは「水道メーター」である．配水管工事の際に水道水に砂や鉄粉が混入した場合，給水用具を損傷することもあるので，水道メーターを取り外して，管内からこれらを除去しなければならない．　▶答（4）

■ 3.4.3　給水装置の維持管理

問題1　【令和3年 問18】

給水装置の維持管理に関する次の記述のうち，不適当なものはどれか.

(1) 給水装置工事主任技術者は，需要者が水道水の供給を受ける水道事業者の配水管からの分岐以降水道メーターまでの間の維持管理方法に関して，必要の都度需要者に情報提供する.

(2) 配水管からの分岐以降水道メーターまでの間で，水道事業者の負担で漏水修繕する範囲は，水道事業者ごとに定められている.

(3) 水道メーターの下流側から末端給水用具までの間の維持管理は，すべて需要者の責任である.

(4) 需要者は，給水装置の維持管理に関する知識を有していない場合が多いので，給水装置工事主任技術者は，需要者から給水装置の異常を告げられたときには，漏水の見つけ方や漏水の予防方法などの情報を提供する.

(5) 指定給水装置工事事業者は，末端給水装置から供給された水道水の水質に関して異常があった場合には，まず給水用具等に異常がないか確認した後に水道事業者に報告しなければならない.

解説 (1) 適当. 給水装置工事主任技術者は，需要者が水道水の供給を受ける水道事業者の配水管からの分岐以降水道メーターまでの間の維持管理方法に関して，必要の都度需要者に情報提供する.

(2) 適当. 配水管からの分岐以降水道メーターまでの間で，水道事業者の負担で漏水修繕する範囲は，水道事業者ごとに定められている.

(3) 適当. 水道メーターの下流側から末端給水用具までの間の維持管理は，すべて需要者の責任である.

(4) 適当. 需要者は，給水装置の維持管理に関する知識を有していない場合が多いので，給水装置工事主任技術者は，需要者から給水装置の異常を告げられたときには，漏水の見つけ方や漏水の予防方法などの情報を提供する.

(5) 不適当. 指定給水装置工事事業者は，末端給水装置から供給された水道水の水質に関して異常があった場合には，直ちに水道事業者に報告しなければならない.「まず給水用具等に異常がないか確認した後に」が誤り.

▶答 (5)

3.5 水道メーターの設置

問題1 【令和4年 問14】

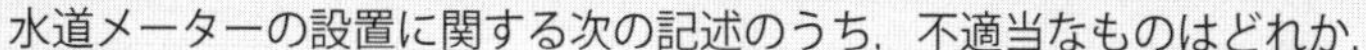

水道メーターの設置に関する次の記述のうち，不適当なものはどれか．

(1) メーターますは，水道メーターの呼び径が50 mm以上の場合はコンクリートブロック，現場打ちコンクリート，金属製等で，上部に鉄蓋を設置した構造とするのが一般的である．

(2) 水道メーターの設置は，原則として道路境界線に最も近接した宅地内で，メーターの計量及び取替え作業が容易であり，かつ，メーターの損傷，凍結等のおそれがない位置とする．

(3) 水道メーターの設置に当たっては，メーターに表示されている流水方向の矢印を確認した上で水平に取り付ける．

(4) 集合住宅の配管スペース内の水道メーター回りは弁栓類，継手が多く，漏水が発生しやすいため，万一漏水した場合でも，居室側に浸水しないよう，防水仕上げ，水抜き等を考慮する必要がある．

(5) 集合住宅等の複数戸に直結増圧式等で給水する建物の親メーターにおいては，ウォーターハンマーを回避するため，メーターバイパスユニットを設置する方法がある．

解説 (1) 適当．メーターますは，水道メーターの呼び径が50 mm以上の場合はコンクリートブロック，現場打ちコンクリート，金属製等で，上部に鉄蓋を設置した構造とするのが一般的である．

(2) 適当．水道メーターの設置は，原則として道路境界線に最も近接した宅地内で，メーターの計量及び取替え作業が容易であり，かつ，メーターの損傷，凍結等のおそれがない位置とする．

(3) 適当．水道メーターの設置に当たっては，メーターに表示されている流水方向の矢印を確認した上で水平に取り付ける．

(4) 適当．集合住宅の配管スペース内の水道メーター回りは弁栓類，継手が多く，漏水が発生しやすいため，万一漏水した場合でも，居室側に浸水しないよう，防水仕上げ，水抜き等を考慮する必要がある．

(5) 不適当．集合住宅等の複数戸に直結増圧式等で給水する建物の親メーターにおいて，メーターバイパスユニットを設置する理由は，メーター取替え時にバイパスを通過させ断水を回避できる機能を持たせるためである．「ウォーターハンマーを回避するため」ではない（**図3.19**参照）．

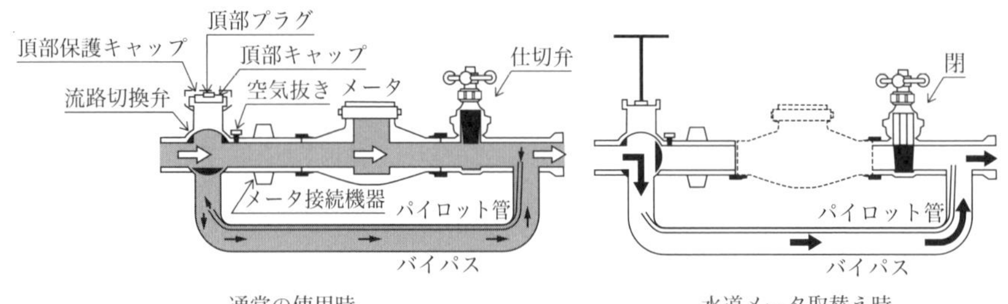

図 3.19　メーターバイパスユニット例[3)]

▶ 答 (5)

問題 2　【令和 3 年 問 14】

水道メーターの設置に関する次の記述のうち，不適当なものはどれか.

(1) 水道メーターの設置に当たっては，水道メーターに表示されている流水方向の矢印を確認したうえで取り付ける.

(2) 水道メーターの設置は，原則として道路境界線に最も近接した宅地内で，水道メーターの計量及び取替作業が容易であり，かつ，水道メーターの損傷，凍結等のおそれがない位置とする.

(3) 呼び径が 50 mm 以上の水道メーターを収納するメーターボックス（ます）は，コンクリートブロック，現場打ちコンクリート，金属製等で，上部に鉄蓋を設置した構造とするのが一般的である.

(4) 集合住宅等の複数戸に直結増圧式等で給水する建物の親メーターにおいては，ウォーターハンマーを回避するため，メーターバイパスユニットを設置する方法がある.

(5) 水道メーターは，傾斜して取り付けると，水道メーターの性能，計量精度や耐久性を低下させる原因となるので，水平に取り付けるが，電磁式のみ取付姿勢は自由である.

解説 (1) 適当. 水道メーターの設置に当たっては，水道メーターに表示されている流水方向の矢印を確認したうえで取り付ける.

(2) 適当. 水道メーターの設置は，原則として道路境界線に最も近接した宅地内で，水道メーターの計量及び取替作業が容易であり，かつ，水道メーターの損傷，凍結等のおそれがない位置とする.

(3) 適当. 呼び径が 50 mm 以上の水道メーターを収納するメーターボックス（ます）は，コンクリートブロック，現場打ちコンクリート，金属製等で，上部に鉄蓋を設置した構造とするのが一般的である.

(4) 不適当．集合住宅等の複数戸に直結増圧式等で給水する建物の親メーターにおいて，メーターバイパスユニットを設置する理由は，メーター取替え時にバイパスを通過させ断水を回避できる機能を持たせるためである．「ウォーターハンマーを回避するため」ではない（図3.19参照）．

(5) 適当．水道メーターは，傾斜して取り付けると，水道メーターの性能，計量精度や耐久性を低下させる原因となるので，水平に取り付けるが，電磁式のみ取付姿勢は自由である．

▶答 (4)

問題3 【令和2年 問15】

水道メーターの設置に関する次の記述の正誤の組み合わせのうち，適当なものはどれか．

ア 水道メーターの呼び径が13～40mmの場合は，金属製，プラスチック製又はコンクリート製等のメーターボックス（ます）とする．

イ メーターボックス（ます）及びメーター室は，水道メーター取替え作業が容易にできる大きさとし，交換作業の支障になるため，止水栓を設置してはならない．

ウ 水道メーターの設置に当たっては，メーターに表示されている流水方向の矢印を確認した上で水平に取り付ける．

エ 新築の集合住宅等の各戸メーターの設置には，メーターバイパスユニットを使用する建物が多くなっている．

	ア	イ	ウ	エ
(1)	誤	正	誤	正
(2)	正	誤	正	誤
(3)	誤	誤	正	誤
(4)	正	正	誤	正
(5)	正	誤	正	正

解説 ア 正しい．水道メーターの呼び径が13～40mmの場合は，金属製，プラスチック製又はコンクリート製等のメーターボックス（ます）とする．なお，50mm以上の場合は，コンクリートブロック，現場打ちコンクリート，鋳鉄製等で上部に鉄蓋を設置するのが一般的である．

イ 誤り．メーターボックス（ます）及びメーター室は，水道メーター取替え作業が容易にできる大きさとし，止水栓も設置できることが望ましい（**図3.20**参照）．

ウ 正しい．水道メーターの設置に当たっては，メーターに表示されている流水方向の矢印を確認した上で水平に取り付ける．

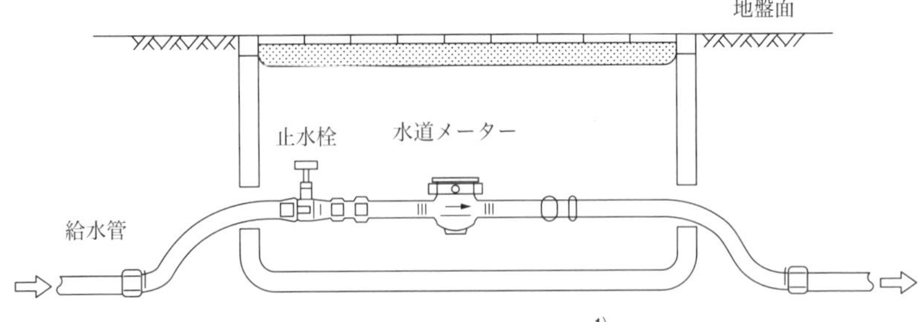

図 3.20　メーターます設置例[1)]

エ　誤り．新築の集合住宅等の各戸メーターの設置には，メーターユニット（メーター接続部に伸縮機能を持たせ手回し等で容易にメーターの脱着が可能）を使用する建物が多くなっている（**図 3.21** 参照）．なお，メーターバイパスユニットについては，問題 1（令和 4 年 問 14）の解説（5）参照．

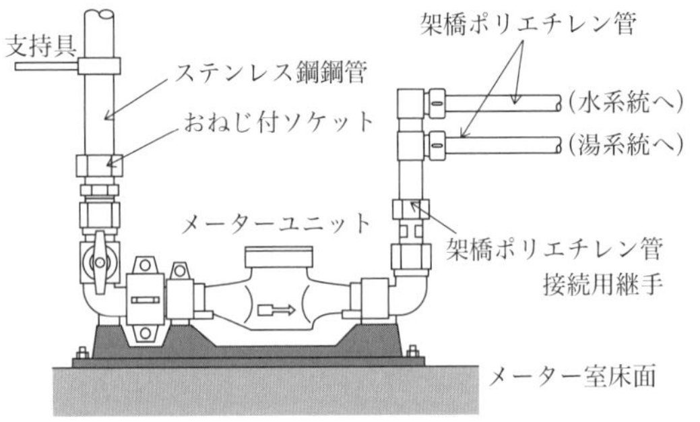

図 3.21　メーターユニット例[2)]

▶答（2）

問題 4　【令和元年 問 17】

水道メーターの設置に関する次の記述のうち，不適当なものはどれか．

(1) 水道メーターの設置に当たっては，メーターに表示されている流水方向の矢印を確認したうえで水平に取付ける．

(2) 水道メーターの設置は，原則として道路境界線に最も近接した宅地内で，メーターの計量及び取替作業が容易であり，かつ，メーターの損傷，凍結等のおそれがない位置とする．

(3) メーターますは，水道メーターの呼び径が 50 mm 以上の場合はコンクリートブロック，現場打ちコンクリート，鋳鉄製等で，上部に鉄蓋を設置した構造とするのが一般的である．

(4) 集合住宅等の複数戸に直結増圧式等で給水する建物の親メーターにおいては，ウォータハンマを回避するため，メーターバイパスユニットを設置する方法がある．

解説 (1) 適当．水道メーターの設置に当たっては，メーターに表示されている流水方向の矢印を確認したうえで水平に取付ける．

(2) 適当．水道メーターの設置は，原則として道路境界線に最も近接した宅地内で，メーターの計量及び取替作業が容易であり，かつ，メーターの損傷，凍結等のおそれがない位置とする．

(3) 適当．メーターますは，水道メーターの呼び径が50 mm以上の場合はコンクリートブロック，現場打ちコンクリート，鋳鉄製等で，上部に鉄蓋を設置した構造とするのが一般的である．

(4) 不適当．集合住宅等の複数戸に直結増圧式等で給水する建物の親メーターにおいては，水道メーターの取替え時に断水による影響を回避するため，メーターバイパスユニットを設置する方法がある．「ウォータハンマを回避するため」は誤り（図3.19参照）．

▶答 (4)

問題5 【平成30年 問15】

水道メーターの設置に関する次の記述のうち，不適当なものはどれか．

(1) 水道メーターを地中に設置する場合は，メーターます又はメーター室の中に入れ，埋没や外部からの衝撃から防護するとともに，その位置を明らかにしておく．

(2) 水道メーターを集合住宅の配管スペース内等，外気の影響を受けやすい場所へ設置する場合は，凍結するおそれがあるので発泡スチロール等でカバーを施す等の防寒対策が必要である．

(3) 集合住宅等に設置される各戸メーターには，検定満期取替え時の漏水事故防止や取替え時間の短縮を図る等の目的に開発されたメーターユニットを使用することが多くなっている．

(4) 水道メーターの設置は，原則として給水管分岐部から最も遠い宅地内とし，メーターの検針や取替作業等が容易な場所で，かつ，メーターの損傷，凍結等のおそれがない位置とする．

解説 (1) 適当．水道メーターを地中に設置する場合は，メーターます又はメーター室の中に入れ，埋没や外部からの衝撃から防護するとともに，その位置を明らかにしておく．

(2) 適当．水道メーターを集合住宅の配管スペース内等，外気の影響を受けやすい場所へ設置する場合は，凍結するおそれがあるので発泡スチロール等でカバーを施す等の防寒対策が必要である．

(3) 適当．集合住宅等に設置される各戸メーターには，検定満期取替え時の漏水事故防止や取替え時間の短縮を図る等の目的に開発されたメーターユニット（メーター接続部に伸縮機能を持たせ手回し等で容易にメーターの着脱が可能）を使用することが多くなっている（図3.21参照）．

(4) 不適当．誤りは「…… 給水管分岐部から最も遠い ……」で，正しくは「…… 道路境界線に最も近接した ……」である．水道メーターの設置は，原則として道路境界線に最も近接した宅地内とし，メーターの検針や取替作業等が容易な場所で，かつ，メーターの損傷，凍結等のおそれがない位置とする．

▶答（4）

3.6 侵食防止

問題1 【令和3年 問26】

金属管の侵食に関する次の記述のうち，不適当なものはどれか．

(1) マクロセル侵食とは，埋設状態にある金属材質，土壌，乾湿，通気性，pH，溶解成分の違い等の異種環境での電池作用による侵食をいう．

(2) 金属管が鉄道，変電所等に近接して埋設されている場合に，漏洩電流による電気分解作用により侵食を受ける．このとき，電流が金属管から流出する部分に侵食が起きる．

(3) 通気差侵食は，土壌の空気の通りやすさの違いにより発生するものの他に，埋設深さの差，湿潤状態の差，地表の遮断物による通気差が起因して発生するものがある．

(4) 地中に埋設した鋼管が部分的にコンクリートと接触している場合，アルカリ性のコンクリートに接していない部分の電位が，コンクリートと接触している部分より高くなって腐食電池が形成され，コンクリートと接触している部分が侵食される．

(5) 埋設された金属管が異種金属の管や継手，ボルト等と接触していると，自然電位の低い金属と自然電位の高い金属との間に電池が形成され，自然電位の低い金属が侵食される．

解説 (1) 適当．マクロセル侵食とは，埋設状態にある金属材質，土壌，乾湿，通気性，pH，溶解成分の違い等の異種環境での電池作用による侵食をいう（図**3.22**及び図**3.23**参照）．

(2) 適当．金属管が鉄道，変電所等に近接して埋設されている場合に，漏洩電流による電気分解作用により侵食を受ける．このとき，電流が金属管から流出する部分に侵食が起きる（**図 3.24** 参照）.

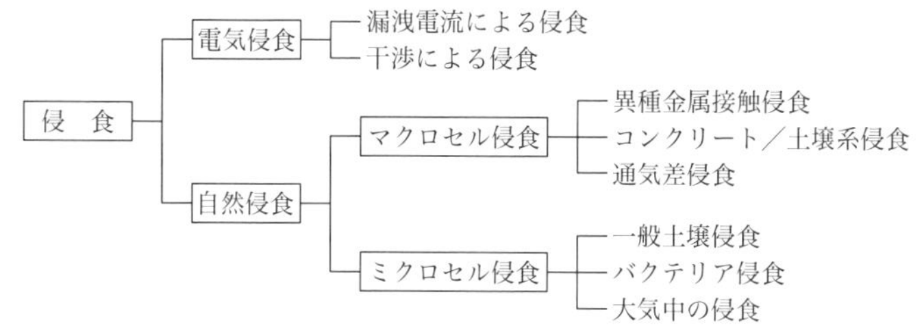

図 3.22　侵食の種類 [2)]

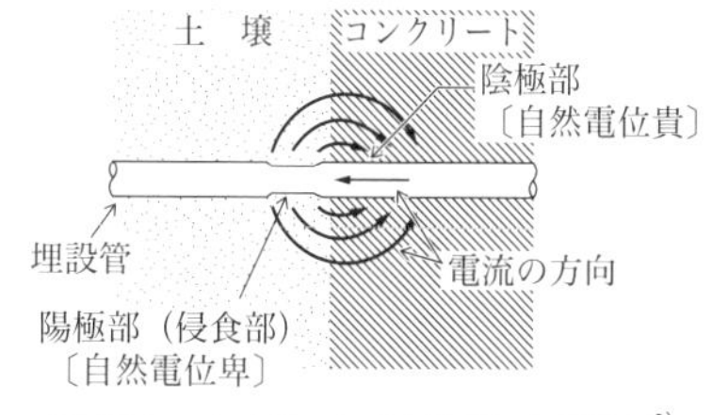

図 3.23　コンクリート／土壌系による侵食 [3)]

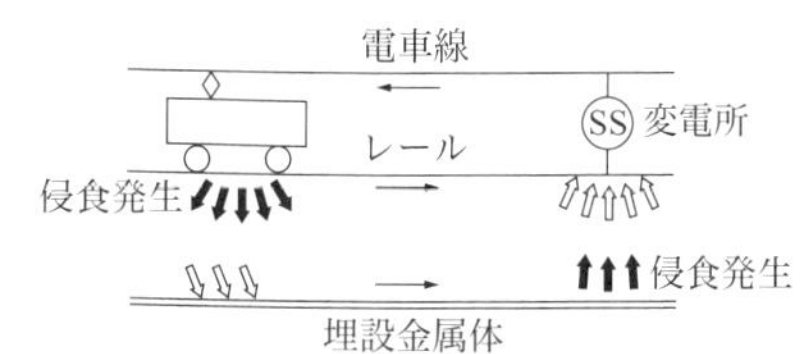

図 3.24　漏洩電流による侵食 [3)]

(3) 適当．通気差侵食は，土壌の空気の通りやすさの違いにより発生するものの他に，埋設深さの差，湿潤状態の差，地表の遮断物による通気差が起因して発生するものがある．

(4) 不適当．地中に埋設した鋼管が部分的にコンクリートと接触している場合，アルカリ性のコンクリートに接している部分の電位が，コンクリートと接触していない部分より高くなって腐食電池が形成され，コンクリートと接触していない部分が侵食される．「いない部分」と「いる部分」が逆となっている（図 3.23 参照）．

(5) 適当．埋設された金属管が異種金属の管や継手，ボルト等と接触していると，自然電位の低い金属（卑な金属：イオン化傾向の大きい金属）と自然電位の高い金属（貴な金属：イオン化傾向の小さい金属）との間に電池が形成され，自然電位の低い金属が侵食される．

なお，イオン化傾向の大きさは次のとおりである．K > Ca > Na > Mg > Al > Zn > Fe > Ni > Sn > Pb > (H) > Cu > Hg > Ag > Pt > Au　▶答（4）

※なお，本問題は第 4 章（給水装置の構造及び性能）に出題されたものであるが，問題の内容からここに掲載した．

問題 2　【令和元年 問 24】

金属管の侵食に関する次の記述のうち，不適当なものはどれか．

(1) 埋設された金属管が異種金属の管や継手，ボルト等と接触していると，自然電位の低い金属と自然電位の高い金属との間に電池が形成され，自然電位の高い金属が侵食される.

(2) マクロセル侵食とは，埋設状態にある金属材質，土壌，乾湿，通気性，pH，溶解成分の違い等の異種環境での電池作用による侵食をいう.

(3) 金属管が鉄道，変電所等に近接して埋設されている場合に，漏洩電流による電気分解作用により侵食を受ける.

(4) 地中に埋設した鋼管が部分的にコンクリートと接触している場合，アルカリ性のコンクリートに接している部分の電位が，コンクリートと接触していない部分より高くなって腐食電池が形成され，コンクリートと接触していない部分が侵食される.

3.6 侵食防止

解説 (1) 不適当．埋設された金属管が異種金属の管や継手，ボルト等と接触していると，自然電位の低い金属と自然電位の高い金属との間に電池が形成され，自然電位の低い金属が侵食される．「高い」が誤り．例えば，鉄とステンレス鋼では，鉄の自然電位が低く，ステンレス鋼の自然電位が高いので両金属が接触すると鉄が腐食する.

(2) 適当．マクロセル侵食とは，埋設状態にある金属材質，土壌，乾湿，通気性，pH，溶解成分の違い等の異種環境での電池作用による侵食をいう．なお，ミクロセルは腐食性の高い土壌，バクテリアによる侵食をいう（図 3.22 参照）.

(3) 適当．金属管が鉄道，変電所等に近接して埋設されている場合に，漏洩電流による電気分解作用により侵食を受ける（図 3.24 参照）.

(4) 適当．地中に埋設した鋼管が部分的にコンクリートと接触している場合，アルカリ性のコンクリートに接している部分の電位が，コンクリートと接触していない部分より高くなって腐食電池が形成され，コンクリートと接触していない部分が侵食される（図 3.23 参照）.

▶答 (1)

※なお，本問題は第 4 章（給水装置の構造及び性能）に出題されたものであるが，問題の内容からここに掲載した.

問題 3 【平成 30 年 問 23】

金属管の侵食防止のための防食工に関する次の記述の正誤の組み合わせのうち，適当なものはどれか.

ア ミクロセル侵食とは，埋設状態にある金属材質，土壌，乾湿，通気性，pH 値，溶解成分の違い等の異種環境での電池作用による侵食をいう.

イ 管外面の防食工には，ポリエチレンスリーブ，防食テープ，防食塗料を用いる方法の他，外面被覆管を使用する方法がある.

ウ 鋳鉄管からサドル付分水栓により穿孔，分岐した通水口には，ダクタイル管補修用塗料を塗装する.

エ 軌条からの漏洩電流の通路を遮蔽し，漏洩電流の流出入を防ぐには，軌条と管との間にアスファルトコンクリート板その他の絶縁物を介在させる方法がある.

	ア	イ	ウ	エ
(1)	正	誤	正	誤
(2)	正	誤	誤	正
(3)	誤	正	誤	正
(4)	誤	正	正	誤

解説 ア　誤り．マクロセル侵食とは，埋設状態にある金属材質，土壌，乾湿，通気性，pH値，溶解成分の違い等の異種環境での電池作用による侵食をいう．なお，ミクロセル侵食は，腐食性の高い土壌，バクテリアによる侵食をいう（図3.22参照）.

イ　正しい．管外面の防食工には，ポリエチレンスリーブ，防食テープ，防食塗料を用いる方法の他，外面被覆管を使用する方法がある.

ウ　誤り．鋳鉄管からサドル付分水栓により穿孔，分岐した通水口には，防食コアを挿入して防錆措置を施す.

エ　正しい．軌条からの漏洩電流の通路を遮蔽し，漏洩電流の流出入を防ぐには，軌条と管との間にアスファルトコンクリート板その他の絶縁物を介在させる方法がある.

以上から（3）が正解.

▶答（3）

※なお，本問題は第4章（給水装置の構造及び性能）に出題されたものであるが，問題の内容からここに掲載した.

問題4　【平成29年 問26】

金属管の侵食に関する次の記述の正誤の組み合わせのうち，適当なものはどれか.

ア　埋設された金属管が異種金属の管や継手，ボルト等と接触していると，自然電位の低い金属と自然電位の高い金属との間に電池が形成され，自然電位の高い金属が侵食される.

イ　自然侵食にはマクロセル及びミクロセルがあり，マクロセル侵食とは，腐食性の高い土壌，バクテリアによる侵食をいう.

ウ　金属管が鉄道，変電所等に近接して埋設されている場合に，漏洩（えい）電流による電気分解作用により侵食を受ける．このとき，電流が金属管から流出する部分に侵食が起きる.

エ　地中に埋設した鋼管が部分的にコンクリートと接触している場合，アルカリ性のコンクリートに接している部分の電位が，コンクリートと接触していない部分より高くなって腐食電池が形成され，コンクリートと接触していない部分が侵食される.

	ア	イ	ウ	エ
(1)	正	誤	正	誤
(2)	正	正	誤	誤
(3)	誤	正	誤	正
(4)	誤	誤	正	正

解説 ア　誤り．「自然電位の高い金属が侵食される．」が誤り．埋設された金属管が異種金属の管や継手，ボルト等と接触していると，自然電位の低い金属と自然電位の高い金属との間に電池が形成され，自然電位の低い金属が侵食される．

イ　誤り．自然侵食にはマクロセル及びミクロセルがあり，ミクロセル侵食とは，腐食性の高い土壌，バクテリアによる侵食をいう．なお，マクロセル侵食とは，埋設状態にある金属材料，土壌，乾湿，通気性，pH，溶解成分の違い等の異種環境での電池作用による侵食をいう．

ウ　正しい．金属管が鉄道，変電所等に近接して埋設されている場合に，漏洩電流による電気分解作用により侵食を受ける．このとき，電流が金属管から流出する部分に侵食が起きる（図3.24参照）．

エ　正しい．地中に埋設した鋼管が部分的にコンクリートと接触している場合，アルカリ性のコンクリートに接している部分の電位が，コンクリートと接触していない部分より高くなって腐食電池が形成され，コンクリートと接触していない部分が侵食される（図3.23参照）．

以上から（4）が正解．　▶答（4）

※なお，本問題は第4章（給水装置の構造及び性能）に出題されたものであるが，問題の内容からここに掲載した．

第4章

給水装置の構造及び性能

4.1 給水装置の構造及び材質の基準及び不適合の対応

問題1　【令和4年 問16】

給水装置の構造及び材質の基準に関する省令に関する次の記述のうち，不適当なものはどれか．

(1) 給水装置の接合箇所は，水圧に対する充分な耐力を確保するためその構造及び材質に応じた適切な接合が行われたものでなければならない．

(2) 弁類（耐寒性能基準に規定するものを除く．）は，耐久性能基準に適合したものを用いる．

(3) 給水管及び給水用具は，最終の止水機構の流出側に設置される給水用具を含め，耐圧性能基準に適合したものを用いる．

(4) 配管工事に当たっては，管種，使用する継手，施工環境及び施工技術等を考慮し，最も適当と考えられる接合方法及び工具を用いる．

解説 (1) 適当．給水装置の接合箇所は，水圧に対する充分な耐力を確保するためその構造及び材質に応じた適切な接合が行われたものでなければならない．

(2) 適当．弁類（耐寒性能基準に規定するものを除く）は，耐久性能基準に適合したものを用いる．

(3) 不適当．給水管及び給水用具は，最終の止水機構の流出側に設置される給水用具（シャワーヘッドや大気圧式バキュームブレーカなど）については，最終の止水機構を閉止することにより漏水等を防止でき，高圧水が加わらないことから，耐圧性能基準の適用対象から除外されている．

(4) 適当．配管工事に当たっては，管種，使用する継手，施工環境及び施工技術等を考慮し，最も適当と考えられる接合方法及び工具を用いる．　▶答 (3)

※なお，本問題は第3章（給水装置工事法）に出題されたものであるが，問題の内容からここに掲載した．

問題2　【令和4年 問20】

給水装置に関わる規定に関する次の記述のうち，不適当なものはどれか．

(1) 給水装置が水道法に定める給水装置の構造及び材質の基準に適合しない場合，水道事業者は供給規程の定めるところにより，給水契約の申し込みの拒否又は給水停止ができる．

(2) 水道事業者は，給水区域において給水装置工事を適正に施行することができる者を指定できる．

(3) 水道事業者は，使用中の給水装置について，随時現場立ち入り検査を行うことができる.

(4) 水道技術管理者は，給水装置工事終了後，水道技術管理者本人又はその者の監督の下，給水装置の構造及び材質の基準に適合しているか否かの検査を実施しなければならない.

解説 (1) 適当. 給水装置が水道法に定める給水装置の構造及び材質の基準に適合しない場合，水道事業者は供給規程の定めるところにより，給水契約の申し込みの拒否又は給水停止ができる.

(2) 適当. 水道事業者は，給水区域において給水装置工事を適正に施行することができる者を指定できる.

(3) 不適当. 水道事業者は，使用中の給水装置について，日出後日没前に限り，その職員をして，当該水道によって水の供給を受ける者の土地又は建物に立ち入り検査を行うことができる.「随時」は誤り.

(4) 適当. 水道技術管理者は，給水装置工事終了後，水道技術管理者本人又はその者の監督の下，給水装置の構造及び材質の基準に適合しているか否かの検査を実施しなければならない.

▶答 (3)

問題3 【令和3年 問15】

「給水装置の構造及び材質の基準に関する省令」に関する次の記述のうち，不適当なものはどれか.

(1) 家屋の主配管とは，口径や流量が最大の給水管を指し，配水管からの取り出し管と同口径の部分の配管がこれに該当する.

(2) 家屋の主配管は，配管の経路について構造物の下の通過を避けること等により，漏水時の修理を容易に行うことができるようにしなければならない.

(3) 給水装置の接合箇所は，水圧に対する充分な耐力を確保するためにその構造及び材質に応じた適切な接合が行われているものでなければならない.

(4) 弁類は，耐久性能試験により10万回の開閉操作を繰り返した後，当該省令に規定する性能を有するものでなければならない.

(5) 熱交換器が給湯及び浴槽内の水等の加熱に兼用する構造の場合，加熱用の水路については，耐圧性能試験により1.75メガパスカルの静水圧を1分間加えたとき，水漏れ，変形，破損その他の異常を生じないこと.

解説 (1) 不適当. 家屋の主配管とは，口径や流量が最大の給水管を指し，配水管からの取り出し管と同口径の部分の配管がこれに該当するとは限らない.

(2) 適当. 家屋の主配管は，配管の経路について構造物の下の通過を避けること等により，漏水時の修理を容易に行うことができるようにしなければならない.

(3) 適当. 給水装置の接合箇所は，水圧に対する充分な耐力を確保するためにその構造及び材質に応じた適切な接合が行われているものでなければならない.

(4) 適当. 弁類は，耐久性能試験により10万回の開閉操作を繰り返した後，当該省令に規定する性能を有するものでなければならない. 省令第7条（耐久に関する基準）参照.

(5) 適当. 熱交換器が給湯及び浴槽内の水等の加熱に兼用する構造の場合，加熱用の水路については，耐圧性能試験により1.75メガパスカルの静水圧を1分間加えたとき，水漏れ，変形，破損その他の異常を生じないこと. 省令第1条（耐圧に関する基準）第1項第一号参照. ▶答 (1)

※なお，本問題は第3章（給水装置工事法）に出題されたものであるが，問題の内容からここに掲載した.

問題4 【令和2年 問21】

給水装置の構造及び材質の基準に関する次の記述のうち，不適当なものはどれか.

(1) 最終の止水機構の流出側に設置される給水用具は，高水圧が加わらないことなどから耐圧性能基準の適用対象から除外されている.

(2) パッキンを水圧で圧縮することにより水密性を確保する構造の給水用具は，耐圧性能試験により0.74メガパスカルの静水圧を1分間加えて異常が生じないこととされている.

(3) 給水装置は，厚生労働大臣が定める耐圧に関する試験により1.75メガパスカルの静水圧を1分間加えたとき，水漏れ，変形，破損その他の異常を生じないこととされている.

(4) 家屋の主配管は，配管の経路について構造物の下の通過を避けること等により漏水時の修理を容易に行うことができるようにしなければならない.

解説 (1) 適当. 最終の止水機構の流出側に設置される給水用具は，高水圧が加わらないことなどから耐圧性能基準の適用対象から除外されている.

(2) 不適当. パッキンを水圧で圧縮することにより水密性を確保する構造の給水用具は，耐圧性能試験により20 kPa (0.02 MPa) の静水圧を1分間加えて異常が生じないこととされている.「0.74メガパスカル」が誤り.

(3) 適当. 給水装置は，厚生労働大臣が定める耐圧に関する試験により1.75メガパスカルの静水圧を1分間加えたとき，水漏れ，変形，破損その他の異常を生じないこととされている.

(4) 適当. 家屋の主配管は，配管の経路について構造物の下の通過を避けること等により漏水時の修理を容易に行うことができるようにしなければならない. ▶答 (2)

問題5 【令和元年 問20】

水道法の規定に関する次の記述のうち，不適当なものはどれか.

(1) 水道事業者は，当該水道によって水の供給を受ける者の給水装置の構造及び材質が，政令で定める基準に適合していないときは，その基準に適合させるまでの間その者に対する給水を停止することができる.

(2) 給水装置の構造及び材質の基準は，水道法16条に基づく水道事業者による給水契約の拒否や給水停止の権限を発動するか否かの判断に用いるためのものであるから，給水装置が有するべき必要最小限の要件を基準化している.

(3) 水道事業者は，給水装置工事を適正に施行することができると認められる者の指定をしたときは，供給規程の定めるところにより，当該水道によって水の供給を受ける者の給水装置が当該水道事業者又は当該指定を受けた者（以下，「指定給水装置工事事業者」という.）の施行した給水装置工事に係るものであることを供給条件とすることができる.

(4) 水道事業者は，当該給水装置の構造及び材質が政令で定める基準に適合していることが確認されたとしても，給水装置が指定給水装置工事事業者の施行した給水装置工事に係るものでないときは，給水を停止することができる.

解説 (1) 適当. 水道事業者は，当該水道によって水の供給を受ける者の給水装置の構造及び材質が，政令で定める基準に適合していないときは，その基準に適合させるまでの間その者に対する給水を停止することができる. 水道法第16条（給水装置の構造及び材質）参照.

(2) 適当. 給水装置の構造及び材質の基準は，水道法16条に基づく水道事業者による給水契約の拒否や給水停止の権限を発動するか否かの判断に用いるためのものであるから，給水装置が有するべき必要最小限の要件を基準化している.

(3) 適当. 水道事業者は，給水装置工事を適正に施行することができると認められる者の指定をしたときは，供給規程の定めるところにより，当該水道によって水の供給を受ける者の給水装置が当該水道事業者又は当該指定を受けた者（以下，「指定給水装置工事事業者」という）の施行した給水装置工事に係るものであることを供給条件とすることができる. 同法第16条の2（給水装置工事）第2項参照.

(4) 不適当. 水道事業者は，当該給水装置の構造及び材質が政令で定める基準に適合していることが確認された場合，給水装置が指定給水装置工事事業者の施行した給水装置工事に係るものでないとしても，給水を停止することができない. ▶答 (4)

4.2 給水装置の耐圧試験又は耐圧性能基準

問題1 【令和2年 問22】

配管工事後の耐圧試験に関する次の記述のうち，不適当なものはどれか．

(1) 配管工事後の耐圧試験の水圧は，水道事業者が給水区域内の実情を考慮し，定めることができる．

(2) 給水装置の接合箇所は，水圧に対する充分な耐力を確保するためにその構造及び材質に応じた適切な接合が行われているものでなければならない．

(3) 水道用ポリエチレン二層管，水道給水用ポリエチレン管，架橋ポリエチレン管，ポリブテン管の配管工事後の耐圧試験を実施する際は，管が膨張し圧力が低下することに注意しなければならない．

(4) 配管工事後の耐圧試験を実施する際は，分水栓，止水栓等止水機能のある給水用具の弁はすべて「閉」状態で実施する．

(5) 配管工事後の耐圧試験を実施する際は，加圧圧力や加圧時間を適切な大きさ，長さにしなくてはならない．過大にすると柔軟性のある合成樹脂管や分水栓等の給水用具を損傷するおそれがある．

解説 (1) 適当．配管工事後の耐圧試験の水圧は，水道事業者が給水区域内の実情を考慮し，定めることができる．

(2) 適当．給水装置の接合箇所は，水圧に対する充分な耐力を確保するためにその構造及び材質に応じた適切な接合が行われているものでなければならない．

(3) 適当．水道用ポリエチレン二層管，水道給水用ポリエチレン管，架橋ポリエチレン管，ポリブテン管の配管工事後の耐圧試験を実施する際は，管が膨張し圧力が低下することに注意しなければならない．

(4) 不適当．配管工事後の耐圧試験を実施する際は，分水栓，止水栓等止水機能のある給水用具の弁はすべて「開」状態で実施する．「閉」が誤り．

(5) 適当．配管工事後の耐圧試験を実施する際は，加圧圧力や加圧時間を適切な大きさ，長さにしなくてはならない．過大にすると柔軟性のある合成樹脂管や分水栓等の給水用具を損傷するおそれがある．

▶答 (4)

問題2 【令和元年 問21】

給水装置の構造及び材質の基準に定める耐圧に関する基準（以下，本問においては「耐圧性能基準」という．）及び厚生労働大臣が定める耐圧に関する試験（以下，本問においては「耐圧性能試験」という．）に関する次の記述のうち，不適当なものはどれか.

(1) 給水装置は，耐圧性能試験により1.75メガパスカルの静水圧を1分間加えたとき，水漏れ，変形，破損その他の異常を生じないこととされている.

(2) 耐圧性能基準の適用対象は，原則としてすべての給水管及び給水用具であるが，大気圧式バキュームブレーカ，シャワーヘッド等のように最終の止水機構の流出側に設置される給水用具は，高水圧が加わらないことなどから適用対象から除外されている.

(3) 加圧装置は，耐圧性能試験により1.75メガパスカルの静水圧を1分間加えたとき，水漏れ，変形，破損その他の異常を生じないこととされている.

(4) パッキンを水圧で圧縮することにより水密性を確保する構造の給水用具は，耐圧性能試験により1.75メガパスカルの静水圧を1分間加えたとき，水漏れ，変形，破損その他の異常を生じない性能を有するとともに，20キロパスカルの静水圧を1分間加えたとき，水漏れ，変形，破損その他の異常を生じないこととされている.

解説 (1) 適当. 給水装置は，耐圧性能試験により1.75メガパスカルの静水圧を1分間加えたとき，水漏れ，変形，破損その他の異常を生じないこととされている.

(2) 適当. 耐圧性能基準の適用対象は，原則としてすべての給水管及び給水用具であるが，大気圧式バキュームブレーカ，シャワーヘッド等のように最終の止水機構の流出側に設置される給水用具は，高水圧が加わらないことなどから適用対象から除外されている.

(3) 不適当. 加圧装置は，耐圧性能試験により当該加圧装置の最大吐出圧力の静水圧を1分間加えたとき，水漏れ，変形，破損その他の異常を生じないこととされている.

(4) 適当. パッキンを水圧で圧縮することにより水密性を確保する構造の給水用具は，耐圧性能試験により1.75メガパスカルの静水圧を1分間加えたとき，水漏れ，変形，破損その他の異常を生じない性能を有するとともに，20キロパスカルの静水圧を1分間加えたとき，水漏れ，変形，破損その他の異常を生じないこととされている.

▶答 (3)

問題3 【平成30年 問20】

給水装置の耐圧試験に関する次の記述のうち，不適当なものはどれか.

(1) 止水栓や分水栓の耐圧性能は，弁を「閉」状態にしたときの性能である.

(2) 配管や接合部の施工が確実に行われたかを確認するため，試験水圧1.75 MPaを1分間保持する耐圧試験を実施することが望ましい.

(3) 水道事業者が給水区域内の実情を考慮し，配管工事後の試験水圧を定めることができる.

(4) 給水管の布設後，耐圧試験を行う際に加圧圧力や加圧時間を過大にすると，柔軟性のある合成樹脂管や分水栓等の給水用具を損傷することがある．

解説 (1) 不適当．誤りは「……閉……」で，正しくは「……開……」である．止水栓や分水栓の耐圧性能は，止水性の試験ではないので，弁を「開」状態にしたときの性能である．

(2) 適当．配管や接合部の施工が確実に行われたかを確認するため，試験水圧 1.75 MPa を 1 分間保持する耐圧試験を実施することが望ましい．なお，耐圧性能試験は，給水装置について行うもので，試験水圧 1.75 MPa を 1 分間保持しなければならない．

(3) 適当．水道事業者が給水区域内の実情を考慮し，配管工事後の試験水圧を定めることができる．

(4) 適当．給水管の布設後，耐圧試験を行う際に加圧圧力や加圧時間を過大にすると，柔軟性のある合成樹脂管や分水栓等の給水用具を損傷することがある． ▶答 (1)

4.2 給水装置の耐圧試験又は耐圧性能基準

問題 4 【平成 29 年 問 24】

配管工事後の耐圧試験に関する次の記述の正誤の組み合わせのうち，適当なものはどれか．

ア 配管工事後の耐圧試験の水圧は基準省令において定められており，水道事業者が独自に定めることができない．

イ 給水管の布設後耐圧試験を行う際には，加圧圧力や加圧時間を適切な大きさ，長さにしなくてはならない．過大にすると柔軟性のある合成樹脂管や分水栓等の給水用具を損傷するおそれがある．

ウ 波状ステンレス鋼鋼管は，水圧を加えると波状部分が膨張し圧力が低下する．これは管の特性であり，気温，水温等で圧力低下の状況が異なるので注意が必要である．

エ 分水栓，止水栓の耐圧試験は，止水性の試験ではないので，すべて「開」状態で実施する．

	ア	イ	ウ	エ
(1)	誤	誤	正	正
(2)	正	正	誤	誤
(3)	誤	正	誤	正
(4)	正	誤	正	誤

解説 ア 誤り．配管工事後の耐圧試験の水圧は定量的な基準はなく，水道事業者が給水域区内の実情を考慮して，独自に定めることができる．

イ　正しい．給水管の布設後耐圧試験を行う際には，加圧圧力や加圧時間を適切な大きさ，長さにしなくてはならない．過大にすると柔軟性のある合成樹脂管や分水栓等の給水用具を損傷するおそれがある．

ウ　誤り．波状ステンレス鋼鋼管は，水圧を加えても波状部分が膨張することはなく，圧力が低下することもない．

エ　正しい．分水栓，止水栓の耐圧試験は，止水性の試験ではないので，すべて「開」状態で実施する．

以上から（3）が正解．　▶答（3）

4.3 給水装置の浸出性能基準

問題1　【令和4年 問21】

以下の給水用具のうち，通常の使用状態において，浸出性能基準の適用対象外となるものの組み合わせとして，適当なものはどれか．

ア　食器洗い機

イ　受水槽用ボールタップ

ウ　冷水機

エ　散水栓

（1）ア，イ　（2）ア，ウ　（3）ア，エ　（4）イ，ウ　（5）イ，エ

解説　給水用具のうち，通常の使用状態において，浸出性能基準の適用対象外となるものは，通常の使用状態において飲用に供する水が接触する可能性のない給水管及び給水用具である．

ア　食器洗い機は，浸出性能基準の適用対象外である．

イ　受水槽用ボールタップは，適用対象である．

ウ　冷水機は，適用対象である．

エ　散水栓は，適用対象外である．

以上から（3）が正解．　▶答（3）

問題2　【令和2年 問23】

給水装置の浸出性能基準に関する次の記述の正誤の組み合わせのうち，適当なものはどれか．

ア　浸出性能基準は，給水装置から金属等が浸出し，飲用に供される水が汚染されることを防止するためのものである．

イ　金属材料の浸出性能試験は，最終製品で行う器具試験のほか，部品試験や材料試験も選択することができる.

ウ　浸出性能基準の適用対象外の給水用具の例として，ふろ用の水栓，洗浄便座，ふろ給湯専用の給湯機があげられる.

エ　営業用として使用される製氷機は，給水管との接続口から給水用具内の水受け部への吐水口までの間の部分について評価を行えばよい.

	ア	イ	ウ	エ
(1)	正	正	誤	正
(2)	正	誤	正	正
(3)	誤	誤	誤	正
(4)	正	正	正	誤
(5)	誤	正	誤	誤

解説　ア　正しい．浸出性能基準は，給水装置から金属等が浸出し，飲用に供される水が汚染されることを防止するためのものである．

イ　誤り．金属材料については，材料試験を行うことはできない．金属の場合，最終製品と同じ材質の材料を用いていても，表面加工方法，冷却方法等が異なると金属等の浸出量が大きく異なるとされているためである．

ウ　正しい．浸出性能基準の適用対象外の給水用具の例（飲用に供されない給水用具）として，ふろ用の水栓，洗浄便座，ふろ給湯専用の給湯機があげられる．

エ　正しい．営業用として使用される製氷機は，食品衛生法に基づく規制も行われていること等から，給水管との接続口から給水用具内の水受け部への吐水口までの間の部分について評価を行えばよい．

以上から（2）が正解．

▶答（2）

問題3　【平成30年 問25】

次のうち，通常の使用状態において，給水装置の浸出性能基準の適用対象外となる給水用具として，適当なものはどれか.

(1) 散水栓

(2) 受水槽用ボールタップ

(3) 洗面所の水栓

(4) バルブ類

解説　給水装置の浸出性能基準の適用対象となるものは，通常の使用状態において飲用に供する水が接触する可能性のある給水管及び給水用具に限定される．

(1) 適用対象外．散水栓は，適用対象外である．
(2) 適用対象．受水槽用ボールタップは，適用対象である．
(3) 適用対象．洗面所の水栓は，適用対象である．
(4) 適用対象．バルブ類は，適用対象である． ▶答 (1)

問題4 【平成29年 問23】

次のうち，通常の使用状態において，給水装置の浸出性能基準の適用対象外となる給水用具として，適当なものはどれか．

(1) 継手類
(2) バルブ類
(3) 洗面所の水栓
(4) ふろ用の水栓

解説 浸出性能基準は，通常の使用状態において，飲用に供する水が接触する可能性のある給水管及び給水用具に限定される．

(1) 適用対象．継手類は浸出性能基準の適用対象である．
(2) 適用対象．バルブ類は浸出性能基準の適用対象である．
(3) 適用対象．洗面所の水栓は浸出性能基準の適用対象である．
(4) 適用対象外．ふろ用の水栓は，浸出性能基準の適用対象外である． ▶答 (4)

4.4 給水装置の水撃限界性能基準及び水撃作用の防止

問題1 【令和4年 問25】

水撃作用の防止に関する次の記述の正誤の組み合わせのうち，適当なものはどれか．

ア 水撃作用が発生するおそれのある箇所には，その直後に水撃防止器具を設置する．
イ 水栓，電磁弁，元止め式瞬間湯沸器は作動状況によっては，水撃作用が生じるおそれがある．
ウ 空気が抜けにくい鳥居配管がある管路は水撃作用が発生するおそれがある．
エ 給水管の水圧が高い場合は，減圧弁，定流量弁等を設置し，給水圧又は流速を下げる．

	ア	イ	ウ	エ
(1)	誤	正	正	正
(2)	正	誤	正	誤

(3) 正　正　誤　正
(4) 誤　正　正　誤
(5) 誤　正　誤　正

解説　ア　誤り．水撃作用が発生するおそれのある箇所には，その手前に水撃防止器具を設置する．「直後」が誤り．

イ　正しい．水栓，電磁弁，元止め式瞬間湯沸器は作動状況によっては，水撃作用が生じるおそれがある．

ウ　正しい．空気が抜けにくい鳥居配管がある管路は水撃作用が発生するおそれがある．

エ　正しい．給水管の水圧が高い場合は，減圧弁，定流量弁等を設置し，給水圧又は流速を下げる．

以上から（1）が正解．　▶答（1）

問題2　【令和3年 問21】

給水装置の水撃限界性能基準に関する次の記述のうち，不適当なものはどれか．

(1) 水撃限界性能基準は，水撃作用により給水装置に破壊等が生じることを防止するためのものである．
(2) 水撃作用とは，止水機構を急に閉止した際に管路内に生じる圧力の急激な変動作用をいう．
(3) 水撃限界性能基準は，水撃発生防止仕様の給水用具であるか否かを判断する基準であり，水撃作用を生じるおそれのある給水用具はすべてこの基準を満たしていなければならない．
(4) 水撃限界性能基準の適用対象の給水用具には，シングルレバー式水栓，ボールタップ，電磁弁（電磁弁内蔵の全自動洗濯機，食器洗い機等），元止め式瞬間湯沸器がある．
(5) 水撃限界に関する試験により，流速2メートル毎秒又は動水圧を0.15メガパスカルとする条件において給水用具の止水機構の急閉止をしたとき，その水撃作用により上昇する圧力が1.5メガパスカル以下である性能を有する必要がある．

解説　(1) 適当．水撃限界性能基準は，水撃作用により給水装置に破壊等が生じることを防止するためのものである．

(2) 適当．水撃作用とは，止水機構を急に閉止した際に管路内に生じる圧力の急激な変動作用をいう．

(3) 不適当．水撃限界性能基準は，水撃発生防止仕様の給水用具であるか否かを判断する基準であり，水撃作用を生じるおそれのある給水用具はすべてこの基準を満たしていなければならないわけではない.

(4) 適当. 水撃限界性能基準の適用対象の給水用具には，シングルレバー式水栓，ボールタップ，電磁弁（電磁弁内蔵の全自動洗濯機，食器洗い機等），元止め式瞬間湯沸器がある.

(5) 適当. 水撃限界に関する試験により，流速2メートル毎秒又は動水圧を0.15メガパスカルとする条件において給水用具の止水機構の急閉止をしたとき，その水撃作用により上昇する圧力が1.5メガパスカル以下である性能を有する必要がある. ▶答 (3)

問題3 【令和2年 問24】

水撃作用の防止に関する次の記述の正誤の組み合わせのうち，適当なものはどれか.

ア 水撃作用の発生により，給水管に振動や異常音がおこり，頻繁に発生すると管の破損や継手の緩みを生じ，漏水の原因ともなる.

イ 空気が抜けにくい鳥居配管がある管路は水撃作用が発生するおそれがある.

ウ 水撃作用の発生のおそれのある箇所には，その直後に水撃防止器具を設置する.

エ 水槽にボールタップで給水する場合は，必要に応じて波立ち防止板などを設置することが水撃作用の防止に有効である.

	ア	イ	ウ	エ
(1)	正	誤	誤	正
(2)	正	正	誤	正
(3)	誤	正	正	誤
(4)	誤	誤	正	誤
(5)	正	誤	正	正

解説 ア 正しい. 水撃作用の発生により，給水管に振動や異常音がおこり，頻繁に発生すると管の破損や継手の緩みを生じ，漏水の原因ともなる.

イ 正しい. 空気が抜けにくい鳥居配管がある管路は水撃作用が発生するおそれがある.

ウ 誤り. 水撃作用の発生のおそれのある箇所には，その手前に水撃防止器具を設置する.「直後」が誤り.

エ 正しい. 水槽にボールタップで給水する場合は，必要に応じて波立ち（浮き球が波立ちで上下すると水道水の給水や停止が頻繁に発生する）防止板などを設置することが水撃作用の防止に有効である.

以上から (2) が正解. ▶答 (2)

問題4　【令和元年 問23】

水撃防止に関する次の記述の正誤の組み合わせのうち，適当なものはどれか．

ア　給水管におけるウォータハンマを防止するには，基本的に管内流速を速くする必要がある．

イ　ウォータハンマが発生するおそれのある箇所には，その手前に近接して水撃防止器具を設置する．

ウ　複式ボールタップは単式ボールタップに比べてウォータハンマが発生しやすくなる傾向があり，注意が必要である．

エ　水槽にボールタップで給水する場合は，必要に応じて波立ち防止板等を設置する．

	ア	イ	ウ	エ
(1)	正	誤	正	誤
(2)	誤	正	誤	正
(3)	誤	正	正	誤
(4)	正	誤	誤	正

解説　ア　誤り．給水管におけるウォータハンマを防止するには，管内の流速を急停止したときそのエネルギーが大きいと発生するため，エネルギーを小さくするためには，基本的に管内流速を遅くする必要がある．「速く」が誤り．

イ　正しい．ウォータハンマが発生するおそれのある箇所には，その手前に近接して水撃防止器具を設置する．

ウ　誤り．複式ボールタップはゆっくり作動するため単式ボールタップに比べてウォータハンマが発生しにくい（図7.8及び7.36参照）．

エ　正しい．水槽にボールタップで給水する場合は，必要に応じて波立ち防止板等を設置する．

以上から（2）が正解．

▶答（2）

問題5　【平成29年 問20】

給水装置の水撃限界性能基準に関する次の記述のうち，不適当なものはどれか．

(1) 水撃限界性能基準は，水撃発生防止仕様の給水用具であるか否かの判断基準であるので，水撃作用を生じるおそれのある給水用具はすべてこの基準を満たしていなければならない．

(2) 水撃限界性能基準は，水撃作用により給水装置に破壊等が生じることを防止するためのものである．

(3) 水撃作用とは，止水機構を急に閉止した際に管路内に生じる圧力の急激な変動作用をいう.

(4) 水撃限界性能基準では，湯水混合水栓等において同一の仕様の止水機構が水側と湯側についているような場合は，いずれか一方の止水機構について試験を行えばよい.

解説 (1) 不適当. 水撃限界性能基準は，水撃発生防止仕様の給水用具であるか否かの判断基準であるが，水撃作用を生じるおそれのある給水用具はすべてこの基準を満たしていなければならないわけではない. この基準を満たしていない給水用具を設置する場合は，別途，水撃防止器具を設置する等の措置を講じることが必要である.

(2) 適当. 水撃限界性能基準は，水撃作用（ウォータハンマ）により給水装置に破壊等が生じることを防止するためのものである.

(3) 適当. 水撃作用とは，止水機構を急に閉止した際に管路内に生じる圧力の急激な変動作用をいう.

(4) 適当. 水撃限界性能基準では，湯水混合水栓等において同一の仕様の止水機構が水側と湯側についているような場合は，いずれか一方の止水機構について試験を行えばよい.

▶答 (1)

4.5 給水装置の逆流防止性能基準及び逆流防止

問題1 【令和4年 問27】

呼び径20 mmの給水管から水受け容器に給水する場合，逆流防止のために確保しなければならない吐水口空間について，下図に示す水平距離（A, B）と垂直距離（C, D）の組み合わせのうち，適当なものはどれか.

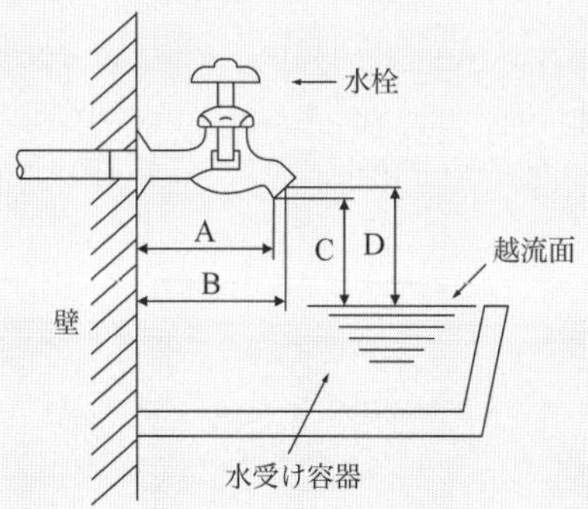

(1) A, C　(2) A, D　(3) B, C　(4) B, D

解説 呼び径20 mmでは，BとCが正しい．したがって，(3) が正解．なお，呼び径が25 mmを超える場合，逆流防止の距離の位置はAとなる．又，呼び径が13 mm以下ではBの距離は25 mm以上，13 mmを超え20 mm以下ではBの距離は40 mm以上，20 mmを超え25 mm以下ではBの距離は50 mm以上が必要である．

▶答 (3)

問題2

【令和4年 問29】

給水装置の逆流防止のために圧力式バキュームブレーカを図のように設置する場合，バキュームブレーカの下端から確保しなければならない区間とその距離との組み合わせのうち，適当なものはどれか．

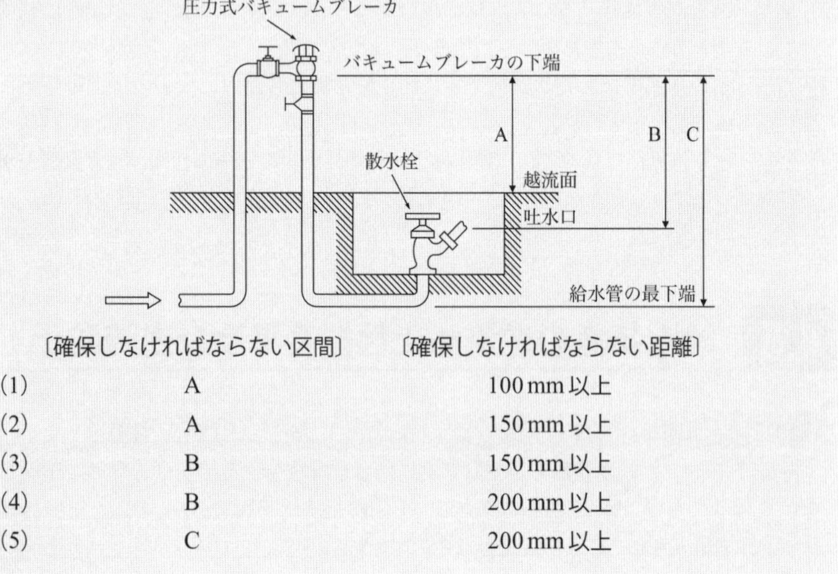

	〔確保しなければならない区間〕	〔確保しなければならない距離〕
(1)	A	100 mm以上
(2)	A	150 mm以上
(3)	B	150 mm以上
(4)	B	200 mm以上
(5)	C	200 mm以上

解説 確保しなければならない区間は，バキュームブレーカの下端又は逆流防止機能が働く位置と水受け容器の越流面との間隔であるから，Aの区間である．

確保しなければならない距離は，150 mm以上である（**図4.1**参照）．

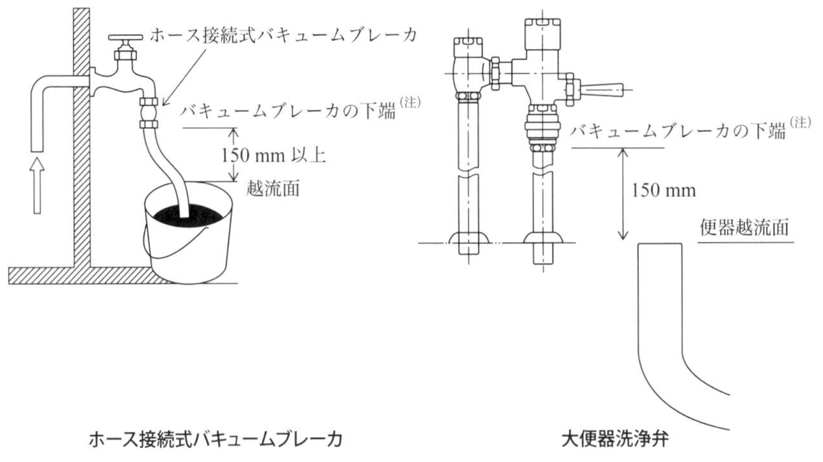

(a) 大気圧式

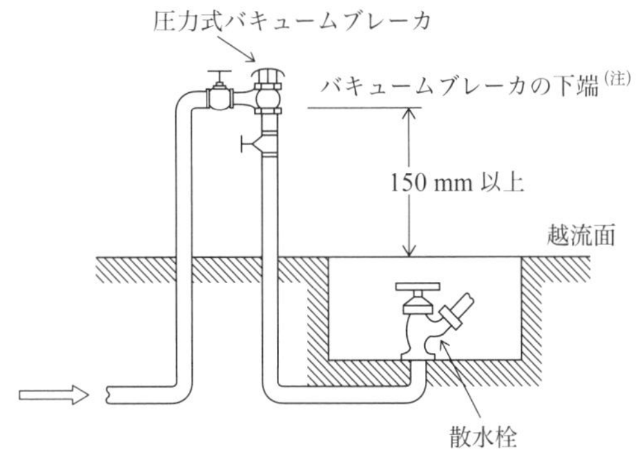

(b) 圧力式

(注) 取付基準線が明確なバキュームブレーカは取付基準線から水受け容器の越流面との間隔を150 mm 以上確保する.

図 4.1 バキュームブレーカの設置位置 3)

以上から (2) が正解.

▶答 (2)

問題 3 【令和 3 年 問 22】

給水用具の逆流防止性能基準に関する次の記述の ＿＿ 内に入る数値の組み合わせのうち, 適当なものはどれか.

減圧式逆流防止器の逆流防止性能基準は, 厚生労働大臣が定める逆流防止に関する試験により ア キロパスカル及び イ メガパスカルの静水圧を ウ 分間加えたとき, 水漏れ, 変形, 破損その他の異常を生じないとともに, 厚生労働大臣が定める負圧破壊に関する試験により流入側からマイナス［　エ　］キロパスカルの圧力を加えたとき，減圧式逆流防止器に接続した透明管内の水位の上昇が3ミリメートルを超えないこととされている．

	ア	イ	ウ	エ
(1)	3	1.5	5	54
(2)	5	3	5	5
(3)	3	1.5	1	54
(4)	5	1.5	5	5
(5)	3	3	1	54

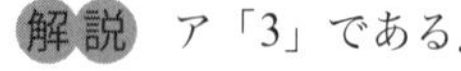
解説 ア「3」である．
イ「1.5」である．
ウ「1」である．
エ「54」である．

給水装置の構造及び材質の基準に関する省令第5条（逆流防止に関する基準）第1項第一号イ参照．

以上から（3）が正解．

▶答（3）

問題4 【令和3年 問28】

給水装置の逆流防止に関する次の記述のうち，不適当なものはどれか．

(1) バキュームブレーカの下端又は逆流防止機能が働く位置と水受け容器の越流面との間隔を100 mm以上確保する．

(2) 吐水口を有する給水装置から浴槽に給水する場合は，越流面からの吐水口空間は50 mm以上を確保する．

(3) 吐水口を有する給水装置からプールに給水する場合は，越流面からの吐水口空間は200 mm以上を確保する．

(4) 減圧式逆流防止器は，構造が複雑であり，機能を良好な状態に確保するためにはテストコックを用いた定期的な性能確認及び維持管理が必要である．

(5) ばね式，リフト式，スイング式逆止弁は，シール部分に鉄さび等の夾雑物が挟まったり，また，パッキン等シール材の摩耗や劣化により逆流防止性能を失うおそれがある．

解説 (1) 不適当．バキュームブレーカの下端又は逆流防止機能が働く位置と水受け容器の越流面との間隔を150 mm以上確保する．「100」が誤り（図4.1参照）．

(2) 適当．吐水口を有する給水装置から浴槽に給水する場合は，越流面からの吐水口空間は 50 mm 以上を確保する．

(3) 適当．吐水口を有する給水装置からプールに給水する場合は，越流面からの吐水口空間は 200 mm 以上を確保する．

(4) 適当．減圧式逆流防止器（図 7.18 参照）は，独立して作動する第 1 逆止弁と第 2 逆止弁との間に一次側との差圧で作動する逃し弁を備えた中間室からなり，逆止弁が正常に作動しない場合，逃し弁が開いて排水し，空気層を形成することによって逆流を防止する構造の逆流防止器である．構造が複雑であり，機能を良好な状態に確保するためにはテストコックを用いた定期的な性能確認及び維持管理が必要である．

(5) 適当．ばね式，リフト式（図 7.24 参照），スイング式逆止弁（図 7.19 参照）は，シール部分に鉄さび等の夾雑物が挟まったり，又，パッキン等シール材の摩耗や劣化により逆流防止性能を失うおそれがある．

▶答（1）

問題 5　【令和 3 年 問 29】

給水装置の逆流防止に関する次の記述の［　　］内に入る語句の組み合わせのうち，適当なものはどれか．

呼び径が 20 mm を超え 25 mm 以下のものについては，［ア］から吐水口の中心までの水平距離を［イ］mm 以上とし，［ウ］から吐水口の［エ］までの垂直距離は［オ］mm 以上とする．

	ア	イ	ウ	エ	オ
(1)	近接壁	100	越流面	最下端	100
(2)	越流面	50	近接壁	中心	100
(3)	近接壁	50	越流面	最下端	50
(4)	越流面	100	近接壁	中心	50

解説　ア「近接壁」である．

イ「50」である．

ウ「越流面」である．

エ「最下端」である．

オ「50」である（図 4.2 参照）．

以上から（3）が正解．

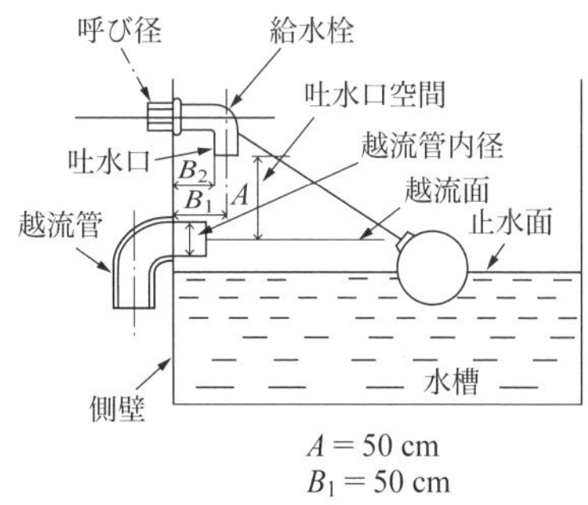

図 4.2　越流管（横取出し）[1]

▶答（3）

問題6 【令和2年 問25】

給水装置の逆流防止に関する次の記述のうち，不適当なものはどれか．

(1) 水が逆流するおそれのある場所に，給水装置の構造及び材質の基準に関する省令に適合したバキュームブレーカを設置する場合は，水受け容器の越流面の上方150 mm以上の位置に設置する．

(2) 吐水口を有する給水装置から浴槽に給水する場合は，越流面からの吐水口空間は50 mm以上を確保する．

(3) 吐水口を有する給水装置からプール等の波立ちやすい水槽に給水する場合は，越流面からの吐水口空間は100 mm以上を確保する．

(4) 逆止弁は，逆圧により逆止弁の二次側の水が一次側に逆流するのを防止する給水用具である．

解説 (1) 適当．水が逆流するおそれのある場所に，給水装置の構造及び材質の基準に関する省令に適合したバキュームブレーカを設置する場合は，水受け容器の越流面の上方150 mm以上の位置に設置する（図4.1参照）．

(2) 適当．吐水口を有する給水装置から浴槽に給水する場合は，越流面からの吐水口空間は50 mm以上を確保する．

(3) 不適当．吐水口を有する給水装置からプール等の波立ちやすい水槽に給水する場合は，越流面からの吐水口空間は200 mm以上を確保する．なお，事業活動に伴い洗剤又は薬品を入れる水槽及び容器に給水する給水装置においても同様である．

(4) 適当．逆止弁は，逆圧により逆止弁の二次側の水が一次側に逆流するのを防止する給水用具である．

▶答 (3)

問題7 【令和元年 問22】

給水装置の構造及び材質の基準に定める逆流防止に関する基準に関する次の記述の正誤の組み合わせのうち，適当なものはどれか．

ア　減圧式逆流防止器は，厚生労働大臣が定める逆流防止に関する試験（以下，「逆流防止性能試験」という.）により3キロパスカル及び1.5メガパスカルの静水圧を1分間加えたとき，水漏れ，変形，破損その他の異常を生じないことが必要である．

イ　逆止弁及び逆流防止装置を内部に備えた給水用具は，逆流防止性能試験により3キロパスカル及び1.5メガパスカルの静水圧を1分間加えたとき，水漏れ，変形，破損その他の異常を生じないこと．

ウ　減圧式逆流防止器は，厚生労働大臣が定める負圧破壊に関する試験（以下，「負圧破壊性能試験」という.）により流出側からマイナス54キロパスカルの圧力を加えたとき，減圧式逆流防止器に接続した透明管内の水位の上昇が 75 ミリメートルを超えないことが必要である.

エ　バキュームブレーカは，負圧破壊性能試験により流出側からマイナス 54 キロパスカルの圧力を加えたとき，バキュームブレーカに接続した透明管内の水位の上昇が 3 ミリメートルを超えないこととされている.

	ア	イ	ウ	エ
(1)	正	正	誤	誤
(2)	誤	誤	正	正
(3)	誤	正	正	誤
(4)	正	誤	誤	正

解説　ア　正しい．減圧式逆流防止器は，厚生労働大臣が定める逆流防止に関する試験（以下，「逆流防止性能試験」という）により 3 キロパスカル及び 1.5 メガパスカルの静水圧を 1 分間加えたとき，水漏れ，変形，破損その他の異常を生じないことが必要である.

イ　正しい．逆止弁及び逆流防止装置を内部に備えた給水用具は，逆流防止性能試験により 3 キロパスカル及び 1.5 メガパスカルの静水圧を 1 分間加えたとき，水漏れ，変形，破損その他の異常を生じないことが必要である.

ウ　誤り．減圧式逆流防止器は，厚生労働大臣が定める負圧破壊に関する試験（以下，「負圧破壊性能試験」という）により流入側からマイナス 54 キロパスカルの圧力を加えたとき，減圧式逆流防止器に接続した透明管内の水位の上昇が 3 ミリメートルを超えないことが必要である．「流出側」と「75」が誤り.

エ　誤り．バキュームブレーカは，負圧破壊性能試験により流入側からマイナス 54 キロパスカルの圧力を加えたとき，バキュームブレーカに接続した透明管内の水位の上昇が 75 ミリメートルを超えないこととされている．「流出側」と「3」が誤り.

以上から（1）が正解.

▶答（1）

問題 8　【令和元年 問 27】

下図のように，呼び径 ϕ20 mm の給水管からボールタップを通して水槽に給水している.

この水槽を利用するときの確保すべき吐水空間に関する次の記述のうち，適当なものはどれか.

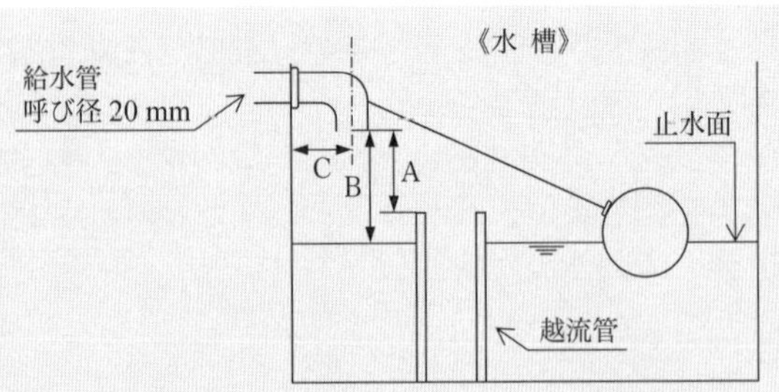

(1) 図中の距離Aを25 mm以上，距離Cを25 mm以上確保する.
(2) 図中の距離Bを40 mm以上，距離Cを40 mm以上確保する.
(3) 図中の距離Aを40 mm以上，距離Cを40 mm以上確保する.
(4) 図中の距離Bを50 mm以上，距離Cを50 mm以上確保する.

解説 問題図のように，呼び径ϕ20 mmの給水管からボールタップを通して水槽に給水している.

この水槽を利用するときの確保すべき吐水空間は，図中の距離Aは40 mm以上，距離Cを40 mm以上確保する.

呼び径の区分	近接壁から吐水口の中心までの水平距離C
13 mm以下	25 mm以上
13 mmを超え20 mm以下	40 mm以上
20 mmを超え25 mm以下	50 mm以上

▶答 (3)

問題9 【平成30年 問26】

給水装置の逆流防止性能基準に関する次の記述のうち，不適当なものはどれか.

(1) 逆流防止性能基準の適用対象は，逆止弁，減圧式逆流防止器及び逆流防止装置を内部に備えた給水用具である.
(2) 逆止弁等は，1次側と2次側の圧力差がほとんどないときも，2次側から水撃圧等の高水圧が加わったときも，ともに水の逆流を防止できるものでなければならない.
(3) 減圧式逆流防止器は，逆流防止機能と負圧破壊機能を併せ持つ装置である.
(4) 逆流防止性能基準は，給水装置を通じての水道水の逆流により，水圧が変化することを防止するために定められた.

解説 (1) 適当．逆流防止性能基準の適用対象は，逆止弁，減圧式逆流防止器及び逆流防止装置を内部に備えた給水用具である．

(2) 適当．逆止弁等は，1次側と2次側の圧力差がほとんどないときも，2次側から水撃圧等の高水圧が加わったときも，ともに水の逆流を防止できるものでなければならない．

(3) 適当．減圧式逆流防止器は，逆流防止機能と負圧破壊機能を併せ持つ装置である．

(4) 不適当．逆流防止性能基準は，給水装置を通じての水道水の逆流により，水道水の汚染や公衆衛生上の問題が生じることを防止するためのものである．「水圧が変化することを防止するために定められた．」ものではない．

▶答 (4)

問題10 【平成30年 問28】

逆流防止に関する次の記述の［　　］内に入る語句の組み合わせのうち，適当なものはどれか．

呼び径が25 mmを超える吐水口の場合，確保しなければならない越流面から吐水口の［ア］までの垂直距離の満たすべき条件は，近接壁の影響がある場合，近接壁の面数と壁からの離れによって区分される．この区分は吐水口の内径 d の何倍かによって決まる．吐水口の断面が長方形の場合は，［イ］を d とする．

なお，上述の垂直距離の満たすべき条件は，有効開口の内径 d' によって定められるが，この d' とは「吐水口の内径 d」，「こま押さえ部分の内径」，「給水栓の接続管の内径」，の3つのうちの［ウ］のことである．

	ア	イ	ウ
(1)	中央	短辺	最小内径
(2)	最下端	短辺	最大内径
(3)	中央	長辺	最大内径
(4)	最下端	長辺	最小内径

解説 ア「最下端」である（**図 4.3** 参照）．

イ「長辺」である．

ウ「最小内径」である．

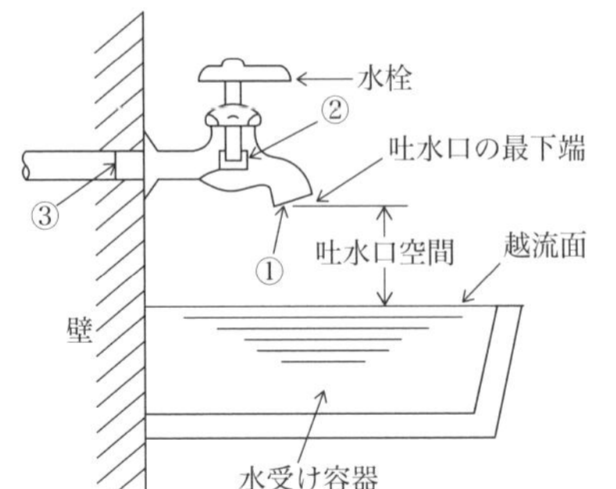

①吐水口の内径 d
②こま押さえ部分の内径
③給水栓の接続管の内径
　以上三つの内径のうち，最小内径を有効開口の内径 d' とする．

図 4.3　水受け容器

以上から（4）が正解．

▶答（4）

問題 11　【平成 29 年 問 22】

給水装置の逆流防止性能基準に関する次の記述の正誤の組み合わせのうち，適当なものはどれか．

ア　逆止弁等は，1 次側と 2 次側の圧力差がほとんどないときも，2 次側から水撃圧等の高水圧が加わったときも，ともに水の逆流を防止できるものでなければならない．

イ　逆流防止性能基準における高水圧時の試験水圧は，1.5 MPa となっている．

ウ　減圧式逆流防止器は，逆流防止機能と負圧破壊機能を併せ持つ装置であることから，両性能を有することを要件としている．

エ　逆流防止装置を内部に備えた給水用具については，内部に備えられている逆流防止装置を給水用具から取りはずして試験を行ってはならない．

	ア	イ	ウ	エ
(1)	正	正	正	誤
(2)	正	誤	誤	正
(3)	誤	正	誤	正
(4)	誤	誤	正	誤

解説　ア　正しい．逆止弁等は，1 次側と 2 次側の圧力差がほとんどないときも，2 次側から水撃圧等の高水圧が加わったときも，ともに水の逆流を防止できるものでなければならない．

イ　正しい．逆流防止性能基準における高水圧時の試験水圧は，1.5 MPa となっている．

ウ　正しい．減圧式逆流防止器は，逆流防止機能と負圧破壊機能を併せ持つ装置であることから，両性能を有することを要件としている．

エ　誤り．逆流防止装置を内部に備えた給水用具については，試験操作を容易にするために内部に備えられている逆流防止装置を給水用具から取りはずして試験を行ってもよい．以上から（1）が正解．

▶答（1）

4.6 給水装置の負圧破壊性能試験

問題1　【令和4年 問22】

給水装置の負圧破壊性能基準に関する次の記述の正誤の組み合わせのうち，適当なものはどれか．

ア　水受け部と吐水口が一体の構造であり，かつ水受け部の越流面と吐水口の間が分離されていることにより水の逆流を防止する構造の給水用具は，負圧破壊性能試験により流入側からマイナス20kPaの圧力を加えたとき，吐水口から水を引き込まないこととされている．

イ　バキュームブレーカとは，器具単独で販売され，水受け容器からの取付け高さが施工時に変更可能なものをいう．

ウ　バキュームブレーカは，負圧破壊性能試験により流入側からマイナス20kPaの圧力を加えたとき，バキュームブレーカに接続した透明管内の水位の上昇が75mmを超えないこととされている．

エ　負圧破壊装置を内部に備えた給水用具とは，製品の仕様として負圧破壊装置の位置が施工時に変更可能なものをいう．

	ア	イ	ウ	エ
(1)	誤	正	誤	正
(2)	誤	正	誤	誤
(3)	誤	誤	誤	正
(4)	正	誤	正	誤
(5)	正	誤	正	正

解説　ア　誤り．水受け部と吐水口が一体の構造であり，かつ水受け部の越流面と吐水口の間が分離されていることにより水の逆流を防止する構造の給水用具は，負圧破壊性能試験により流入側からマイナス54kPaの圧力を加えたとき，吐水口から水を引き込まないこととされている．「マイナス20kPa」が誤り．

イ　正しい．バキュームブレーカとは，器具単独で販売され，水受け容器からの取付け高さが施工時に変更可能なものをいう．

ウ　誤り．バキュームブレーカは，負圧破壊性能試験により流入側からマイナス54 kPaの圧力を加えたとき，バキュームブレーカに接続した透明管内の水位の上昇が75 mmを超えないこととされている．「マイナス20 kPa」が誤り．

エ　誤り．負圧破壊装置を内部に備えた給水用具とは，製品の仕様として負圧破壊装置の位置が一定に固定されているものをいう．「施工時に変更可能」が誤り．

以上から（2）が正解．

▶答（2）

問題2　【平成29年 問28】 

負圧破壊性能基準に関する次の記述のうち，不適当なものはどれか．

(1) バキュームブレーカとは，器具単独で販売され，水受け容器からの取付け高さが施工時に変更可能なものをいう．

(2) バキュームブレーカは，負圧破壊性能試験により流入側からマイナス54 kPaの圧力を加えたとき，バキュームブレーカに接続した透明管内の水位の上昇が75 mmを超えないこととされている．

(3) 負圧破壊装置を内部に備えた給水用具とは，製品の仕様として負圧破壊装置の位置が施工時に変更可能なものをいう．

(4) 水受け部と吐水口が一体の構造であり，かつ水受け部の越流面と吐水口の間が分離されていることにより水の逆流を防止する構造の給水用具は，負圧破壊性能試験により流入側からマイナス54 kPaの圧力を加えたとき，吐水口から水を引き込まないこととされている．

解説　(1) 適当．バキュームブレーカとは，器具単独で販売され，水受け容器からの取付け高さが施工時に変更可能なものをいう．

(2) 適当．バキュームブレーカは，負圧破壊性能試験により流入側からマイナス54 kPaの圧力を加えたとき，バキュームブレーカに接続した透明管内の水位の上昇が75 mmを超えないこととされている．

(3) 不適当．負圧破壊装置を内部に備えた給水用具とは，製品の仕様として負圧破壊装置の位置が一定に固定されたものをいう．施工時に変更可能なものは該当しない．

(4) 適当．水受け部と吐水口が一体の構造であり，かつ水受け部の越流面と吐水口の間が分離されていることにより水の逆流を防止する構造の給水用具は，負圧破壊性能試験により流入側からマイナス54 kPaの圧力を加えたとき，吐水口から水を引き込まないこととされている．

▶答（3）

4.7 給水装置の耐寒性能基準又は寒冷地対策

問題1 【令和4年 問28】

給水装置の寒冷地対策に用いる水抜き用給水用具の設置に関する次の記述のうち，不適当なものはどれか．

(1) 水道メーター下流側で屋内立上り管の間に設置する．

(2) 排水口は，凍結深度より深くする．

(3) 水抜き用の給水用具以降の配管は，できるだけ鳥居配管やU字形の配管を避ける．

(4) 排水口は，管内水の排水を容易にするため，直接汚水ます等に接続する．

(5) 水抜き用の給水用具以降の配管が長い場合には，取り外し可能なユニオン，フランジ等を適切な箇所に設置する．

解説 (1) 適当．水道メーター下流側で屋内立上り管の間に設置する．

(2) 適当．排水口は，凍結深度より深くする．

(3) 適当．水抜き用の給水用具以降の配管は，できるだけ鳥居配管やU字形の配管を避ける．

(4) 不適当．排水口は，管内水の排水を汚水ます等に直接接続せず，間接排水（一度，容器に汚水を受けて汚水ます等に流す方法）とする．

(5) 適当．水抜き用の給水用具以降の配管が長い場合には，取り外し可能なユニオン，フランジ等を適切な箇所に設置する．

▶答 (4)

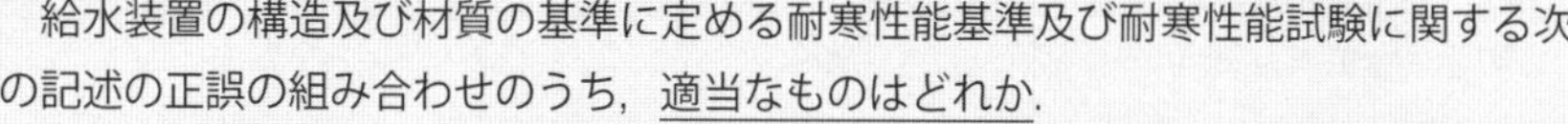

問題2 【令和3年 問23】

給水装置の構造及び材質の基準に定める耐寒性能基準及び耐寒性能試験に関する次の記述の正誤の組み合わせのうち，適当なものはどれか．

ア　耐寒性能基準は，寒冷地仕様の給水用具か否かの判断基準であり，凍結のおそれがある場所において設置される給水用具はすべてこの基準を満たしていなければならない．

イ　凍結のおそれがある場所に設置されている給水装置のうち弁類の耐寒性能試験では，零下20℃プラスマイナス2℃の温度で1時間保持した後に通水したとき，当該給水装置に係る耐圧性能，水撃限界性能，逆流防止性能及び負圧破壊性能を有するものであることを確認する必要がある．

ウ　低温に暴露した後確認すべき性能基準項目から浸出性能を除いたのは，低温暴露により材質等が変化することは考えられず，浸出性能に変化が生じることはないと考えられることによる．

エ　耐寒性能基準においては，凍結防止の方法は水抜きに限定している．

	ア	イ	ウ	エ
(1)	正	正	誤	誤
(2)	誤	誤	正	正
(3)	誤	誤	正	誤
(4)	正	誤	誤	正
(5)	誤	正	正	誤

解説　ア　誤り．耐寒性能基準は，寒冷地仕様の給水用具か否かの判断基準であり，凍結のおそれがある場所において設置される給水用具はすべてこの基準を満たしていなければならないわけではない．

イ　正しい．凍結のおそれがある場所に設置されている給水装置のうち弁類の耐寒性能試験では，零下20℃プラスマイナス2℃の温度で1時間保持した後に通水したとき，当該給水装置に係る耐圧性能，水撃限界性能，逆流防止性能及び負圧破壊性能を有するものであることを確認する必要がある．

ウ　正しい．低温に暴露した後確認すべき性能基準項目から浸出性能を除いたのは，低温暴露により材質等が変化することは考えられず，浸出性能に変化が生じることはないと考えられることによる．

エ　誤り．耐寒性能基準においては，凍結防止の方法は水抜きに限定しないこととしている．

以上から（5）が正解．　▶答（5）

問題3　【令和3年 問27】

凍結深度に関する次の記述の［　　］内に入る語句の組み合わせのうち，__適当なものはどれか__．

凍結深度は，［ア］温度が0℃になるまでの地表からの深さとして定義され，気象条件の他，［イ］によって支配される．屋外配管は，凍結深度より［ウ］布設しなければならないが，下水道管等の地下埋設物の関係で，やむを得ず凍結深度より［エ］布設する場合，又は擁壁，側溝，水路等の側壁からの離隔が十分に取れない場合等凍結深度内に給水装置を設置する場合は保温材（発泡スチロール等）で適切な防寒措置を講じる．

	ア	イ	ウ	エ
(1)	地中	管の材質	深く	浅く
(2)	管内	土質や含水率	浅く	深く

(3) 地中　土質や含水率　深く　浅く
(4) 管内　管の材質　浅く　深く

解説 ア「地中」である.
イ「土質や含水率」である.
ウ「深く」である.
エ「浅く」である.
以上から (3) が正解.

▶答 (3)

問題4　【令和2年 問26】

寒冷地における凍結防止対策として設置する水抜き用の給水用具の設置に関する次の記述のうち, 不適当なものはどれか.

(1) 水抜き用の給水用具は水道メーター上流側に設置する.
(2) 水抜き用の給水用具の排水口付近には, 水抜き用浸透ますの設置又は切込砂利等により埋戻し, 排水を容易にする.
(3) 汚水ます等に直接接続せず, 間接排水とする.
(4) 水抜き用の給水用具以降の配管は, できるだけ鳥居配管やU字形の配管を避ける.
(5) 水抜き用の給水用具以降の配管が長い場合には, 取外し可能なユニオン, フランジ等を適切な箇所に設置する.

解説 (1) 不適当. 水抜き用の給水用具は水道メーター下流側に設置する.「上流側」が誤り.
(2) 適当. 水抜き用の給水用具の排水口付近には, 水抜き用浸透ますの設置又は切込砂利等により埋戻し, 排水を容易にする.
(3) 適当. 汚水ます等に直接接続せず, 間接排水(一度, 容器に汚水を受けて汚水ます等に流す方法)とする.
(4) 適当. 水抜き用の給水用具以降の配管は, できるだけ鳥居配管やU字形の配管を避ける.
(5) 適当. 水抜き用の給水用具以降の配管が長い場合には, 取外し可能なユニオン, フランジ等を適切な箇所に設置する.

▶答 (1)

問題5　【令和2年 問27】

給水装置の耐寒に関する基準に関する次の記述において, ＿＿＿内に入る数値の組み合わせのうち, 正しいものはどれか.

屋外で気温が著しく低下しやすい場所その他凍結のおそれのある場所に設置されて

いる給水装置のうち，減圧弁，逃し弁，逆止弁，空気弁及び電磁弁にあっては，厚生労働大臣が定める耐久に関する試験により［ア］万回の開閉操作を繰り返し，かつ，厚生労働大臣が定める耐寒に関する試験により［イ］度プラスマイナス［ウ］度の温度で［エ］時間保持した後通水したとき，当該給水装置に係る耐圧性能，水撃限界性能，逆流防止性能及び負圧破壊性能を有するものでなければならないとされている.

	ア	イ	ウ	エ
(1)	1	0	5	1
(2)	1	−20	2	2
(3)	10	−20	2	1
(4)	10	0	2	2
(5)	10	0	5	1

解説 ア「10」である.
イ「−20」である.
ウ「2」である.
エ「1」である.
以上から（3）が正解.

▶答（3）

題 6 【令和元年 問 28】

給水装置の凍結防止対策に関する次の記述のうち，不適当なものはどれか.

（1）水抜き用の給水用具以降の配管は，配管が長い場合には，万一凍結した際に，解氷作業の便を図るため，取外し可能なユニオン，フランジ等を適切な箇所に設置する.
（2）水抜き用の給水用具以降の配管は，管内水の排水が容易な構造とし，できるだけ鳥居配管やU字形の配管を避ける.
（3）水抜き用の給水用具は，水道メーター下流で屋内立上り管の間に設置する.
（4）内部貯留式不凍給水栓は，閉止時（水抜き操作）にその都度，揚水管内（立上り管）の水を貯留部に流下させる構造であり，水圧に関係なく設置場所を選ばない.

解説 （1）適当. 水抜き用の給水用具以降の配管は，配管が長い場合には，万一凍結した際に，解氷作業の便を図るため，取外し可能なユニオン，フランジ等を適切な箇所に設置する.
（2）適当. 水抜き用の給水用具以降の配管は，管内水の排水が容易な構造とし，できるだけ鳥居配管やU字形の配管を避ける.

(3) 適当．水抜き用の給水用具は，水道メーター下流で屋内立上り管の間に設置する．

(4) 不適当．内部貯留式不凍給水栓は，閉止時（水抜き操作）にその都度，揚水管内（立上り管）の水を凍結深度より深いところにある貯留部に流下させる構造であり，水圧が0.1 MPa以下のところでは，栓の中に水が溜まって上から溢れ出たり，凍結したりするので使用の場所が限定される（**図 4.4** 参照）．

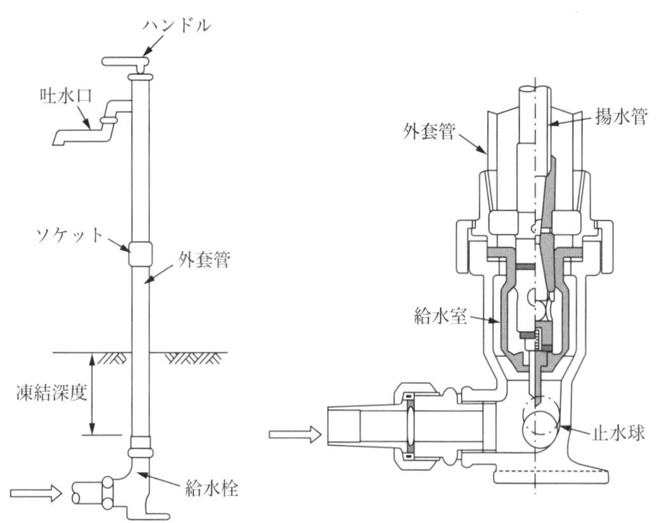

図 4.4　内部貯留式不凍給水栓[2)]

▶ 答（4）

問題 7　**【令和元年 問 29】**

給水装置の構造及び材質の基準に定める耐寒に関する基準（以下，本問においては「耐寒性能基準」という．）及び厚生労働大臣が定める耐寒に関する試験（以下，本問においては「耐寒性能試験」という．）に関する次の記述のうち，不適当なものはどれか．

(1) 耐寒性能基準は，寒冷地仕様の給水用具か否かの判断基準であり，凍結のおそれがある場所において設置される給水用具はすべてこの基準を満たしていなければならないわけではない．

(2) 凍結のおそれがある場所に設置されている給水装置のうち弁類にあっては，耐寒性能試験により零下20度プラスマイナス2度の温度で24時間保持したのちに通水したとき，当該給水装置に係る耐圧性能，水撃限界性能，逆流防止性能及び負圧破壊性能を有するものでなければならない．

(3) 低温に暴露した後確認すべき性能基準項目から浸出性能を除いたのは，低温暴露により材質等が変化することは考えられず，浸出性能に変化が生じることはないと考えられることによる.

(4) 耐寒性能基準においては，凍結防止の方法は水抜きに限定しないこととしている.

解説 (1) 適当. 耐寒性能基準は，寒冷地仕様の給水用具か否かの判断基準であり，凍結のおそれがある場所において設置される給水用具はすべてこの基準を満たしていなければならないわけではない.

(2) 不適当. 凍結のおそれがある場所に設置されている給水装置のうち弁類にあっては，耐寒性能試験により零下20度プラスマイナス2度の温度で1時間保持したのちに通水したとき，当該給水装置に係る耐圧性能，水撃限界性能，逆流防止性能及び負圧破壊性能を有するものでなければならない.「24時間」が誤り.

(3) 適当. 低温に暴露した後確認すべき性能基準項目から浸出性能を除いたのは，低温暴露により材質等が変化することは考えられず，浸出性能に変化が生じることはないと考えられることによる.

(4) 適当. 耐寒性能基準においては，凍結防止の方法は水抜きに限定しないこととしている.

▶答 (2)

問題8 【平成30年 問27】

給水装置の耐寒性能基準に関する次の記述のうち，<u>不適当なものはどれか</u>.

(1) 耐寒性能基準は，寒冷地仕様の給水用具か否かの判断基準であり，凍結のおそれがある場所において設置される給水用具はすべてこの基準を満たしていなければならない.

(2) 耐寒性能基準においては，凍結防止の方法は水抜きに限定しないこととしている.

(3) 耐寒性能試験の -20 ± 2°Cという試験温度は，寒冷地における冬季の最低気温を想定したものである.

(4) 低温に暴露した後確認すべき性能基準項目から浸出性能が除かれているのは，低温暴露により材質等が変化することは考えられず，浸出性能に変化が生じることはないと考えられることによる.

解説 (1) 不適当. 耐寒性能基準は，寒冷地仕様の給水用具か否かの判断基準であり，凍結のおそれがある場所において設置される給水用具はすべてこの基準を満たしていなければならないものではない. 凍結のおそれがあり，この基準を満たしていないものは，別途，断熱材で被覆する等の凍結防止措置を講じなければならない.

(2) 適当. 耐寒性能基準においては，凍結防止の方法は水抜きに限定しないこととしている.

(3) 適当．耐寒性能試験の −20 ± 2°C という試験温度は，寒冷地における冬季の最低気温を想定したものである．

(4) 適当．低温に暴露した後確認すべき性能基準項目から浸出性能が除かれているのは，低温暴露により材質等が変化することは考えられず，浸出性能に変化が生じることはないと考えられることによる．

▶答 (1)

問題 9 【平成30年 問29】

寒冷地における凍結防止対策として，水抜き用の給水用具の設置に関する次の記述のうち，不適当なものはどれか．

(1) 水抜き用の給水用具以降の配管として，水抜き栓からの配管を水平に設置した．

(2) 水抜き用の給水用具以降の配管が長くなったので，取り外し可能なユニオンを設置した．

(3) 水抜き用の給水用具を水道メーター下流側で屋内立ち上がり管の間に設置した．

(4) 水抜きバルブを屋内に露出させて設置した．

解説 (1) 不適当．水抜き用の給水用具以降の配管として，水抜き栓から先上がりの配管とする．

(2) 適当．水抜き用の給水用具以降の配管が長い場合は，取り外し可能なユニオンを設置する．

(3) 適当．水抜き用の給水用具は水道メーター下流側で屋内立ち上がり管の間に設置する．

(4) 適当．水抜きバルブは屋内に露出させて設置する．特に積雪の多い地域では，水抜き栓本体の維持管理上，あるいは立上り管の損傷防止のため原則としてこの方式による．

▶答 (1)

問題 10 【平成29年 問29】

凍結事故の処理に関する次の記述のうち，不適当なものはどれか．

(1) 異種の配管材料が混在しているユニット化装置，ステンレス鋼鋼管等においては，材料の比熱差による破断を避けるため，温水による解氷ではなく電気による解氷を行う．

(2) 蒸気を耐熱ホースで凍結管に注入する解氷方法は硬質ポリ塩化ビニル管，ポリエチレン二層管の合成樹脂管に対する凍結解氷に有効である．

(3) 電気解氷による場合，給水管がガス管，その他金属管と接触していないことを確認する必要がある．

(4) 凍結が発生した場合，凍結範囲が拡大することを防ぐため，速やかに処置する必要がある．

解説 (1) 不適当．異種の配管材料が混在しているユニット化装置，ステンレス鋼鋼管等においては，局部的に異常な加熱部が生じることもあるため，電気による解氷を避ける．温水又は蒸気を用いる．

(2) 適当．蒸気を耐熱ホースで凍結管に注入する解氷方法は硬質ポリ塩化ビニル管，ポリエチレン二層管の合成樹脂管に対する凍結解氷に有効である．

(3) 適当．電気解氷による場合，給水管がガス管，その他金属管と接触していないことを確認する必要がある．その他，給水管の直近に可燃性のものがないこと，給水装置が露出配管であり，目視及び触手により安全が確認できることなどである．

(4) 適当．凍結が発生した場合，凍結範囲が拡大することを防ぐため，速やかに処置する必要がある．

▶答 (1)

4.8 給水装置の耐久性能基準

問題1 【令和4年 問23】

給水装置の耐久性能基準に関する次の記述の正誤の組み合わせのうち，適当なものはどれか．

ア 耐久性能基準は，頻繁に作動を繰り返すうちに弁類が故障し，その結果，給水装置の耐圧性，逆流防止等に支障が生じることを防止するためのものである．

イ 耐久性能基準は，制御弁類のうち機械的・自動的に頻繁に作動し，かつ通常消費者が自らの意思で選択し，又は設置・交換しないような弁類に適用される．

ウ 耐久性能試験において，弁類の開閉回数は10万回とされている．

エ 耐久性能基準の適用対象は，弁類単体として製造・販売され，施工時に取り付けられるものに限られている．

	ア	イ	ウ	エ
(1)	正	正	正	誤
(2)	正	誤	正	正
(3)	誤	正	正	正
(4)	正	正	誤	正
(5)	正	正	正	正

解説 ア 正しい．耐久性能基準は，頻繁に作動を繰り返すうちに弁類が故障し，その結果，給水装置の耐圧性，逆流防止等に支障が生じることを防止するためのものである．

イ 正しい．耐久性能基準は，制御弁類のうち機械的・自動的に頻繁に作動し，かつ通常消費者が自らの意思で選択し，又は設置・交換しないような弁類に適用される．
ウ　正しい．耐久性能試験において，弁類の開閉回数は10万回（弁の開及び閉の動作をもって1回と数える）とされている．
エ　正しい．耐久性能基準の適用対象は，弁類単体として製造・販売され，施工時に取り付けられるものに限られている．
以上から（5）が正解．

▶答（5）

問題2　【平成30年 問24】

給水装置の耐久性能基準に関する次の記述のうち，不適当なものはどれか．

(1) 耐久性能基準は，頻繁な作動を繰り返すうちに弁類が故障し，その結果，給水装置の耐圧性，逆流防止等に支障が生じることを防止するためのものである．

(2) 耐久性能基準は，制御弁類のうち機械的・自動的に頻繁に作動し，かつ通常消費者が自らの意思で選択し，又は設置・交換できるような弁類に適用される．

(3) 耐久性能試験に用いる弁類の開閉回数は10万回（弁の開及び閉の動作をもって1回と数える．）である．

(4) 耐久性能基準の適用対象は，弁類単体として製造・販売され，施工時に取付けられるものに限られる．

解説　(1) 適当．耐久性能基準は，頻繁な作動を繰り返すうちに弁類が故障し，その結果，給水装置の耐圧性，逆流防止等に支障が生じることを防止するためのものである．
(2) 不適当．耐久性能基準は，制御弁類のうち機械的・自動的に頻繁に作動し，かつ通常消費者が自らの意思で選択し，又は設置・交換できるような弁類には適用されない．
(3) 適当．耐久性能試験に用いる弁類の開閉回数は10万回（弁の開及び閉の動作をもって1回と数える）である．
(4) 適当．耐久性能基準の適用対象は，弁類単体として製造・販売され，施工時に取付けられるものに限られる．消費者が自ら容易に交換できないものに限定される．

▶答（2）

4.9 性能基準の組合せ問題

問題1　【令和3年 問20】

給水管及び給水用具の耐圧，浸出以外に適用される性能基準に関する次の組み合わせのうち，適当なものはどれか．

(1) 給水管 ： 耐久, 耐寒, 逆流防止
(2) 継手 ： 耐久, 耐寒, 逆流防止
(3) 浄水器 ： 耐寒, 逆流防止, 負圧破壊
(4) 逆止弁 ： 耐久, 逆流防止, 負圧破壊

解説 (1) 不適当．給水管は，耐圧，浸出以外に適用される性能基準はない．
(2) 不適当．継手は，給水管と同様に耐圧，浸出以外に適用される性能基準はない．
(3) 不適当．浄水器は，耐圧，浸出以外に適用される性能基準は逆流防止だけである．
(4) 適当．逆止弁は，耐圧，浸出以外に適用される性能基準は，耐久，逆流防止，負圧破壊である（**表 4.1** 参照）．

表 4.1 給水管及び給水用具に適用される性能基準

性能基準 ＼ 給水管及び給水用具	耐圧	浸出	水撃限界	逆流防止	負圧破壊	耐寒	耐久
給水管	◎	◎	—	—	—	—	—
給水栓 ボールタップ	◎	○	○	○	○	○	—
バルブ	◎	○	○	—	—	○	○
継手	◎	○	—	—	—	—	—
浄水器	○	◎	—	○	—	—	—
湯沸器	○	○	○	○	○	○	—
逆止弁	◎	○	—	◎	○	—	◎
ユニット化装置（流し台，洗面台，浴槽，便器等）	◎	○	○	○	○	○	—
自動食器洗い機，冷水機（ウォータークーラー），洗浄便座等	◎	○	○	○	○	○	—

凡 例
◎ … 常に適用される性能基準
○ … 給水用具の種類，用途（飲用に用いる場合，浸出の性能基準が適用となる），設置場所により適用される性能基準
— … 適用外

なお，基準の確認は製造者が自らの責任で製品に係る試験成績書等により基準適合性を証明する自己認証，又は第三者認証機関による証明を利用する第三者認証により判断することとしている．

認証とは給水管及び給水用具が各製品の設計段階で構造材質基準に適合していることと，当該製品の製造段階でその品質の安定性が確保されていることを証明することである．

▶ 答 (4)

問題2 【平成29年 問21】

給水管及び給水用具に適用される性能基準に関する次の記述のうち，適当なものはどれか.

(1) 浄水器は，耐圧性能基準，浸出性能基準及び耐久性能基準を満たす必要がある.

(2) 耐久性能基準は，電磁弁には適用されるが，逆止弁及び空気弁は適用対象外である.

(3) 飲用，洗髪用の水栓，水洗便所のロータンク用ボールタップ等の末端給水用具は浸出性能基準の適用対象である.

(4) シャワーヘッド，水栓のカランは，耐圧性能基準の適用対象外である.

解説 (1) 不適当．浄水器は，耐圧性能基準及び浸出性能基準を満たす必要がある．耐久性能基準を満たす必要はない（表4.1参照).

(2) 不適当．耐久性能基準の適用対象は，制御弁類のうち機械的・自動的に頻繁に作動し，かつ通常消費者が自らの意思で選択し又は設置・交換しないような弁類に適用するもので，10万回の開閉回数を繰り返した後，性能を有するものでなければならない．電磁弁，逆止弁，空気弁，減圧弁，安全弁（逃がし弁）は適用対象である.

(3) 不適当．浸出性能基準は，通常の使用状態において飲用に供する水が接触する可能性のある給水管及び給水用具である．したがって，洗髪用の水栓，水洗便所のロータンク用ボールタップ等の末端給水用具は浸出性能基準の適用対象外である.

(4) 適当．耐圧性能基準は，原則としてすべての給水管及び給水用具が適用対象である．なお，シャワーヘッド，水栓カランや大気圧式バキュームブレーカのように最終の止水機構の流出側に設置される給水用具については，最終の止水機構を閉止することにより漏水等を防止できること，高水圧が加わらないことから適用対象外である. ▶答 (4)

4.10 水道水の汚染防止

問題1 【令和4年 問24】

水道水の汚染防止に関する次の記述のうち，不適当なものはどれか.

(1) 末端部が行き止まりとなる給水装置は，停滞水が生じ，水質が悪化するおそれがあるため極力避ける．やむを得ず行き止まり管となる場合は，末端部に排水機構を設置する.

(2) 合成樹脂管をガソリンスタンド，自動車整備工場等に埋設配管する場合は，油分などの浸透を防止するため，さや管などにより適切な防護措置を施す.

(3) 一時的，季節的に使用されない給水装置には，給水管内に長期間水の停滞を生じることがあるため，適量の水を適時飲用以外で使用することにより，その水の衛生性を確保する．
(4) 給水管路に近接してシアン，六価クロム等の有毒薬品置場，有害物の取扱場，汚水槽等の汚染源がある場合は，給水管をさや管などにより適切に保護する．
(5) 洗浄弁，洗浄装置付便座，ロータンク用ボールタップは，浸出性能基準の適用対象外の給水用具である．

解説 (1) 適当．末端部が行き止まりとなる給水装置は，停滞水が生じ，水質が悪化するおそれがあるため極力避ける．やむを得ず行き止まり管となる場合は，末端部に排水機構を設置する．
(2) 適当．合成樹脂管をガソリンスタンド，自動車整備工場等に埋設配管する場合は，油分などの浸透を防止するため，さや管などにより適切な防護措置を施す．
(3) 適当．一時的，季節的に使用されない給水装置には，給水管内に長期間水の停滞を生じることがあるため，適量の水を適時飲用以外で使用することにより，その水の衛生性を確保する．
(4) 不適当．給水管路に近接してシアン，六価クロム等の有毒薬品置場，有害物の取扱場，汚水槽等の汚染源がある場合は，いかなる場合でも給水装置を設置してはならない．
(5) 適当．洗浄弁，洗浄装置付便座，ロータンク用ボールタップは，浸出性能基準の適用対象外となる給水用具である．その他，ふろ用，洗髪用及び食器洗浄用等の水栓，風呂給湯専用の給湯器，ふろがま，食器洗い機なども適用対象外である． ▶答 (4)

問題2 【令和3年 問25】

水の汚染防止に関する次の記述のうち，不適当なものはどれか．
(1) 配管接合用シール材又は接着剤等は水道用途に適したものを使用し，接合作業において接着剤，切削油，シール材等の使用量が不適当な場合，これらの物質が水道水に混入し，油臭，薬品臭等が発生する場合があるので必要最小限の材料を使用する．
(2) 末端部が行き止まりの給水装置は，停滞水が生じ，水質が悪化するおそれがあるため極力避ける．やむを得ず行き止まり管となる場合は，末端部に排水機構を設置する．
(3) 洗浄弁，洗浄装置付便座，水洗便器のロータンク用ボールタップは，浸出性能基準の適用対象となる給水用具である．
(4) 一時的，季節的に使用されない給水装置には，給水管内に長期間水の停滞を生じることがあるため，まず適量の水を飲用以外で使用することにより，その水の衛生性を確保する.

(5) 分岐工事や漏水修理等で鉛製給水管を発見した時は，速やかに水道事業者に報告する.

解説 (1) 適当．配管接合用シール材又は接着剤等は水道用途に適したものを使用し，接合作業において接着剤，切削油，シール材等の使用量が不適当な場合，これらの物質が水道水に混入し，油臭，薬品臭等が発生する場合があるので必要最小限の材料を使用する.

(2) 適当．末端部が行き止まりの給水装置は，停滞水が生じ，水質が悪化するおそれがあるため極力避ける．やむを得ず行き止まり管となる場合は，末端部に排水機構を設置する.

(3) 不適当．洗浄弁，洗浄装置付便座，水洗便器のロータンク用ボールタップは，飲用以外であるから浸出性能基準の適用対象外となる給水用具である．その他，ふろ用，洗髪用及び食器洗浄用等の水栓，風呂給湯専用の給湯器及びふろがま，食器洗い機なども適用対象外である.

(4) 適当．一時的，季節的に使用されない給水装置には，給水管内に長期間水の停滞を生じることがあるため，まず適量の水を飲用以外で使用することにより，その水の衛生性を確保する.

(5) 適当．分岐工事や漏水修理等で鉛製給水管を発見した時は，速やかに水道事業者に報告する.

▶答 (3)

第4章 給水装置の構造及び性能

問題3 【令和2年 問28】

飲用に供する水の汚染防止に関する次の記述の正誤の組み合わせのうち，適当なものはどれか.

ア 末端部が行き止まりとなる配管が生じたため，その末端部に排水機構を設置した.

イ シアンを扱う施設に近接した場所であったため，ライニング鋼管を用いて配管した.

ウ 有機溶剤が浸透するおそれのある場所であったため，硬質ポリ塩化ビニル管を使用した.

エ 配管接合用シール材又は接着剤は，これらの物質が水道水に混入し，油臭，薬品臭等が発生する場合があるので，必要最小限の量を使用した.

	ア	イ	ウ	エ
(1)	誤	誤	正	誤
(2)	誤	正	正	誤

(3) 正　誤　正　正
(4) 正　誤　誤　正
(5) 正　正　誤　正

解説 ア　正しい．末端部が行き止まりとなる配管が生じたため，その末端部に排水機構を設置することは適当である．

イ　誤り．シアンを扱う施設に近接した場所では，いかなる場合でも給水装置を設置してはならない．

ウ　誤り．有機溶剤が浸透するおそれのある場所では，硬質ポリ塩化ビニル管は有機溶剤によって侵されるおそれがあるので使用しない．

エ　正しい．配管接合用シール材又は接着剤は，これらの物質が水道水に混入し，油臭，薬品臭等が発生する場合があるので，必要最小限の量を使用する．

以上から（4）が正解．

▶答（4）

問題4　【令和元年 問26】

水道水の汚染防止に関する次の記述のうち，不適当なものはどれか．

(1) 鉛製給水管が残存している給水装置において変更工事を行ったとき，需要者の承諾を得て，併せて鉛製給水管の布設替えを行った．

(2) 末端部が行き止まりの給水装置は，停滞水が生じ，水質が悪化するおそれがあるので避けた．

(3) 配管接合用シール材又は接着剤は，これらの物質が水道水に混入し，油臭，薬品臭等が発生する場合があるので，使用量を必要最小限とした．

(4) 給水管路を敷設するルート上に有毒薬品置場，有害物の取扱場等の汚染源があるので，さや管などで適切な防護措置を施した．

解説 (1) 適当．鉛製給水管が残存している給水装置において変更工事を行うときは，需要者の承諾を得て，併せて鉛製給水管の布設替えを行う．

(2) 適当．末端部が行き止まりの給水装置は，停滞水が生じ，水質が悪化するおそれがあるので避ける．

(3) 適当．配管接合用シール材又は接着剤は，これらの物質が水道水に混入し，油臭，薬品臭等が発生する場合があるので，使用量を必要最小限とする．

(4) 不適当．給水管路を敷設するルート上に有毒薬品置場，有害物の取扱場等の汚染源があるときは，そのような場所を避ける．

▶答（4）

問題5　【平成30年 問22】

水の汚染防止に関する次の記述のうち，不適当なものはどれか．

(1) 洗浄弁，温水洗浄便座，ロータンク用ボールタップは，浸出性能基準の適用対象外の給水用具である．

(2) 合成樹脂管をガソリンスタンド，自動車整備工場等にやむを得ず埋設配管する場合，さや管等により適切な防護措置を施す．

(3) シアンを扱う施設に近接した場所に給水装置を設置する場合は，ステンレス鋼鋼管を使用する．

(4) 給水装置は，末端部が行き止まりとなっていること等により水が停滞する構造であってはならない．ただし，当該末端部に排水機構が設置されているものにあっては，この限りでない．

解説 (1) 適当．洗浄弁，温水洗浄便座，ロータンク用ボールタップは，浸出性能基準の適用対象外の給水用具である．

(2) 適当．合成樹脂管をガソリンスタンド，自動車整備工場等にやむを得ず埋設配管する場合，さや管等により適切な防護措置を施す．

(3) 不適当．シアンを扱う施設に近接した場所に，いかなる場合でも給水装置を設置してはならない．

(4) 適当．給水装置は，末端部が行き止まりとなっていること等により水が停滞する構造であってはならない．ただし，当該末端部に排水機構が設置されているものにあっては，この限りでない．

▶答 (3)

問題6　【平成29年 問25】

水道水の汚染防止に関する次の記述のうち，不適当なものはどれか．

(1) 末端部が行き止まりとなる給水管は，停滞水が生じ，水質が悪化するおそれがあるため極力避ける．

(2) 給水管路に近接してシアン，六価クロム等の有毒薬品置場，有害物の取扱場，汚水槽等の汚染源がある場合は，給水管をさや管などにより適切に保護する．

(3) 合成樹脂管をガソリンスタンド，自動車整備工場等に埋設配管する場合は，油分などの浸透を防止するため，さや管などにより適切な防護措置を施す．

(4) 配管接合用シール材又は接着剤は，これらの物質が水道水に混入し，油臭，薬品臭等が発生する場合があるので，必要最小限の使用量とする．

解説 (1) 適当．末端部が行き止まりとなる給水管は，停滞水が生じ，水質が悪化するおそれがあるため極力避ける．

(2) 不適当．給水管路に近接してシアン，六価クロム等の有毒薬品置場，有害物の取扱場，汚水槽等の汚染源がある場合は，給水管を設置してはならない．給水装置の構造及び材質の基準に関する省令第2条（浸出等に関する基準）第3項参照．

(3) 適当．合成樹脂管をガソリンスタンド，自動車整備工場等に埋設配管する場合は，油分などの浸透を防止するため，さや管などにより適切な防護措置を施す．

(4) 適当．配管接合用シール材又は接着剤は，これらの物質が水道水に混入し，油臭，薬品臭等が発生する場合があるので，必要最小限の使用量とする． ▶答（2）

第 5 章

給水装置計画論

5.1 使用水量の計画

問題1 【令和4年 問32】

給水装置工事の基本調査に関する次の記述の正誤の組み合わせのうち，適当なものはどれか．

ア　基本調査は，計画・施工の基礎となるものであり，調査の結果は計画の策定，施工，さらには給水装置の機能にも影響する重要な作業である．

イ　水道事業者への調査項目は，既設給水装置の有無，屋外配管，供給条件，配水管の布設状況などがある．

ウ　現地調査確認作業は，道路管理者への埋設物及び道路状況の調査や，所轄警察署への現場施工環境の確認が含まれる．

エ　工事申込者への調査項目は，工事場所，使用水量，既設給水装置の有無，工事に関する同意承諾の取得確認などがある．

	ア	イ	ウ	エ
(1)	正	誤	誤	正
(2)	誤	正	誤	正
(3)	正	誤	正	正
(4)	正	正	誤	正
(5)	誤	正	正	誤

解説　ア　正しい．基本調査は，計画・施工の基礎となるものであり，調査の結果は計画の策定，施工，さらには給水装置の機能にも影響する重要な作業である（**表5.1**参照）．

表5.1　調査項目と内容

調査項目	調査内容	調査（確認）場所			
		工事申込者	水道事業者	現地	その他
①工事場所	町名，丁目，番地等住居表示番号	○	—	○	
②使用水量	使用目的（事業・住居），使用人員，延床面積，取付栓数，住居戸数，計画居住人口	○	—	○	
③既設給水装置の有無	所有者，布設年月，形態（単独栓・連合栓），口径，管種，布設位置，使用水量，水道番号	○	○	○	所有者

表 5.1　調査項目と内容（つづき）

調査項目	調査内容	調査（確認）場所			
		工　事 申込者	水　道 事業者	現地	その他
④屋外配管	水道メーター，止水栓（仕切弁）の位置，布設位置	○	○	○	
⑤供給条件	給水条件，給水区域，3 階以上の直結給水対象地区，配水管への取付口から水道メーターまでの工法，工期，その他工事上の条件等	—	○	—	
⑥屋内配管	給水栓の位置（種類と個数），給水用具	○	—	○	
⑦配水管の布設状況	口径，管種，布設位置，仕切弁，配水管の水圧，消火栓の位置	—	○	○	
⑧道路の状況	種別（公道・私道等），幅員，舗装種別，舗装年次	—	—	○	道路管理者
⑨各種埋設物の有無	種類（水道・下水道・ガス・電気・電話等），口径，布設位置	—	—	○	埋設物管理者
⑩現場の施工環境	施工時間（昼・夜），関連工事	—	○	○	埋設物管理者 所轄警察署
⑪既設給水装置から分岐する場合	所有者，給水戸数，布設年月，口径，布設位置，既設建物との関連	○	○	○	所有者
⑫受水槽式の場合	受水槽の構造，有効容量，設置位置，点検口の位置，配管ルート	○注)	—	○	
⑬工事に関する同意承諾の取得確認	分岐の同意，私有地内に給水装置埋設の同意，その他権利の所有者の承諾	○	—	—	権利の所有者
⑭建築確認	建築確認通知（番号）	○	—	—	

（注）水道事業者の指示による

イ　正しい．水道事業者への調査項目は，既設給水装置の有無，屋外配管，供給条件，配水管の布設状況などがある．

ウ　誤り．現地調査確認作業は，道路管理者への道路の状況（種別（公道・私道等），幅員，舗装種別，舗装年次等），埋設物管理者への調査や協議（水道・下水道・ガス・電気・電話等），所轄警察署への現場施工環境の確認，権利の所有者等への工事同意承諾の取得確認等である．又，所有者については，既設給水装置の有無や分岐する場合の調査や確認等が必要である．

エ　正しい．工事申込者への調査項目は，工事場所，使用水量，既設給水装置の有無，工事に関する同意承諾の取得確認などがある．

以上から（4）が正解．

▶答（4）

問題2 【令和4年 問33】

計画使用水量に関する次の記述の正誤の組み合わせのうち，適当なものはどれか．

ア　計画使用水量は，給水管口径等の給水装置系統の主要諸元を計画する際の基礎となるものであり，建物の用途及び水の使用用途，使用人数，給水栓の数等を考慮した上で決定する．

イ　直結増圧式給水を行うに当たっては，1日当たりの計画使用水量を適正に設定することが，適切な配管口径の決定及び直結加圧形ポンプユニットの適正容量の決定に不可欠である．

ウ　受水槽式給水における受水槽への給水量は，受水槽の容量と使用水量の時間的変化を考慮して定める．

エ　同時使用水量とは，給水装置に設置されている末端給水用具のうち，いくつかの末端給水用具を同時に使用することによってその給水装置を流れる水量をいう．

	ア	イ	ウ	エ
(1)	正	誤	正	誤
(2)	誤	正	誤	正
(3)	正	誤	誤	正
(4)	正	誤	正	正
(5)	誤	正	誤	誤

解説　ア　正しい．計画使用水量は，給水管口径等の給水装置系統の主要諸元を計画する際の基礎となるものであり，建物の用途及び水の使用用途，使用人数，給水栓の数等を考慮した上で決定する．

イ　誤り．直結増圧式給水を行うに当たっては，1分当たりの計画使用水量を適正に設定することが，適切な配管口径の決定及び直結加圧形ポンプユニットの適正容量の決定に不可欠である．なお，受水槽式給水では，1日当たりの使用水量から求められる．

ウ　正しい．受水槽式給水における受水槽への給水量は，受水槽の容量と時間変化で定める．なお，受水槽容量は，計画1日使用水量の4/10～6/10程度が標準である．

エ　正しい．同時使用水量とは，給水装置に設置されている末端給水用具のうち，いくつかの末端給水用具を同時に使用することによってその給水装置を流れる水量をいう．

以上から（4）が正解．

▶答（4）

問題3 【令和4年 問34】

図−1に示す事務所ビル全体（6事務所）の同時使用水量を給水用具給水負荷単位により算定した場合，次のうち，適当なものはどれか．

ここで，6つの事務所には，それぞれ大便器（洗浄弁），小便器（洗浄弁），洗面器，事務室用流し，掃除用流しが1栓ずつ設置されているものとし，各給水用具の給水負荷単位及び同時使用水量との関係は，表−1及び図−2を用いるものとする．

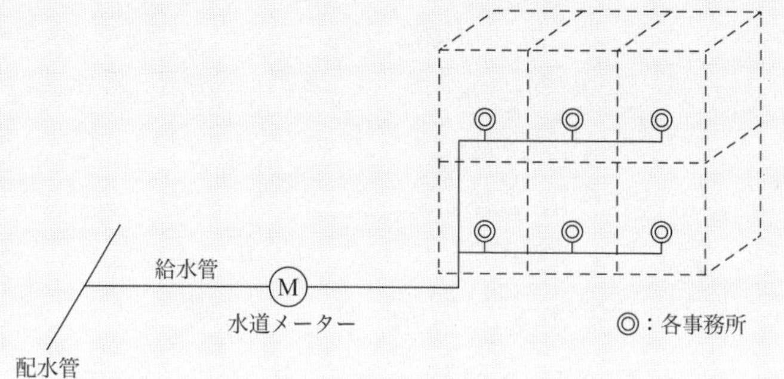

図−1

(1) 約60 L/min　(2) 約150 L/min　(3) 約200 L/min
(4) 約250 L/min　(5) 約300 L/min

表−1　給水用具給水負荷単位

器具名	水栓	器具給水負荷単位
大便器	洗浄弁	10
小便器	洗浄弁	5
洗面器	給水栓	2
事務室用流し	給水栓	3
掃除用流し	給水栓	4

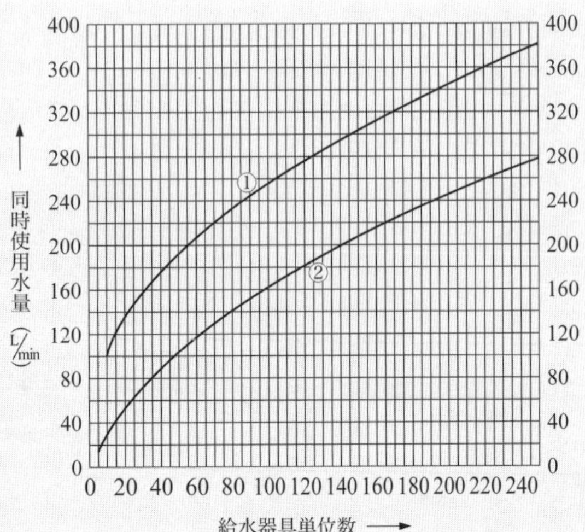

（注）この図の曲線①は大便器洗浄弁の多い場合，曲線②は大便器洗浄タンク（ロータンク便器等）の多い場合に用いる。

図－2　給水用具給水負荷単位による同時使用水量

解説　1つの事務所の給水用具給水負荷単位は，表－1に与えられた数値を合計して与えられる．

合計＝10＋5＋2＋3＋4＝24　①

図－1の事務所ビル全体では6つの事務所があるから，式①を6倍した値が，ビル全体の器具給水負荷単位である．

事務所ビル全体の給水用具給水負荷単位＝24×6＝144　②

問題の図－2において洗浄タンクではなく洗浄弁を使用するから，グラフの①を使用する．横軸で式②の値144に対応する縦軸は，ほぼ300 L/mimが該当する．

以上から（5）が正解．　▶答（5）

問題4　【令和2年 問30】

給水装置工事の基本計画に関する次の記述の正誤の組み合わせのうち，適当なものはどれか．

ア　給水装置の基本計画は，基本調査，給水方式の決定，計画使用水量及び給水管口径等の決定からなっており，極めて重要である．

イ　給水装置工事の依頼を受けた場合は，現場の状況を把握するために必要な調査を行う．

ウ　基本調査のうち，下水道管，ガス管，電気ケーブル，電話ケーブルの口径，布設位置については，水道事業者への確認が必要である．

エ　基本調査は，計画・施工の基礎となるものであり，調査の結果は計画の策定，施工，さらには給水装置の機能にも影響する重要な作業である．

	ア	イ	ウ	エ
(1)	誤	正	正	誤
(2)	正	誤	誤	正
(3)	正	正	誤	正
(4)	正	正	誤	誤
(5)	誤	誤	正	正

解説　ア　正しい．給水装置の基本計画は，基本調査，給水方式の決定，計画使用水量及び給水管口径等の決定からなっており，極めて重要である．

イ　正しい．給水装置工事の依頼を受けた場合は，現場の状況を把握するために必要な調査を行う．

ウ　誤り．基本調査のうち，下水道管，ガス管，電気ケーブル，電話ケーブルの口径，布設位置については，埋設物管理者への確認が必要である．「水道事業者」が誤り．

エ　正しい．基本調査は，計画・施工の基礎となるものであり，調査の結果は計画の策定，施工，さらには給水装置の機能にも影響する重要な作業である．

以上から（3）が正解．

▶答（3）

問題5　【令和元年 問33】

直結式給水による12戸の集合住宅での同時使用水量として，次のうち，適当なものはどれか．

ただし，同時使用水量は，標準化した同時使用水量により計算する方法によるものとし，1戸当たりの末端給水用具の個数と使用水量，同時使用率を考慮した末端給水用具数，並びに集合住宅の給水戸数と同時使用戸数率は，それぞれ表−1から表−3のとおりとする．

(1) 240 L/分　(2) 270 L/分　(3) 300 L/分　(4) 330 L/分

表−1　1戸当たりの給水用具の個数と使用水量

給水用具	個数	使用水量（L/分）
台所流し	1	12
洗濯流し	1	12
洗面器	1	8

表－1　1戸当たりの給水用具の個数と使用水量（つづき）

給水用具	個数	使用水量（L/分）
浴槽（和式）	1	20
大便器（洗浄タンク）	1	12

表－2　末端給水用具数と同時使用水量比

総末端給水用具数	1	2	3	4	5	6	7	8	9	10	15	20	30
同時使用水量比	1.0	1.4	1.7	2.0	2.2	2.4	2.6	2.8	2.9	3.0	3.5	4.0	5.0

表－3　給水戸数と同時使用戸数率

給水戸数	1～3	4～10	11～20	21～30	31～40	41～60	61～80	81～100
同時使用戸数率（%）	100	90	80	70	65	60	55	50

解説　次の式から算出する．

同時使用水量＝末端給水用具の全使用水量 ÷ 末端給水用具総数
×同時使用水量比×戸数×同時使用戸数率

① 末端給水用具の全使用水量（単位：L/分）：表－1

12＋12＋8＋20＋12＝64 L/分

② 末端給水用具総数：表－1

1＋1＋1＋1＋1＝5個

③ 同時使用水量比：表－2

総末端給水用具数は5個であるから表－2から同時使用水量比は2.2となる．

④ 戸数

問題から戸数は12戸である．

⑤ 同時使用戸数率〔%〕：表－3

表－3から80%である．

以上の数値を式に代入する．

同時使用水量＝64÷5×2.2×12×0.8≒270 L/分

以上から（2）が正解．

▶答（2）

題6　【平成29年 問33】

直結式給水による10戸の集合住宅での同時使用水量として，次のうち，<u>適当なものはどれか</u>．

ただし，同時使用水量は，標準化した同時使用水量により計算する方法によるものとし，1戸当たりの末端給水用具の個数と使用水量，同時使用率を考慮した末端給水用具数，並びに集合住宅の給水戸数と同時使用戸数率は，それぞれ表－1から表－3のとおりとする．

(1) 200 L/分　(2) 250 L/分　(3) 300 L/分　(4) 350 L/分

表－1　1戸当たりの給水用具の個数と使用水量

給水用具	個数	使用水量（L/分）
台所流し	1	12
洗濯流し	1	12
浴槽（和式）	1	20
大便器（洗浄タンク）	1	12

表－2　末端給水用具数と同時使用水量比

総末端給水用具数	1	2	3	4	5	6	7	8	9	10	15	20	30
同時使用水量比	1.0	1.4	1.7	2.0	2.2	2.4	2.6	2.8	2.9	3.0	3.5	4.0	5.0

表－3　給水戸数と同時使用戸数率

戸数	1～3	4～10	11～20	21～30	31～40	41～60	61～80	81～100
同時使用戸数率（%）	100	90	80	70	65	60	55	50

解説　次の式から算出する．

同時使用水量＝末端給水用具の全使用水量÷末端給水用具総数×同時使用水量比×戸数×同時使用戸数率

① 末端給水用具の全使用水量（単位：L/分）：表－1

$1\times12+1\times12+1\times20+1\times12=56$ L/分

② 末端給水用具総数：表－1

$1+1+1+1=4$ 個

③ 同時使用水量比：表－2

総末端給水用具数は4個であるから表－2から同時使用水量比は2.0となる．

④ 戸数

問題から戸数は10戸である．

⑤ 同時使用戸数率〔%〕：表－3

表－3から90%（0.9）である．

以上の数値を式に代入する．

同時使用水量＝$56\div4\times2.0\times10\times0.9=252$ L/分

以上から（2）が正解．　▶答（2）

5.2 受水槽の有効容量

題1　【令和3年 問34】

受水槽式による総戸数100戸（2LDKが40戸，3LDKが60戸）の集合住宅1棟の標準的な受水槽容量の範囲として，次のうち，最も適当なものはどれか．

ただし，2LDK1戸当たりの居住人員は3人，3LDK1戸当たりの居住人員は4人とし，1人1日当たりの使用水量は250Lとする．

(1) $24\,m^3 \sim 42\,m^3$

(2) $27\,m^3 \sim 45\,m^3$

(3) $32\,m^3 \sim 48\,m^3$

(4) $36\,m^3 \sim 54\,m^3$

(5) $45\,m^3 \sim 63\,m^3$

5.2 受水槽の有効容量

解説 (1) 2LDKの40戸の使用水量

3人/戸 × 40戸 × 250 L/(人・日) = 30,000 L/日 = $30\,m^3$/日　①

(2) 3LDKの60戸の用量水量

4人/戸 × 60戸 × 250 L/(人・日) = 60,000 L/日 = $60\,m^3$/日　②

(3) 集合住宅の一日の使用水量（式①＋式②）

式①＋式② = $30\,m^3$/日 + $60\,m^3$/日 = $90\,m^3$/日　③

(4) 標準的な受水槽容量の範囲（一日の使用水量の4/10～6/10）

受水槽容量の範囲 = 90 × 4/10 ～ 90 × 6/10 = 36 ～ $54\,m^3$/日

以上から（4）が正解．

▶答（4）

問題2　【令和元年 問34】

受水槽式給水による従業員数140人（男子80人，女子60人）の事務所における標準的な受水槽容量の範囲として，次のうち，適当なものはどれか．

ただし，1人1日当たりの使用水量は，男子50L，女子100Lとする．

(1) $4\,m^3 \sim 6\,m^3$

(2) $6\,m^3 \sim 8\,m^3$

(3) $8\,m^3 \sim 10\,m^3$

(4) $10\,m^3 \sim 12\,m^3$

解説 計画一日使用水量は，次のように算出される．

50 L/(人・日) × 80人 + 100 L/(人・日) × 60人

$= 4{,}000\,\mathrm{L}/日 + 6{,}000\,\mathrm{L}/日 = 10{,}000\,\mathrm{L}/日 = 10\,\mathrm{m}^3/日$

受水槽容量は，計画一日使用水量の 4/10 ～ 6/10 であるから，

$10\,\mathrm{m}^3 \times 4/10 = 4\,\mathrm{m}^3$

$10\,\mathrm{m}^3 \times 6/10 = 6\,\mathrm{m}^3$

となり，(1) が正解.　▶答 (1)

問題 3 【平成 29 年 問 34】

受水槽式による総戸数 90 戸（2LDK40 戸，3LDK50 戸）の集合住宅 1 棟の標準的な受水槽容量の範囲として，次のうち，適当なものはどれか.

ただし，2LDK1 戸当たりの居住人員は 3 人，3LDK1 戸当たりの居住人員は 4 人とし，1 人 1 日当たりの使用水量は 250 L とする.

(1) $16\,\mathrm{m}^3 \sim 32\,\mathrm{m}^3$
(2) $32\,\mathrm{m}^3 \sim 48\,\mathrm{m}^3$
(3) $48\,\mathrm{m}^3 \sim 64\,\mathrm{m}^3$
(4) $64\,\mathrm{m}^3 \sim 80\,\mathrm{m}^3$

解説 計画一日の使用水量〔m^3〕を求め，その値の 4/10 ～ 6/10 を算出する.

① 2LDK40 戸の計画一日使用水量

$$3\,人/戸 \times \frac{250\,\mathrm{L}/(日\cdot人)}{1{,}000\,\mathrm{L}/\mathrm{m}^3} \times 40\,戸 = 30\,\mathrm{m}^3/日$$

② 3LDK50 戸の計画一日使用水量

$$4\,人/戸 \times \frac{250\,\mathrm{L}/(日\cdot人)}{1{,}000\,\mathrm{L}/\mathrm{m}^3} \times 50\,戸 = 50\,\mathrm{m}^3/日$$

合計の計画一日使用水量は，① + ② である.

$30\,\mathrm{m}^3/日 + 50\,\mathrm{m}^3/日 = 80\,\mathrm{m}^3/日$

この値の 4/10 ～ 6/10 を受水槽容量とするから次のような値となる.

$80\,\mathrm{m}^3/日 \times 4/10 \sim 80\,\mathrm{m}^3/日 \times 6/10 = 32\,\mathrm{m}^3/日 \sim 48\,\mathrm{m}^3/日$

以上から (2) が正解.　▶答 (2)

5.3 給水方式

問題 1 【令和 4 年 問 30】

給水方式に関する次の記述の正誤の組み合わせのうち，適当なものはどれか.

ア　受水槽式は，配水管の水圧が変動しても受水槽以下の設備は給水圧，給水量を

一定の変動幅に保持できる．

イ　圧力水槽式は，小規模の中層建物に多く使用されている方式で，受水槽を設置せずに，ポンプで圧力水槽に貯え，その内部圧力によって給水する方式である．

ウ　高置水槽式は，一つの高置水槽から適切な水圧で給水できる高さの範囲は10階程度なので，それを超える高層建物では高置水槽や減圧弁をその高さに応じて多段に設置する必要がある．

エ　直結増圧式は，給水管の途中に直結加圧形ポンプユニットを設置し，圧力を増して直結給水する方法である．

	ア	イ	ウ	エ
(1)	正	正	誤	誤
(2)	正	誤	正	正
(3)	誤	誤	正	誤
(4)	誤	正	誤	正
(5)	正	正	正	誤

解説　ア　正しい．受水槽式は，配水管の水圧が変動しても受水槽以下の設備は，給水圧，給水量を一定の変動幅に保持できる．**図 5.1** 及び**図 5.2** 参照．

イ　誤り．圧力水槽式は，小規模の中層建物に多く使用されている方式で，受水槽を設置し，ポンプで圧力水槽に貯え，その内部圧力によって給水する方式である（**図 5.3** 参照）．

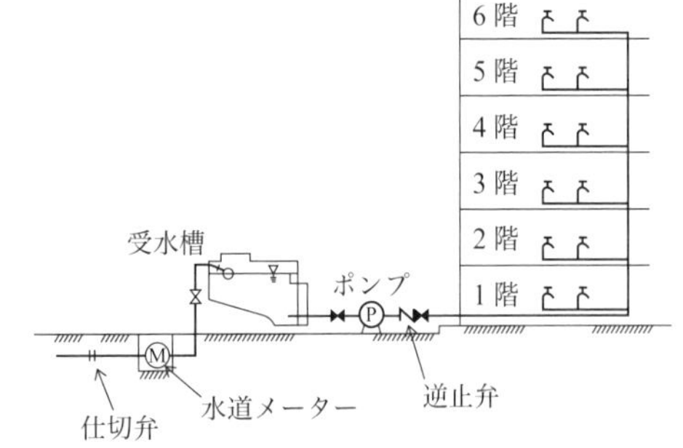

図 5.1　ポンプ直送式（受水槽式給水）[3)]

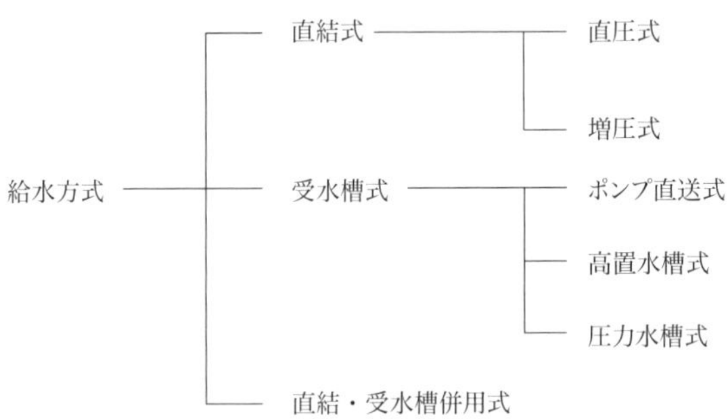

図 5.2　給水装置の概念図[2)]

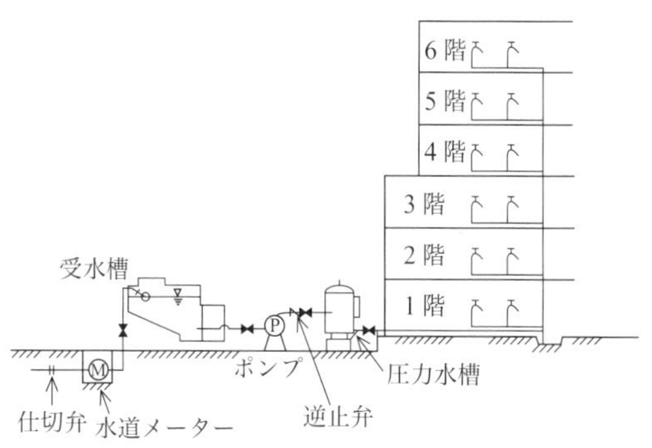

図 5.3　圧力水槽式[3]

ウ　正しい．高置水槽式は，一つの高置水槽から適切な水圧で給水できる高さの範囲は 10 階程度なので，それを超える高層建物では高置水槽や減圧弁をその高さに応じて多段に設置する必要がある（**図 5.4** 及び**図 5.5** 参照）．

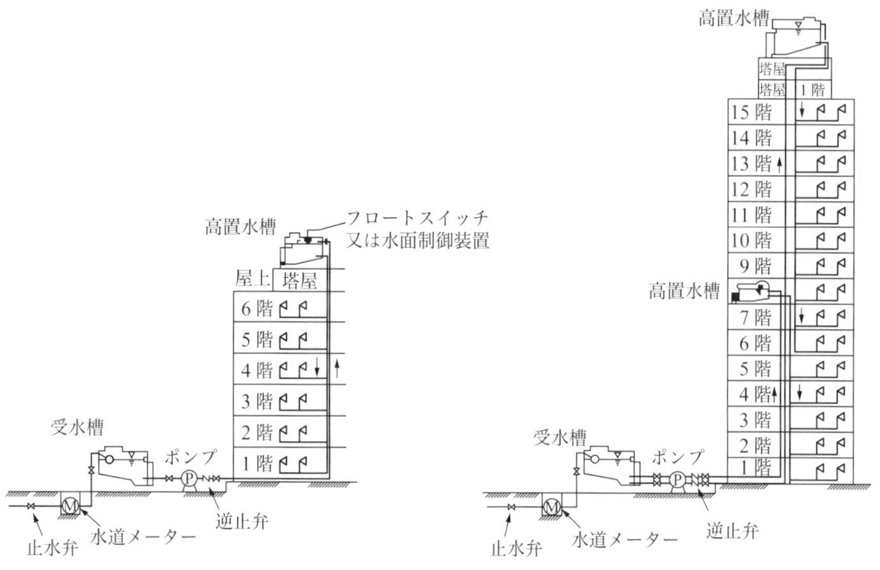

図 5.4　高置水槽式[1]

図 5.5　多段式高置水槽式[1]

エ　正しい．直結増圧式は，給水管の途中に直結加圧形ポンプユニットを設置し，圧力を増して直結給水する方法である（**図 5.6** 参照）．

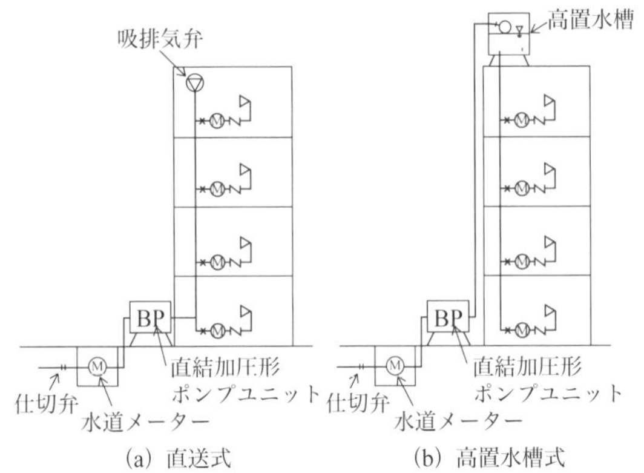

図 5.6　直結増圧式 [3)]

以上から（2）が正解.　▶答（2）

問題 2　【令和 4 年 問 31】

受水槽式の給水方式に関する次の記述の正誤の組み合わせのうち，適当なものはどれか.

ア　配水管の水圧低下を引き起こすおそれのある施設等への給水は受水槽式とする.

イ　有毒薬品を使用する工場等事業活動に伴い，水を汚染するおそれのある場所，施設等への給水は受水槽式とする.

ウ　病院や行政機関の庁舎等において，災害時や配水施設の事故等による水道の断減水時にも給水の確保が必要な場合の給水は受水槽式とする.

エ　受水槽は，定期的な点検や清掃が必要である.

	ア	イ	ウ	エ
(1)	正	正	誤	正
(2)	誤	正	正	正
(3)	正	正	正	誤
(4)	正	誤	正	正
(5)	正	正	正	正

解説　ア　正しい．配水管の水圧低下を引き起こすおそれのある施設等への給水は受水槽式とする．受水槽については，図 5.1 ～図 5.5 及び**図 5.7** 参照.

イ　正しい．有毒薬品を使用する工場等事業活動に伴い，水を汚染するおそれのある場所，施設等への給水は，常時一定水量，水圧を維持でき逆流のおそれのない受水槽式とする.

ウ　正しい．病院や行政機関の庁舎等において，災害時や配水施設の事故等による水道の断減水時にも給水の確保が必要な場合の給水は受水槽式とする．

エ　正しい．受水槽は，定期的な点検や清掃が必要である．

以上から（5）が正解．

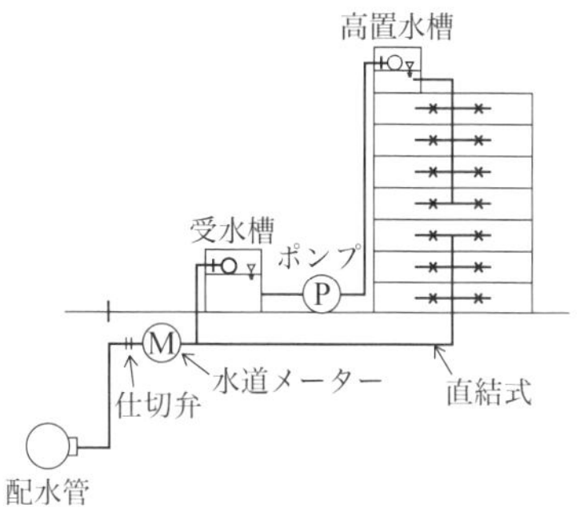

図 5.7　直結・受水槽併用式[3)]

▶答（5）

問題 3　【令和3年 問30】

給水方式に関する次の記述の正誤の組み合わせのうち，適当なものはどれか．

ア　直結式給水は，配水管の水圧で直結給水する方式（直結直圧式）と，給水管の途中に圧力水槽を設置して給水する方式（直結増圧式）がある．

イ　直結式給水は，配水管から給水装置の末端まで水質管理がなされた安全な水を需要者に直接供給することができる．

ウ　受水槽式給水は，配水管から分岐し受水槽に受け，この受水槽から給水する方式であり，受水槽流出口までが給水装置である．

エ　直結・受水槽併用式給水は，一つの建築物内で直結式，受水槽式の両方の給水方式を併用するものである．

	ア	イ	ウ	エ
(1)	正	正	誤	誤
(2)	正	誤	誤	正
(3)	正	誤	正	誤
(4)	誤	誤	正	正
(5)	誤	正	誤	正

解説　ア　誤り．直結式給水は，配水管の水圧で直結給水する方式（直結直圧式：図 **5.8**）と，給水管の途中に圧力水槽を設置せず直結加圧形ポンプユニットを設置して給水する方式（直結増圧式：図 5.6）がある．

イ　正しい．直結式給水は，配水管から給水装置の末端まで水質管理がなされた安全な水を需要者に直接供給することができる．

ウ　誤り．受水槽式給水（図 5.1 参照）は，配水管から分岐し受水槽に受け，この受水槽から給水する方式であり，受水槽入口までが給水装置である．「流出口」が誤り．

エ　正しい．直結・受水槽併用式給水は，一つの建築物内で直結式，受水槽式の両方の給水方式を併用するものである（図5.7参照）．

以上から（5）が正解．

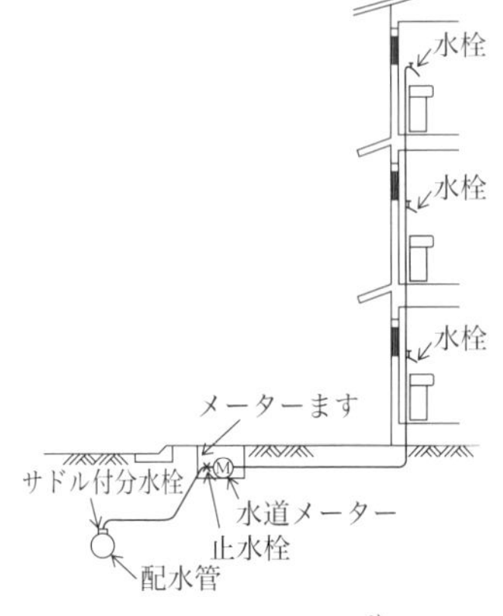

図5.8　直結直圧式[3)]

▶答（5）

問題4　【令和3年 問31】

給水方式の決定に関する次の記述のうち，不適当なものはどれか．

（1）水道事業者ごとに，水圧状況，配水管整備状況等により給水方式の取扱いが異なるため，その決定に当たっては，計画に先立ち，水道事業者に確認する必要がある．

（2）一時に多量の水を使用するとき等に，配水管の水圧低下を引き起こすおそれがある場合は，直結・受水槽併用式給水とする．

（3）配水管の水圧変動にかかわらず，常時一定の水量，水圧を必要とする場合は受水槽式とする．

（4）直結給水システムの給水形態は，階高が4階程度以上の建築物の場合は基本的には直結増圧式給水であるが，配水管の水圧等に余力がある場合は，特例として直結直圧式で給水することができる．

（5）有毒薬品を使用する工場等事業活動に伴い，水を汚染するおそれのある場所に給水する場合は受水槽式とする．

解説　（1）適当．水道事業者ごとに，水圧状況，配水管整備状況等により給水方式の取扱いが異なるため，その決定に当たっては，計画に先立ち，水道事業者に確認する必要がある．

（2）不適当．一時に多量の水を使用するとき等に，配水管の水圧低下を引き起こすおそれがある場合は，受水槽式給水とする（図5.1参照）．

（3）適当．配水管の水圧変動にかかわらず，常時一定の水量，水圧を必要とする場合は受水槽式とする．

(4) 適当．直結給水システムの給水形態は，階高が4階程度以上の建築物の場合は基本的には直結増圧式給水であるが，配水管の水圧等に余力がある場合は，特例として直結直圧式で給水することができる．

(5) 適当．有毒薬品を使用する工場等事業活動に伴い，水を汚染するおそれのある場所に給水する場合は，有毒薬品等の汚染物質が希釈されるので受水槽式とする． ▶答 (2)

問題5 【令和3年 問32】

受水槽式給水に関する次の記述のうち，不適当なものはどれか．

(1) 病院や行政機関の庁舎等において，災害時や配水施設の事故等による水道の断減水時にも，給水の確保が必要な場合は受水槽式とする．

(2) 配水管の水圧が高いときは，受水槽への流入時に給水管を流れる流量が過大となって，水道メーターの性能，耐久性に支障を与えることがある．

(3) ポンプ直送式は，受水槽に受水した後，使用水量に応じてポンプの運転台数の変更や回転数制御によって給水する方式である．

(4) 圧力水槽式は，受水槽に受水した後，ポンプで高置水槽へ汲み上げ，自然流下により給水する方式である．

(5) 一つの高置水槽から適切な水圧で給水できる高さの範囲は，10階程度なので，高層建物では高置水槽や減圧弁をその高さに応じて多段に設置する必要がある．

解説 (1) 適当．病院や行政機関の庁舎等において，災害時や配水施設の事故等による水道の断減水時にも，給水の確保が必要な場合は受水槽式とする．

(2) 適当．配水管の水圧が高いときは，受水槽への流入時に給水管を流れる流量が過大となって，水道メーターの性能，耐久性に支障を与えることがある．

(3) 適当．ポンプ直送式は，受水槽に受水した後，使用水量に応じてポンプの運転台数の変更や回転数制御によって給水する方式である（図5.1参照）．

(4) 不適当．圧力水槽式は，受水槽に受水した後，ポンプで圧力水槽に貯え，その内部圧力によって給水する方式である（図5.3参照）．なお，受水槽に受水した後，ポンプで高置水槽へ汲み上げ，自然流下により給水する方式は，高置水槽式である（図5.4参照）．

(5) 適当．一つの高置水槽から適切な水圧で給水できる高さの範囲は，10階程度なので，高層建物では高置水槽や減圧弁をその高さに応じて多段に設置する必要がある．この方式を多段式高置水槽式という（図5.5参照）． ▶答 (4)

問題6 【令和2年 問31】

給水方式の決定に関する次の記述のうち，不適当なものはどれか．

(1) 直結直圧式の範囲拡大の取り組みとして水道事業者は，現状における配水管からの水圧等の供給能力及び配水管の整備計画と整合させ，逐次その対象範囲の拡大を図っており，5階を超える建物をその対象としている水道事業者もある.

(2) 圧力水槽式は，小規模の中層建物に多く使用されている方式で，受水槽を設置せずにポンプで圧力水槽に貯え，その内部圧力によって給水する方式である.

(3) 直結増圧式による各戸への給水方法として，給水栓まで直接給水する直送式と，高所に置かれた受水槽に一旦給水し，そこから給水栓まで自然流下させる高置水槽式がある.

(4) 直結・受水槽併用式は，一つの建物内で直結式及び受水槽式の両方の給水方式を併用するものである.

(5) 直結給水方式は，配水管から需要者の設置した給水装置の末端まで有圧で直接給水する方式で，水質管理がなされた安全な水を需要者に直接供給することができる.

解説 (1) 適当．直結直圧式（配水管の動水圧により直接給水する方式）の範囲拡大の取り組みとして水道事業者は，現状における配水管からの水圧等の供給能力及び配水管の整備計画と整合させ，逐次その対象範囲の拡大を図っており，5階を超える建物をその対象としている水道事業者もある（図5.8参照）.

(2) 不適当．圧力水槽式は，小規模の中層建物に多く使用されている方式で，受水槽に受水した後，ポンプで圧力水槽に貯え，その内部圧力によって給水する方式である．「受水槽を設置せずに」が誤り（図5.3参照）.

(3) 適当．直結増圧式による各戸への給水方法として，給水栓まで直接給水する直送式と，高所に置かれた受水槽に一旦給水し，そこから給水栓まで自然流下させる高置水槽式がある（図5.6参照）.

(4) 適当．直結・受水槽併用式は，一つの建物内で直結式及び受水槽式の両方の給水方式を併用するものである（図5.7参照）.

(5) 適当．直結給水方式は，配水管から需要者の設置した給水装置の末端まで配水管の動水圧により直接給水する方式（直結直圧式）で，水質管理がなされた安全な水を需要者に直接供給することができる（図5.8参照）．なお，直結給水方式は他に給水管の途中に直結加圧式ポンプユニットを設置して給水する直結増圧式がある（図5.6参照）.

▶答 (2)

問題7 【令和2年 問32】

給水方式における直結式に関する次の記述のうち，不適当なものはどれか.

(1) 当該水道事業者の直結給水システムの基準に従い，同時使用水量の算定，給水管の口径決定，直結加圧形ポンプユニットの揚程の決定等を行う.

(2) 直結加圧形ポンプユニットは，算定した同時使用水量が給水装置に流れたとき，その末端最高位の給水用具に一定の余裕水頭を加えた高さまで水位を確保する能力を持たなければならない．

(3) 直結増圧式は，配水管が断水したときに給水装置からの逆圧が大きいことから直結加圧形ポンプユニットに近接して水抜き栓を設置しなければならない．

(4) 直結式給水は，配水管の水圧で直接給水する方式（直結直圧式）と，給水管の途中に直結加圧形ポンプユニットを設置して給水する方式（直結増圧式）がある．

解説 (1) 適当．当該水道事業者の直結給水システムの基準に従い，同時使用水量の算定，給水管の口径決定，直結加圧形ポンプユニットの揚程の決定等を行う（図 5.6 参照）．

(2) 適当．直結加圧形ポンプユニットは，算定した同時使用水量が給水装置に流れたとき，その末端最高位の給水用具に一定の余裕水頭を加えた高さまで水位を確保する能力を持たなければならない．

(3) 不適当．直結増圧式は，配水管が断水したときに給水装置からの逆圧が大きいことから直結加圧形ポンプユニットに近接して逆止弁（減圧式逆流防止器）を設置しなければならない．「水抜き栓」が誤り．

(4) 適当．直結式給水は，配水管の水圧で直接給水する方式（直結直圧式）と，給水管の途中に直結加圧形ポンプユニットを設置して給水する方式（直結増圧式）がある（図 5.6，図 5.8 参照）．

▶答 (3)

問題 8 【令和元年 問 30】

直結給水システムの計画・設計に関する次の記述のうち，不適当なものはどれか．

(1) 給水システムの計画・設計は，当該水道事業者の直結給水システムの基準に従い，同時使用水量の算定，給水管の口径決定，ポンプ揚程の決定等を行う．

(2) 給水装置工事主任技術者は，既設建物の給水設備を受水槽式から直結式に切り替える工事を行う場合は，当該水道事業者の担当部署に建物規模や給水計画等の情報を持参して協議する．

(3) 直結加圧形ポンプユニットは，末端最高位の給水用具に一定の余裕水頭を加えた高さまで水位を確保する能力を持ち，安定かつ効率的な性能の機種を選定しなければならない．

(4) 給水装置は，給水装置内が負圧になっても給水装置から水を受ける容器などに吐出した水が給水装置内に逆流しないよう，末端の給水用具又は末端給水用具の直近の上流側において，吸排気弁の設置が義務付けられている．

解説 (1) 適当．給水システムの計画・設計は，当該水道事業者の直結給水システムの基準に従い，同時使用水量の算定，給水管の口径決定，ポンプ揚程の決定等を行う．

(2) 適当．給水装置工事主任技術者は，既設建物の給水設備を受水槽式から直結式に切り替える工事を行う場合は，当該水道事業者の担当部署に建物規模や給水計画等の情報を持参して協議する．

(3) 適当．直結加圧形ポンプユニットは，末端最高位の給水用具に一定の余裕水頭を加えた高さまで水位を確保する能力を持ち，安定かつ効率的な性能の機種を選定しなければならない．

(4) 不適当．給水装置は，給水装置内が負圧になっても給水装置から水を受ける容器などに吐出した水が給水装置内に逆流しないよう，末端の給水用具又は末端給水用具の直近の上流側において，負圧破壊性能又は逆流防止性能を有する給水用具の設置，あるいは吐水口空間の確保が義務付けられている．「吸排気弁の設置が義務付けられている．」は誤り．

▶答 (4)

問題9 【令和元年 問31】

受水槽式給水に関する次の記述のうち，不適当なものはどれか．

(1) ポンプ直送式は，受水槽に受水したのち，使用水量に応じてポンプの運転台数の変更や回転数制御によって給水する方式である．

(2) 圧力水槽式は，受水槽に受水したのち，ポンプで圧力水槽に貯え，その内部圧力によって給水する方式である．

(3) 配水管の水圧が高いときは，受水槽への流入時に給水管を流れる流量が過大となるため，逆止弁を設置することが必要である．

(4) 受水槽式は，配水管の水圧が変動しても受水槽以降では給水圧，給水量を一定の変動幅に保持できる．

解説 (1) 適当．ポンプ直送式は，受水槽に受水したのち，使用水量に応じてポンプの運転台数の変更や回転数制御によって給水する方式である（図5.1，図5.2参照）．

(2) 適当．圧力水槽式は，受水槽に受水したのち，ポンプで圧力水槽に貯え，その内部圧力によって給水する方式である（図5.3参照）．

(3) 不適当．配水管の水圧が高いときは，受水槽への流入時に給水管を流れる流量が過大となって，水道メーターの性能，耐久性に支障を与えることがあるので，減圧弁，定流量弁等を設置することが必要である．「逆止弁」は誤り．

(4) 適当．受水槽式は，配水管の水圧が変動しても受水槽以降では給水圧，給水量を一定の変動幅に保持できる．

▶答 (3)

問題10 【令和元年 問32】

給水方式の決定に関する次の記述の正誤の組み合わせのうち，適当なものはどれか．

ア　直結式給水は，配水管の水圧で直接給水する方式（直結直圧式）と，給水管の途中に圧力水槽を設置して給水する方式（直結増圧式）がある．

イ　受水槽式給水は，配水管から分岐し受水槽に受け，この受水槽から給水する方式であり，受水槽出口で配水系統と縁が切れる．

ウ　水道事業者ごとに，水圧状況，配水管整備状況等により給水方式の取扱いが異なるため，その決定に当たっては，設計に先立ち，水道事業者に確認する必要がある．

エ　給水方式には，直結式，受水槽式及び直結・受水槽併用式があり，その方式は給水する高さ，所要水量，使用用途及び維持管理面を考慮し決定する．

	ア	イ	ウ	エ
(1)	誤	正	正	誤
(2)	正	誤	誤	正
(3)	誤	誤	正	正
(4)	正	正	誤	誤

解説　ア　誤り．直結式給水は，配水管の水圧で直接給水する方式（直結直圧式）と，給水管の途中に直結加圧形ポンプユニットを設置して給水する方式（直結増圧式）がある．「圧力水槽」が誤り（図5.6，図5.8参照）．

イ　誤り．受水槽式給水は，配水管から分岐し受水槽に受け，この受水槽から給水する方式であり，受水槽入口で配水系統と縁が切れる．「受水槽出口」が誤り（図5.1参照）．

ウ　正しい．水道事業者ごとに，水圧状況，配水管整備状況等により給水方式の取扱いが異なるため，その決定に当たっては，設計に先立ち，水道事業者に確認する必要がある．

エ　正しい．給水方式には，直結式，受水槽式及び直結・受水槽併用式（図5.7参照）があり，その方式は給水する高さ，所要水量，使用用途及び維持管理面を考慮し決定する．

以上から（3）が正解．

▶答（3）

問題11　【平成30年 問30】

給水方式に関する次の記述の正誤の組み合わせのうち，適当なものはどれか．

ア　直結・受水槽併用式給水は，一つの建築物内で直結式，受水槽式の両方の給水方式を併用するものである．

イ　直結・受水槽併用式給水は，給水管の途中に直結加圧形ポンプユニットを設置し，高所に置かれた受水槽に給水し，そこから給水栓まで自然流下させる方式である．

ウ　一般に，直結・受水槽併用式給水においては，受水槽以降の配管に直結式の配管を接続する．

エ　一時に多量の水を使用するとき等に，配水管の水圧低下を引き起こすおそれがある場合は，直結・受水槽併用式給水とする．

	ア	イ	ウ	エ
(1)	正	誤	誤	誤
(2)	誤	正	誤	正
(3)	正	誤	正	正
(4)	誤	正	正	誤

解説　ア　正しい．直結・受水槽併用式給水は，一つの建築物内で直結式，受水槽式の両方の給水方式を併用するものである（図5.2，図5.7参照）．

イ　誤り．誤りは「直結加圧形ポンプユニット」で，正しくは「ポンプ」で，増圧式のポンプは使用しない．直結・受水槽併用式給水は，給水管の途中にポンプを設置し，高所に置かれた高置水槽に給水し，そこから給水栓まで自然流下させる方式である（図5.7参照）．

ウ　誤り．一般に，直結・受水槽併用式給水においては，受水槽以降の配管に直結式の配管を接続することはない（図5.7参照）．

エ　誤り．誤りは「直結・受水槽併用式給水」で，正しくは「受水槽式給水」である．一時に多量の水を使用するとき等に，配水管の水圧低下を引き起こすおそれがある場合は，受水槽式給水とする．

以上から（1）が正解．

▶答（1）

問題12　【平成30年 問31】

給水方式の決定に関する次の記述のうち，不適当なものはどれか．

(1) 水道事業者ごとに，水圧状況，配水管整備状況等により給水方式の取扱いが異なるため，その決定に当たっては，設計に先立ち，水道事業者に確認する必要がある．

(2) 有毒薬品を使用する工場等事業活動に伴い，水を汚染するおそれのある場所に給水する場合は受水槽式とする．

(3) 配水管の水圧変動にかかわらず，常時一定の水量，水圧を必要とする場合は受水槽式とする．

(4) 受水槽式給水は，配水管から分岐し受水槽に受け，この受水槽から給水する方式であり，ポンプ設備で配水系統と縁が切れる．

解説　(1) 適当．水道事業者ごとに，水圧状況，配水管整備状況等により給水方式の取扱いが異なるため，その決定に当たっては，設計に先立ち，水道事業者に確認する必要がある．

(2) 適当．有毒薬品を使用する工場等事業活動に伴い，水を汚染するおそれのある場所に給水する場合は常時一定水量，水圧を維持でき逆流のおそれのない受水槽式とする．

(3) 適当．配水管の水圧変動にかかわらず，常時一定の水量，水圧を必要とする場合は受水槽式とする．

(4) 不適当．誤りは「……ポンプ設備で……」で，正しくは「……受水槽入口で……」である．受水槽式給水は，配水管から分岐し受水槽に受け，この受水槽から給水する方式であり，受水槽入口で配水系統と縁が切れる．

▶答 (4)

問題13

【平成30年 問32】

直結給水方式に関する次の記述のうち，不適当なものはどれか．

(1) 直結給水方式は，配水管から需要者の設置した給水装置の末端まで有圧で直接給水する方式である．

(2) 直結直圧式は，配水管の動水圧により直接給水する方式である．

(3) 直結増圧式は，給水管に直接，圧力水槽を連結し，その内部圧力によって給水する方式である．

(4) 直結加圧形ポンプユニットによる中高層建物への直結給水範囲の拡大により，受水槽における衛生上の問題の解消や設置スペースの有効利用等を図ることができる．

解説 (1) 適当．直結給水方式は，配水管から需要者の設置した給水装置の末端まで有圧で直接給水する方式である．直結直圧式（図5.8参照）や直結増圧式（図5.6参照）などがある．

(2) 適当．直結直圧式は，配水管の動水圧により直接給水する方式である（図5.8参照）．

(3) 不適当．誤りは「……に直接，圧力水槽を連結し，その内部圧力……」で，正しくは「……の途中に直結加圧形ポンプユニットを設置し，その圧力……」である．直結増圧式は，給水管の途中に直結加圧形ポンプユニットを設置し，その圧力によって給水する方式である．なお，設問の内容は圧力水槽式で，図5.3に示したように，受水槽に受水したのち，ポンプで圧力水槽に貯え，その内部圧力によって給水する方式である（図5.6参照）．

(4) 適当．直結加圧形ポンプユニットによる中高層建物への直結給水範囲の拡大により，受水槽における衛生上の問題の解消や設置スペースの有効利用等を図ることができる．

▶答 (3)

問題14

【平成29年 問30】

給水方式の決定に関する次の記述の正誤の組み合わせのうち，適当なものはどれか．

ア　直結式給水は，配水管の水圧で直結給水する方式（直結直圧式）と，給水管の途中に圧力水槽を設置して給水する方式（直結増圧式）がある．

イ　水道事業者ごとに，水圧状況，配水管整備状況等により給水方式の取扱いが異なるため，その決定に当たっては，設計に先立ち，水道事業者に確認する必要がある．

ウ　給水方式には，直結式，受水槽式及び直結・受水槽併用式があり，その方式は給水する高さ，所要水量，使用用途及び維持管理面を考慮し決定する．

エ　受水槽式給水は，配水管から分岐し受水槽に受け，この受水槽から給水する方式であり，受水槽出口で配水系統と縁が切れる．

	ア	イ	ウ	エ
(1)	正	正	誤	誤
(2)	正	誤	誤	正
(3)	誤	誤	正	正
(4)	誤	正	正	誤

解説　ア　誤り．直結式給水は，配水管の水圧で直結給水する方式（直結直圧式）と，給水管の途中に直結加圧型ポンプユニットを設置して給水する方式（直結増圧式）がある．「圧力水槽」が誤りである（図5.6，図5.8参照）．

イ　正しい．水道事業者ごとに，水圧状況，配水管整備状況等により給水方式の取扱いが異なるため，その決定に当たっては，設計に先立ち，水道事業者に確認する必要がある．

ウ　正しい．給水方式には，直結式，受水槽式及び直結・受水槽併用式があり，その方式は給水する高さ，所要水量，使用用途及び維持管理面を考慮し決定する．

エ　誤り．受水槽式給水は，配水管から分岐し受水槽に受け，この受水槽から給水する方式であり，受水槽入口で配水系統と縁が切れる．「受水槽出口」が誤り（図5.1，図5.3，図5.7参照）．

以上から（4）が正解．　▶答（4）

問題15　【平成29年 問31】

受水槽式の給水方式に関する次の記述のうち，不適当なものはどれか．

(1) 一時に多量の水を使用するとき，又は，使用水量の変動が大きいとき等に配水管の水圧低下を引き起こすおそれがある場合は，受水槽式とする．

(2) 有毒薬品を使用する工場等事業活動に伴い，水を汚染するおそれのある場所に給水する場合は受水槽式とする．

(3) ポンプ直送式は，受水槽に受水したのち，使用水量に応じてポンプの運転台数の変更や回転数制御によって給水する方式である．

(4) 一つの高置水槽から適当な水圧で給水できる高さの範囲は，10階程度なので，高層建物では高置水槽や吸排気弁をその高さに応じて多段に設置する必要がある．

解説 (1) 適当．一時に多量の水を使用するとき，又は，使用水量の変動が大きいとき等に配水管の水圧低下を引き起こすおそれがある場合は，受水槽式とする．

(2) 適当．有毒薬品を使用する工場等事業活動に伴い，水を汚染するおそれのある場所に給水する場合は受水槽式とする．

(3) 適当．ポンプ直送式は，受水槽に受水したのち，使用水量に応じてポンプの運転台数の変更や回転数制御によって給水する方式である（図 5.1 参照）．

(4) 不適当．一つの高置水槽から適当な水圧で給水できる高さの範囲は，10 階程度なので，高層建物では高置水槽や減圧弁をその高さに応じて多段に設置する必要がある．「吸排気弁」が誤り．

▶答 (4)

問題 16 【平成 29 年 問 32】

直結給水システムの計画及び設計に関する次の記述の正誤の組み合わせのうち，適当なものはどれか．

ア 直結加圧形ポンプユニットに近接して設置する逆流防止器の形式は，当該水道事業者の直結給水システムの基準等による．

イ 当該水道事業者の直結給水システムの基準等に従い，同時使用水量の算定，給水管の口径の決定，ポンプ揚程の決定等を行う．

ウ 既設建物の給水設備を受水槽式から直結式に切り替える場合にあっては，当該水道事業者の直結給水システムの基準等を確認する．

エ 給水装置は，給水装置内が負圧になっても給水装置から水を受ける容器などに吐出した水が給水装置内に逆流しないよう，逆流防止措置が義務付けられている．

	ア	イ	ウ	エ
(1)	正	誤	正	誤
(2)	誤	正	誤	正
(3)	正	正	正	正
(4)	誤	正	正	誤

解説 ア 正しい．直結加圧形ポンプユニットに近接して設置する逆流防止器の形式は，当該水道事業者の直結給水システムの基準等による．

イ 正しい．当該水道事業者の直結給水システムの基準等に従い，同時使用水量の算定，給水管の口径の決定，ポンプ揚程の決定等を行う．

ウ 正しい．既設建物の給水設備を受水槽式から直結式に切り替える場合にあっては，当該水道事業者の直結給水システムの基準等を確認する．

エ 正しい．給水装置は，給水装置内が負圧になっても給水装置から水を受ける容器などに吐出した水が給水装置内に逆流しないよう，逆流防止措置が義務付けられている．

以上から（3）が正解.　▶答（3）

5.4 水頭・吐水量・動水勾配

■ 5.4.1 水　頭

問題 1　【令和4年 問35】

図−1に示す給水装置における直結加圧形ポンプユニットの吐水圧（圧力水頭）として，次のうち，最も近い値はどれか.

ただし，給水管の摩擦損失水頭と逆止弁による損失水頭は考慮するが，管の曲がりによる損失水頭は考慮しないものとし，給水管の流量と動水勾配の関係は，図−2を用いるものとする．また，計算に用いる数値条件は次の通りとする.

① 給水栓の使用水量　120 L/min
② 給水管及び給水用具の口径　40 mm
③ 給水栓を使用するために必要な圧力　5 m
④ 逆止弁の損失水頭　10 m

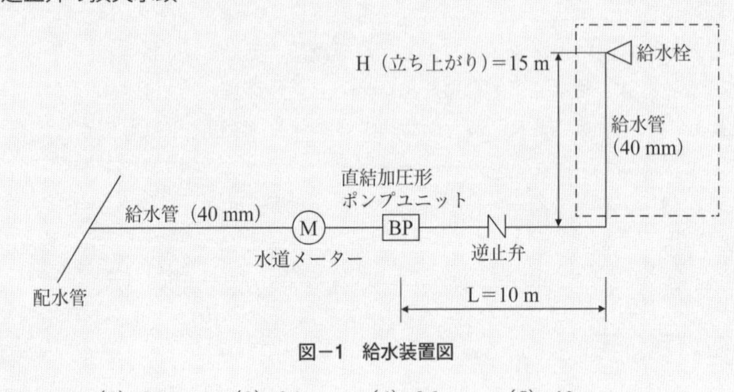

図−1　給水装置図

（1）30 m　（2）32 m　（3）34 m　（4）36 m　（5）40 m

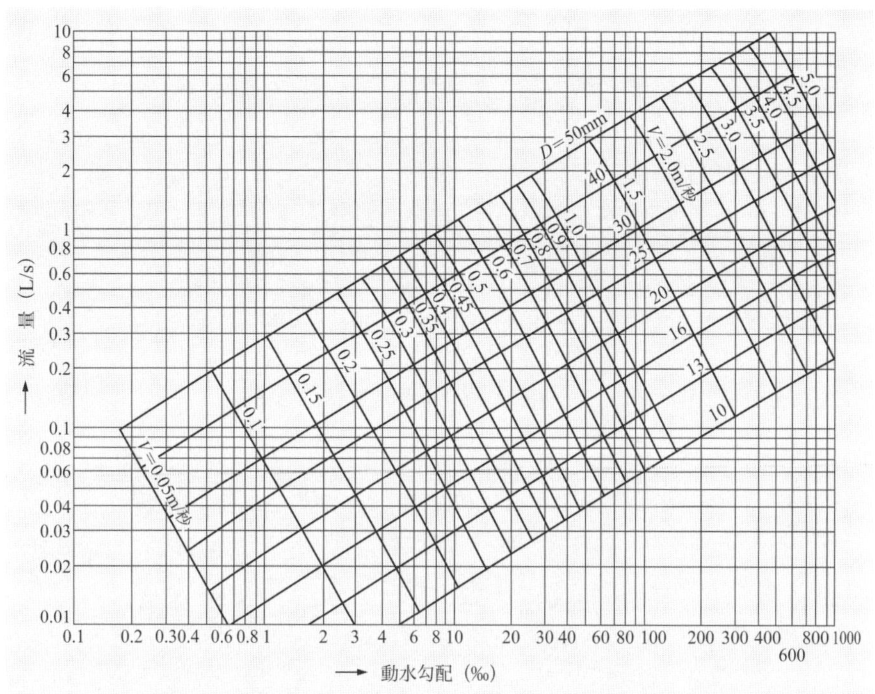

図－2　ウエストン公式による給水管の流量図

解説　1．給水管の損失水頭

ウエストン公式による給水管の流量図から求める．図－2から流量120 L/分＝2 L/s で，D＝40 mmに相当する動水勾配（動水勾配の単位‰（パーミル）は千分率を表す）は，約82‰である．これは1 m当たりの損失水頭であるから，給水管25 m（＝10 m＋15 m）では，次のようになる．

$$82/1{,}000 \times 25\,\mathrm{m} \fallingdotseq 2\,\mathrm{m}$$

2．その他の損失水頭

1）給水栓を使用するために必要な圧力　5 m

2）逆止弁の損失水頭　10 m

3）高低差　15 m

3．全体の損失水頭

すべての損失水頭の合計で，

$$2\,\mathrm{m} + 5\,\mathrm{m} + 10\,\mathrm{m} + 15\,\mathrm{m} = 32\,\mathrm{m}$$

となる．

以上から（2）が正解.　　　▶ 答（2）

問題2　【令和3年 問35】

図－1に示す給水管（口径25 mm）において，AからFに向かって48 L/minの水を流した場合，管路A～F間の総損失水頭として，次のうち，最も近い値はどれか.

ただし，総損失水頭は管の摩擦損失水頭と高低差のみの合計とし，水道メーター，給水用具類は配管内に無く，管の曲がりによる損失水頭は考慮しない．また，給水管の水量と動水勾配の関係は，図－2を用いて求めるものとする.

なお，A～B，C～D，E～Fは水平方向に，B～C，D～Eは鉛直方向に配管されている.

（1）4 m　（2）6 m　（3）8 m　（4）10 m　（5）12 m

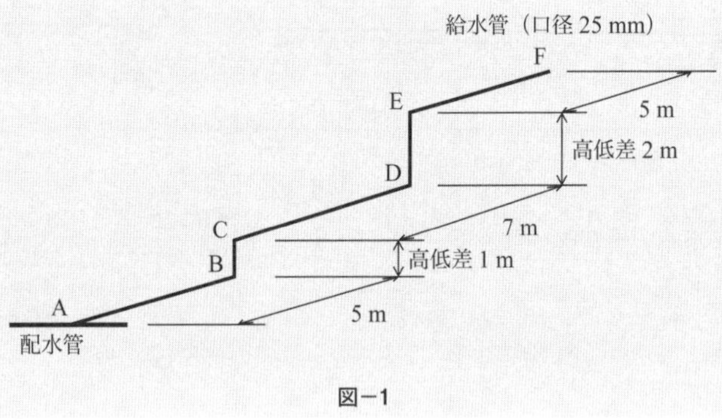

図－1

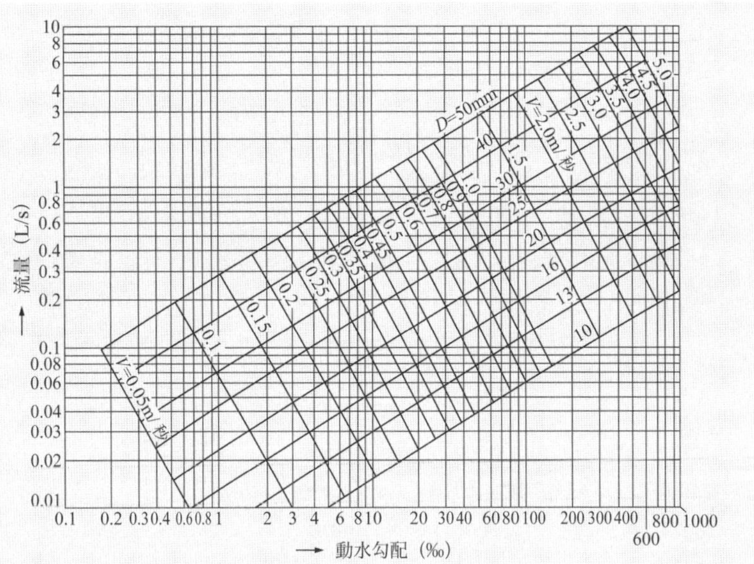

図−2　ウエストン公式による給水管の流量図

解説　1．摩擦損失水頭

1）　AF 間の長さ　　5 m ＋ 1 m ＋ 7 m ＋ 2 m ＋ 5 m ＝ 20 m

2）　AF 間の口径　　25 mm

3）　AF 間の流量　　48 L/分 ＝ 0.8/秒

4）　動水勾配　　流量 0.8 L/秒で口径 25 mm に対応する 1 m 当たりの損失水頭である動水勾配〔‰〕　図−2 から約 140‰

5）　摩擦損失水頭の算出

140/1,000 × 20 m ＝ 2.8 m　①

2．高低差による水頭

1 m ＋ 2 m ＝ 3 m　②

3．摩擦損失水頭と高低差の合計（式①＋式②）

2.8 m ＋ 3 m ＝ 5.8 m ≒ 6 m

以上から（2）が正解．　▶答（2）

問題 3　【令和 2 年 問 35】

図−1 に示す給水装置における B 点の余裕水頭として，次のうち，<u>最も適当なものはどれか</u>．

ただし，計算に当たってA～B間の給水管の摩擦損失水頭，分水栓，甲形止水栓，水道メーター及び給水栓の損失水頭は考慮するが，曲がりによる損失水頭は考慮しないものとする．また，損失水頭等は，図－2から図－4を使用して求めるものとし，計算に用いる数値条件は次のとおりとする．

① A点における配水管の水圧　水頭として20 m

② 給水栓の使用水量　0.6 L/s

③ A～B間の給水管，分水栓，甲形止水栓，水道メーター及び給水栓の口径 20 mm

(1) 3.6 m　(2) 5.4 m　(3) 7.4 m　(4) 9.6 m　(5) 10.6 m

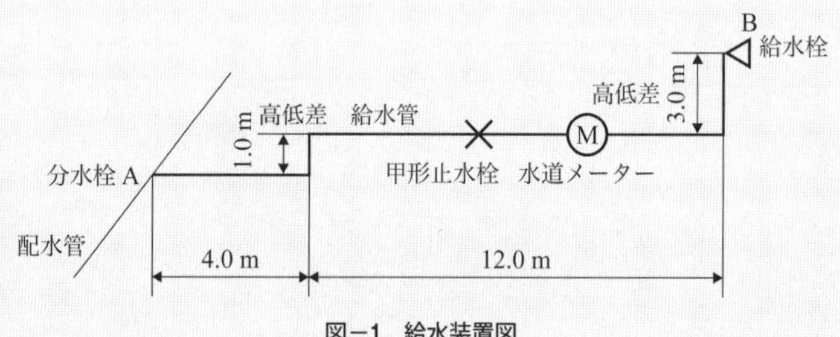

図－1　給水装置図

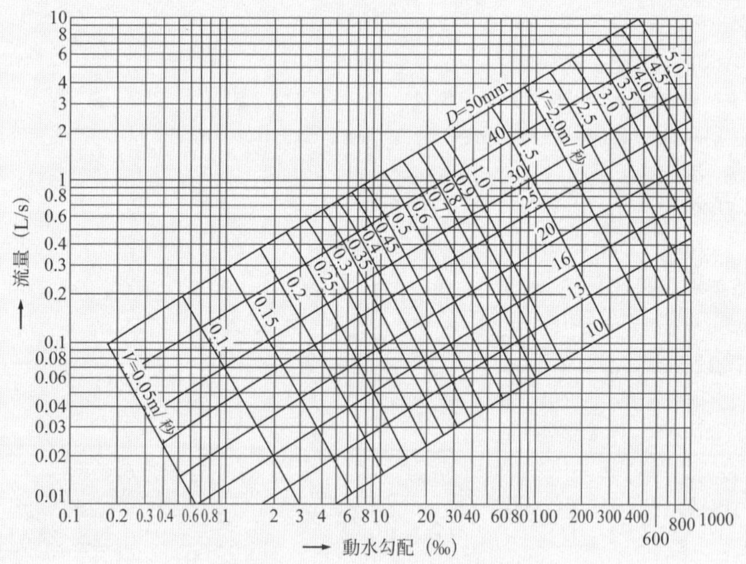

図－2　ウエストン公式による給水管の流量図

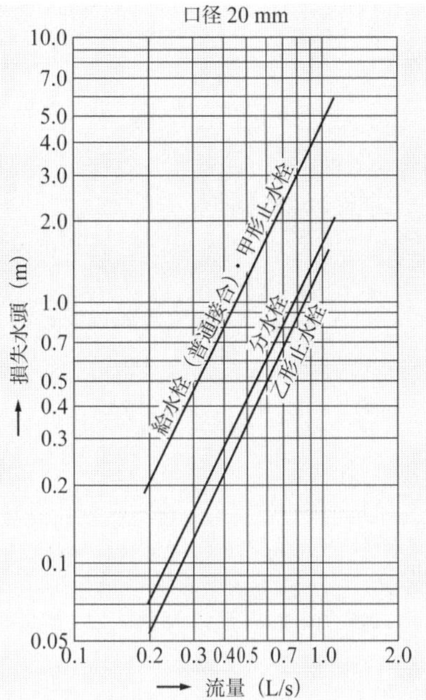

図－3　水栓類の損失水頭（給水栓，止水栓，分水栓）

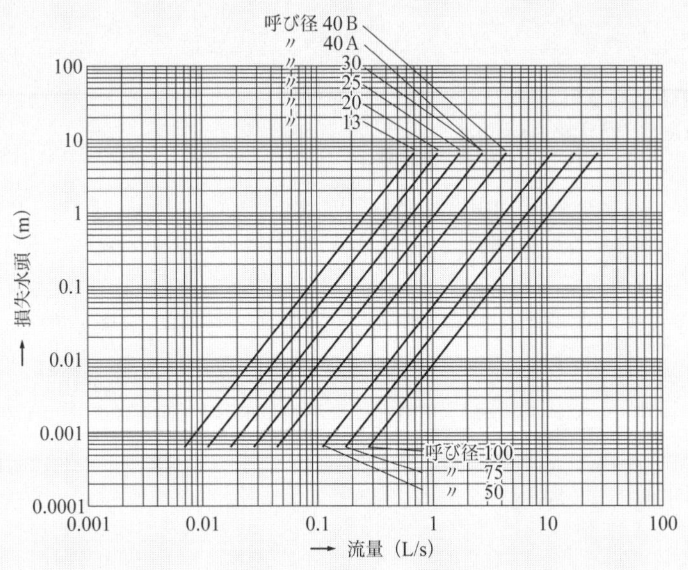

図－4　水道メーターの損失水頭

解説 すべての損失水頭（合計損失水頭）を求め，配水管の水頭から合計損失水頭を差し引いた値が余裕水頭である．

1．各損失水頭

1）　給水管

ウエストン公式による給水管の流量図から求める．

図－2から流量0.6 L/秒で，$D = 20$ mmに相当する動水勾配〔‰：パーミルといい，千分率を表す〕は，約230‰である．

これは1 m当たりの損失水頭であるから給水管20.0 m（＝3.0 m＋1.0 m＋12.0 m＋4.0 m）では，次のようになる．

$230/1{,}000 \times 20.0\,\mathrm{m} \fallingdotseq 4.6\,\mathrm{m}$

2）　分水栓

図－3の口径20 mmの図から，流量0.6 L/秒に相当する損失水頭は，約0.60 mである．

3）　給水栓及び甲形水栓

図－3の口径20 mmの図から，同様に流量0.6 L/秒に相当する損失水頭は，約1.7 mである．

4）　水道メーター

必要な給水管の損失水頭

図－4の口径20 mmの直線から，流量0.6 L/秒に相当する損失流量は，約1.9 mである．

5）　高低差による損失水頭

$1.0\,\mathrm{m} + 3.0\,\mathrm{m} = 4.0\,\mathrm{m}$

2．余裕水頭

$20\,\mathrm{m} - (4.6\,\mathrm{m} + 0.60\,\mathrm{m} + 1.7\,\mathrm{m} + 1.7\,\mathrm{m} + 1.9\,\mathrm{m} + 4.0\,\mathrm{m}) = 5.5\,\mathrm{m}$

なお，対数グラフを目視によって読むと誤差があり，選択肢の値にならないことがあるので注意．

以上から（2）が正解．

▶答（2）

問題4　【令和元年 問35】

図－1に示す給水装置における直結加圧形ポンプユニットの吐水圧（圧力水頭）として，次のうち，適当なものはどれか．

ただし，給水管の摩擦損失水頭と逆止弁による損失水頭は考慮するが，管の曲がりによる損失水頭は考慮しないものとし，給水管の流量と動水勾配の関係は，図－2を用いるものとする．また，計算に用いる数値条件は次のとおりとする．

① 給水栓の使用水量　　30 L/分

② 給水管及び給水用具の口径　20 mm
③ 給水栓を使用するために必要な圧力　5 m
④ 逆止弁の損失水頭　10 m

(1) 23 m　(2) 28 m　(3) 33 m　(4) 38 m

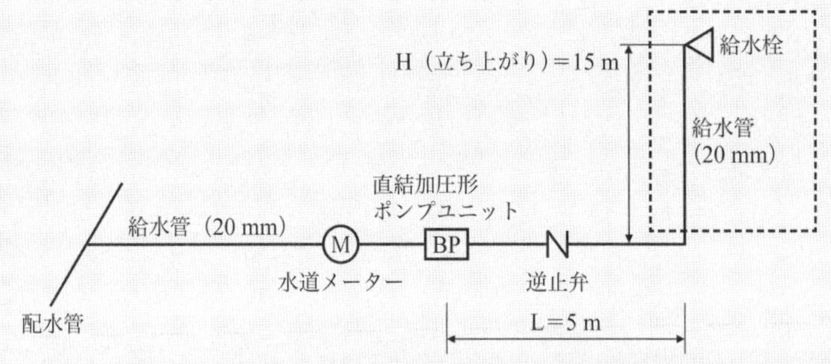

図－1　給水装置図

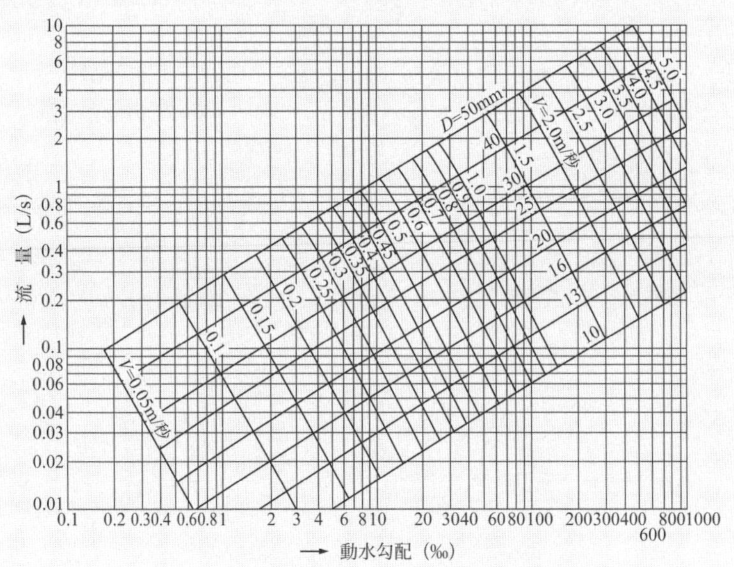

図－2　ウエストン公式による給水管の流量図

解説　1. 給水管の損失水頭

ウエストン公式による給水管の流量図から求める．図－2から流量30 L/分＝0.5 L/sで，D＝20 mmに相当する動水勾配（動水勾配の単位‰（パーミル）は千分率を表す）

は，約150‰である．これは1m当たりの損失水頭であるから給水管20m（＝5m＋15m）では，次のようになる．

150/1,000 × 20m ＝ 3m

2．その他の損失水頭

1） 逆止弁　　10m

2） 給水栓　　5m

3） 高低差　　15m

3．全体の損失水頭

すべての損失水頭の合計で，

3m＋10m＋5m＋15m＝33m

となる．

以上から（3）が正解．

▶答（3）

題5　【平成30年 問35】

図−1に示す直結式給水による2階建て戸建て住宅で，全所要水頭として<u>適当なものはどれか</u>.

なお，計画使用水量は同時使用率を考慮して表−1により算出するものとし，器具の損失水頭は器具ごとの使用水量において表−2により，給水管の動水勾配は表−3によるものとする．

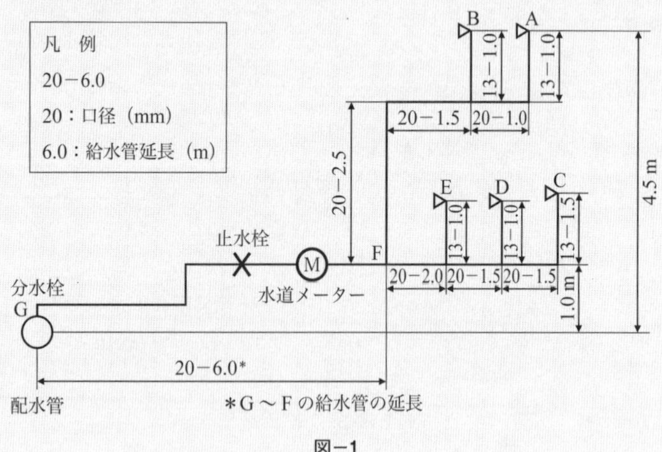

図−1

（1）9.9m　（2）12.6m　（3）14.4m　（4）15.1m

表－1　計画使用水量

給水用具名	同時使用の有無	計画使用水量
A　台所流し	使用	12（L/分）
B　洗面器	—	8（L/分）
C　浴槽	使用	20（L/分）
D　洗面器	—	8（L/分）
E　大便器	使用	12（L/分）

表－2　器具の損失水頭

給水用具等	損失水頭
給水栓A（台所流し）	0.8（m）
給水栓C（浴槽）	2.3（m）
給水栓E（大便器）	0.8（m）
水道メーター	3.0（m）
止水栓	2.7（m）
分水栓	0.9（m）

表－3　給水管の動水勾配

	13 mm	20 mm
12（L/分）	200（‰）	40（‰）
20（L/分）	600（‰）	100（‰）
32（L/分）	1,300（‰）	200（‰）
44（L/分）	2,300（‰）	350（‰）
60（L/分）	4,000（‰）	600（‰）

解説　Fを起点として，F－A，F－C，F－Eの損失水頭を算出し，最も大きい値を採用すればよい．なお，F－BとF－Dは同時使用しないので計算には考慮しない．なお，**図5.9**のようにA′，A″，C′，E′の記号を付ける．

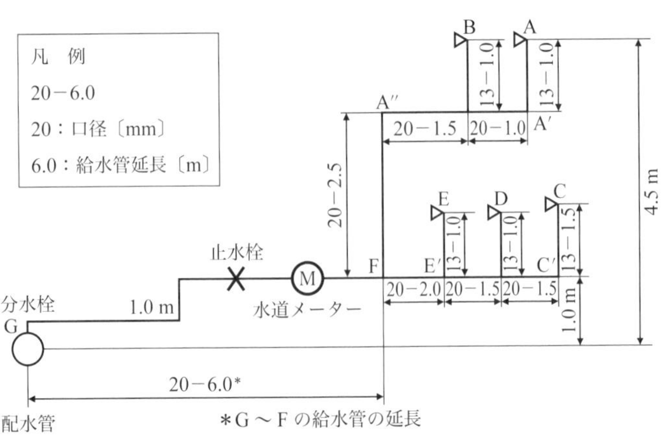

図 5.9

1. F－A間

給水栓A　損失水頭　0.8 m

給水管の損失水頭

A－A′　200/1,000 × 1.0 m ＝ 0.2 m

A′－A″　40/1,000 × (1.5 m ＋ 1.0 m) ＝ 0.1 m

A″－F　40/1,000 × 2.5 m ＝ 0.1 m

高低差　2.5 m ＋ 1.0 m ＝ 3.5 m

以上合計　4.7 m　①

2. F－C間

給水栓C　損失水頭　2.3 m

給水管の損失水頭

C－C′　600/1,000 × 1.5 m ＝ 0.9 m

C′－E′　100/1,000 × (1.5 m ＋ 1.5 m) ＝ 0.3 m

E′－F　200/1,000 × 2.0 m ＝ 0.4 m

(同時使用はCとEで20 L/分 ＋ 12 L/分 ＝ 32 L/分である.)

高低差　1.5 m

合計　5.4 m　②

3. F－E間

給水栓E　損失水頭　0.8 m

給水管の損失水頭

E－E′　200/1,000 × 1.0 m ＝ 0.2 m

E′−F　　200/1,000 × 2.0 m ＝ 0.4 m

（同時使用はCとEで20 L/分＋12 L/分＝32 L/分である.）

高低差　　1.0 m

合計　2.4 m　③

以上から損失水頭が最も大きい②のF−C間のみを考慮すればよい.

なお，F−E間は最も損失水頭が小さいことが明白なのでこの計算は省略すると時間が節約できる.

4. G−F間の損失水頭

分水栓　　0.9 m

止水栓　　2.7 m

水道メーター　　3.0 m

給水管の損失水頭

350/1,000 × 6.0 m ＝ 2.1 m

（同時使用はA，C，Eで12 L/分＋20 L/分＋12 L/分＝44 L/分である.）

高低差　　1.0 m

合計　9.7 m　④

5. 全所要水頭

全所要水頭は②＋④で算出される.

5.4 m ＋ 9.7 m ＝ 15.1 m

以上から（4）が正解.

▶答（4）

問題6　【平成29年 問35】

図−1に示す給水装置におけるB点の余裕水頭として，次のうち，<u>適当なものはどれか</u>.

ただし，計算に当たってA～Bの給水管の摩擦損失水頭，分水栓，甲形止水栓，水道メーター及び給水栓の損失水頭は考慮するが，曲がりによる損失水頭は考慮しないものとする．また，損失水頭等は，図−2～図−4を使用して求めるものとし，計算に用いる数値条件は次のとおりとする.

① A点における配水管の水圧　水頭として30 m

② 給水管の流量　0.6 L/秒

③ A～Bの給水管，分水栓，甲形止水栓，水道メーター及び給水栓の口径20 mm

（1）8 m　（2）12 m　（3）16 m　（4）20 m

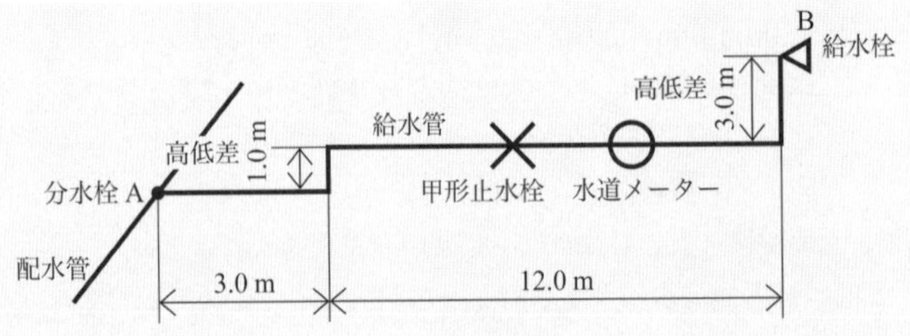

図－1　給水装置

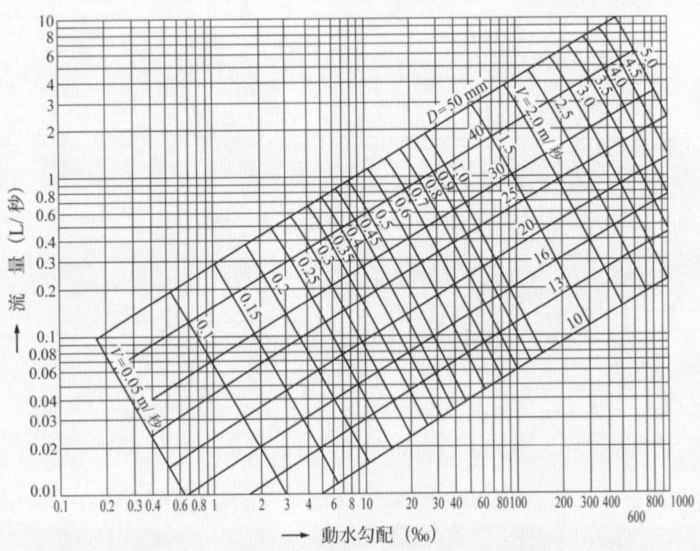

図－2　ウエストン公式による給水管の流量図

5.4 水頭・吐水量・動水勾配

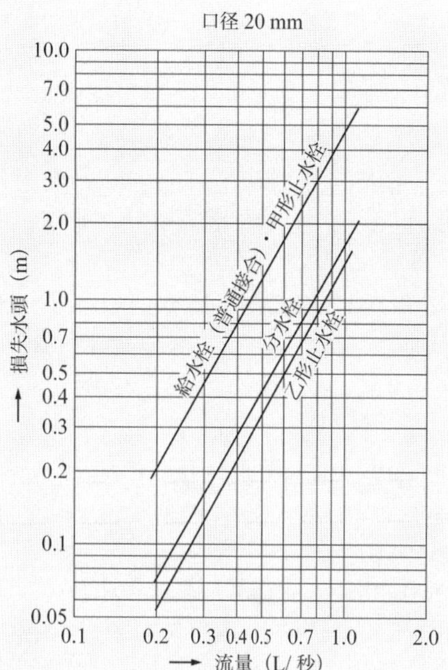

図－3　水栓類の損失水頭（給水栓，止水栓，分水栓）

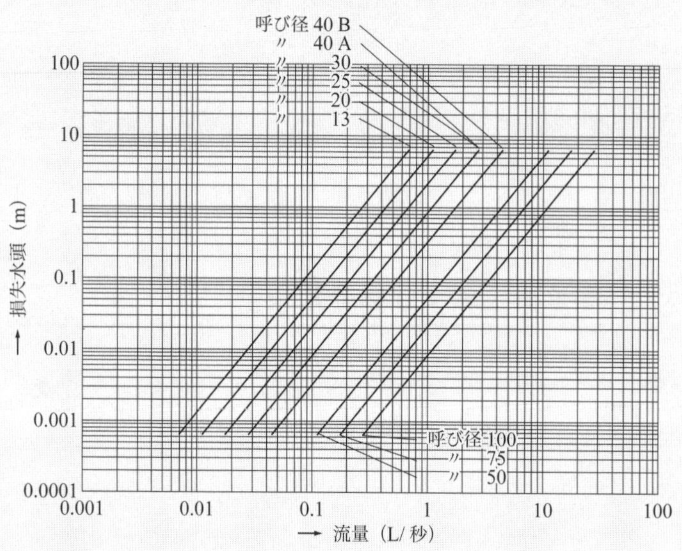

図－4　水道メーターの損失水頭

第5章　給水装置計画論

解説 合計損失水頭を求め，配水管の水頭から合計損失水頭を差し引いた値が余裕水頭である．

1．各損失水頭

1) 給水管

ウエストン公式による給水管の流量図から求める．

図−2から流量0.6 L/秒で，$D = 20$ mmに相当する動水勾配〔‰〕は，約230‰である．

これは1 m当たりの損失水頭であるから給水管19.0 m（= 3.0 m + 1.0 m + 12.0 m + 3.0 m）では，次のようになる．

$$230/1{,}000 \times 19.0\,\text{m} \fallingdotseq 4.4\,\text{m}$$

2) 分水栓

図−3の口径20 mmの図から，流量0.6 L/秒に相当する損失水頭は，約0.60 mである．

3) 給水栓及び甲形水栓

図−3の口径20 mmの図から，同様に流量0.6 L/秒に相当する損失水頭は，約1.7 mである．

4) 水道メーター

必要な給水管の損失水頭

図−4の口径20 mmの直線から，流量0.6 L/秒に相当する損失流量は，約1.9 mである．

5) 高低差による損失水頭

$$1.0\,\text{m} + 3.0\,\text{m} = 4.0\,\text{m}$$

2．余裕水頭

$$30\,\text{m} - (4.4\,\text{m} + 0.60\,\text{m} + 1.7\,\text{m} + 1.7\,\text{m} + 1.9\,\text{m} + 4.0\,\text{m}) \fallingdotseq 16\,\text{m}$$

以上から（3）が正解．

▶答（3）

5.4.2 計画使用水量・同時使用水量

問題1 【令和3年 問33】

直結式給水による15戸の集合住宅での同時使用水量として，次のうち，最も近い値はどれか．

ただし，同時使用水量は，標準化した同時使用水量により計算する方法によるものとし，1戸当たりの末端給水用具の個数と使用水量，同時使用率を考慮した末端給水用具数，並びに集合住宅の給水戸数と同時使用戸数率は，それぞれ表−1から表−3

までのとおりとする.

(1) 580 L/min　(2) 610 L/min　(3) 640 L/min

(4) 670 L/min　(5) 700 L/min

表−1　1戸当たりの末端給水用具の個数と使用水量

給水用具	個数	使用水量（L/min）
台所流し	1	25
洗濯流し	1	25
洗面器	1	10
浴槽（洋式）	1	40
大便器（洗浄タンク）	1	15
手洗器	1	5

表−2　総末端給水用具数と同時使用水量比

総末端給水用具数	1	2	3	4	5	6	7	8	9	10	15	20	30
同時使用水量比	1.0	1.4	1.7	2.0	2.2	2.4	2.6	2.8	2.9	3.0	3.5	4.0	5.0

表−3　給水戸数と同時使用戸数率

戸　数	1〜3	4〜10	11〜20	21〜30	31〜40	41〜60	61〜80	81〜100
同時使用戸数率（%）	100	90	80	70	65	60	55	50

解説　次の式から算出する.

同時使用水量＝末端給水用具の全使用水量 ÷ 末端給水用具総数
×同時使用水量比×戸数×同時使用戸数率

1)　末端給水用具の全使用水量（単位：L/分）：表−1

$1 \times 25 + 1 \times 25 + 1 \times 10 + 1 \times 40 + 1 \times 15 + 1 \times 5 = 120$ L/分

2)　末端給水用具総数：表−1

$1 + 1 + 1 + 1 + 1 + 1 = 6$ 個

3)　同時使用水量比：表−2

総末端給水用具数は6個であるから表−2から同時使用水量比は2.4となる.

4)　戸数

問題から戸数は15戸である.

5)　同時使用戸数率〔%〕：表−3

表−3から80%である.

以上の数値を式に代入する.

同時使用水量 = 120 ÷ 6 × 2.4 × 15 × 0.8 = 576〔L/分〕

選択肢の中で最も近い値は580〔L/min〕である.

以上から（1）が正解.　　▶答（1）

題2　【令和2年 問33】

直結式給水による30戸の集合住宅での同時使用水量として，次のうち，最も適当なものはどれか.

ただし，同時使用水量は，標準化した同時使用水量により計算する方法によるものとし，1戸当たりの末端給水用具の個数と使用水量，同時使用率を考慮した末端給水用具数，並びに集合住宅の給水戸数と同時使用戸数率は，それぞれ表−1から表−3のとおりとする.

（1）750 L/min　（2）780 L/min　（3）810 L/min
（4）840 L/min　（5）870 L/min

表−1　1戸当たりの末端給水用具の個数と使用水量

給水用具	個数	使用水量（L/min）
台所流し	1	20
洗濯流し	1	20
洗面器	1	10
浴槽（和式）	1	30
大便器（洗浄タンク）	1	15
手洗器	1	5

表−2　末端給水用具数と同時使用水量比

総末端給水用具数	1	2	3	4	5	6	7	8	9	10	15	20	30
同時使用水量比	1.0	1.4	1.7	2.0	2.2	2.4	2.6	2.8	2.9	3.0	3.5	4.0	5.0

表−3　給水戸数と同時使用戸数率

戸数	1〜3	4〜10	11〜20	21〜30	31〜40	41〜60	61〜80	81〜100
同時使用戸数率（%）	100	90	80	70	65	60	55	50

解説　次の式から算出する.

同時使用水量 = 末端給水用具の全使用水量 ÷ 末端給水用具総数
× 同時使用水量比 × 戸数 × 同時使用戸数率

1）末端給水用具の全使用水量（単位：L/分）：表−1

$1 \times 20 + 1 \times 20 + 1 \times 10 + 1 \times 30 + 1 \times 15 + 1 \times 5 = 100$ L/分

2) 末端給水用具総数：表－1

$1 + 1 + 1 + 1 + 1 + 1 = 6$ 個

3) 同時使用水量比：表－2

総末端給水用具数は6個であるから表－2から同時使用水量比は2.4となる.

4) 戸数

問題から戸数は30戸である.

5) 同時使用戸数率〔%〕：表－3

表－3から70%である.

以上の数値を式に代入する.

同時使用水量 $= 100 \div 6 \times 2.4 \times 30 \times 0.7 = 840$〔L/分〕

以上から（4）が正解.　▶答（4）

問題3　【平成30年 問34】

図－1に示す事務所ビル全体（6事務所）の同時使用水量を給水用具給水負荷単位により算定した場合，次のうち，適当なものはどれか.

ここで，6つの事務所には，それぞれ大便器（洗浄タンク），小便器（洗浄タンク），洗面器，事務室用流し，掃除用流しが1栓ずつ設置されているものとし，各給水用具の給水負荷単位及び同時使用水量との関係は，表－1及び図－2を用いるものとする.

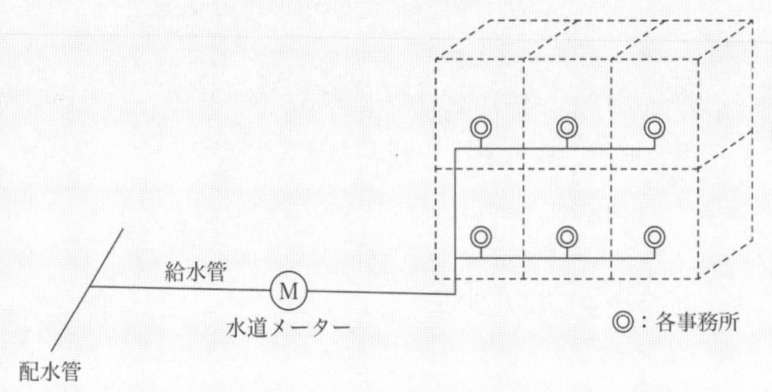

図－1

(1) 128 L/分　(2) 163 L/分　(3) 258 L/分　(4) 298 L/分

表－1　給水用具給水負荷単位

給水用具名	水栓	器具給水負荷単位 公衆用
大　便　器	洗浄タンク	5
小　便　器	洗浄タンク	3
洗　面　器	給　水　栓	2
事務室用流し	給　水　栓	3
掃除用流し	給　水　栓	4

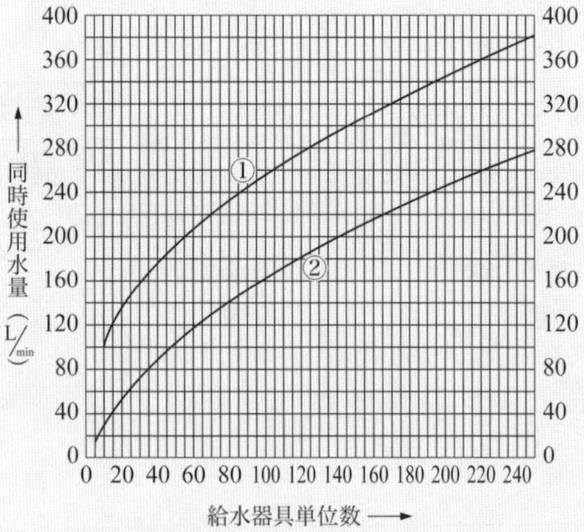

（注）この図の曲線①は大便器洗浄弁の多い場合，曲線②は大便器洗浄タンクの多い場合に用いる．

図－2　給水用具給水負荷単位による同時使用水量

解説　同時使用水量の算出は，各種給水用具の給水用具給水負荷単位に末端給水用具数を乗じたもの（単位数）を累計し，図－2から②を使用して求める．

大便器	5 × 6 器 ＝ 30	単位数
小便器	3 × 6 器 ＝ 18	単位数
洗面器	2 × 6 器 ＝ 12	単位数
事務室用流し	3 × 6 個 ＝ 18	単位数
掃除用流し	4 × 6 個 ＝ 24	単位数
	合計　102	単位数

図－2の②のグラフから102単位数に該当する同時使用水量は163 L/分となる．

以上から（2）が正解．　▶答（2）

■ 5.4.3　給水管口径流速

問題1　【令和2年 問34】

図–1に示す管路において，流速V_2の値として，最も適当なものはどれか．

ただし，口径$D_1 = 40$ mm，$D_2 = 25$ mm，流速$V_1 = 1.0$ m/sとする．

$V_1 = 1.0$ m/s →　V_2 →

口径$D_1 = 40$ mm　口径$D_2 = 25$ mm

図–1　管路図

(1) 1.6 m/s　(2) 2.1 m/s　(3) 2.6 m/s　(4) 3.1 m/s　(5) 3.6 m/s

解説　太い管（口径D_1）に流れる1秒間の流量と細い管（口径D_2）に流れる流量が等しいとしてV_2を求める．

太い管に流れる1秒間の流量（$D_1 = 40$ mm $= 0.040$ m）

1秒間の流量 $= V_1 \times$ 断面積 $= 1.0$ m/s $\times (\pi \times D_1{}^2/4)$ m^2

$= 1.0 \times \pi \times (0.040)^2/4$〔m^3/s〕　①

細い管に流れる1秒間の流量（$D_2 = 25$ mm $= 0.025$ m）

1秒間の流量 $= V_2 \times$ 断面積 $= V_2$〔m/s〕$\times (\pi \times D_2{}^2/4)$ m^2

$= V_2 \times \pi \times (0.025)^2/4$〔m^3/s〕　②

式①＝式②からV_2を算出する．

$V_2 \times \pi \times (0.025)^2/4$〔m^3/s〕$= 1.0 \times \pi \times (0.040)^2/4$〔m^3/s〕　③

式①を整理する．

$V_2 = (0.040)^2/(0.025)^2 = 40 \times 40/(25 \times 25) = 64/25 = 2.56$ m/s

以上から（3）が正解．　▶答（3）

問題2　【平成30年 問33】

給水管の口径決定の手順に関する次の記述の［　］内に入る語句の組み合わせのうち，適当なものはどれか．

口径決定の手順は，まず給水用具の［ア］を設定し，次に同時に使用する給水用具を設定し，管路の各区間に流れる［イ］を求める．次に［ウ］を仮定し，その［ウ］で給水装置全体の［エ］が，配水管の［オ］以下であるかどうかを確かめる．

	ア	イ	ウ	エ	オ
(1)	所要水量	流量	損失水頭	所要水頭	計画最小動水圧の水頭

第5章　給水装置計画論

(2)	所要水頭	流速	口　径	所要水量	計画流量
(3)	所要水量	流量	口　径	所要水頭	計画最小動水圧の水頭
(4)	所要水頭	流速	損失水頭	所要水量	計画流量

解説 ア 「所要水量」である.

イ 「流量」である.

ウ 「口径」である.

エ 「所要水頭」である.

オ 「計画最小動水圧の水頭」である.

以上から (3) が正解.

▶答 (3)

第 6 章

給水装置工事事務論

6.1 指定給水装置工事事業者及び給水装置工事主任技術者の選任

問題1 【令和元年 問38】

指定給水装置工事事業者（以下，本問においては「工事事業者」という.）に関する次の記述のうち，不適当なものはどれか.

(1) 水道事業者より工事事業者の指定を受けようとする者は，当該水道事業者の給水区域について工事の事業を行う事業所の名称及び所在地等を記載した申請書を，水道事業者に提出しなければならない．この場合，事業所の所在地は当該水道事業者の給水区域内でなくともよい.

(2) 工事事業者は，配水管から分岐して給水管を設ける工事及び給水装置の配水管への取付口から水道メーターまでの工事を施行するときは，あらかじめ当該給水区域の水道事業者の承認を受けた工法及び工期に適合するように当該工事を施行しなければならない.

(3) 工事事業者の指定の取り消しは，水道法の規定に基づく事由に限定するものではない．水道事業者は，条例などの供給規程により当該給水区域だけに適用される指定の取消事由を定めることが認められている.

(4) 水道法第16条の2では，水道事業者は，供給規程の定めるところにより当該水道によって水の供給を受ける者の給水装置が当該水道事業者又は工事事業者の施行した給水装置工事に係るものであることを供給条件とすることができるとされているが，厚生労働省令で定める給水装置の軽微な変更は，この限りでない.

解説 (1) 適当．水道事業者より工事事業者の指定を受けようとする者は，当該水道事業者の給水区域について工事の事業を行う事業所の名称及び所在地等を記載した申請書を，水道事業者に提出しなければならない．この場合，事業所の所在地は当該水道事業者の給水区域内でなくともよい.

(2) 適当．工事事業者は，配水管から分岐して給水管を設ける工事及び給水装置の配水管への取付口から水道メーターまでの工事を施行するときは，あらかじめ当該給水区域の水道事業者の承認を受けた工法及び工期に適合するように当該工事を施行しなければならない.

(3) 不適当．工事事業者の指定の取り消しは，水道法の規定に基づく事由に限定するもので，水道事業者は，条例などの供給規程により当該給水区域だけに適用される指定の取消事由を定めることは認められていない．水道法第25条の11（指定の取消し）参照.

(4) 適当．水道法第16条の2では，水道事業者は，供給規程の定めるところにより当該水道によって水の供給を受ける者の給水装置が当該水道事業者又は工事事業者の施行した給水装置工事に係るものであることを供給条件とすることができるとされているが，厚生労働省令で定める給水装置の軽微な変更は，この限りでない． ▶答 (3)

問題2 【平成30年 問36】

指定給水装置工事事業者（以下，本問においては「工事事業者」という.）及び給水装置工事主任技術者（以下，本問においては「主任技術者」という.）に関する次の記述のうち，不適当なものはどれか.

(1) 工事事業者は，主任技術者等の工事従事者の給水装置工事の施行技術の向上のために，研修の機会を確保するよう努めなければならない.

(2) 工事事業者は，厚生労働省令で定める給水装置工事の事業の運営に関する基準に従い，適正な給水装置工事の事業の運営に努めなければならない.

(3) 主任技術者は，水道法に違反した場合，水道事業者から給水装置工事主任技術者免状の返納を命じられることがある.

(4) 工事事業者は，事業所ごとに，主任技術者免状の交付を受けている者のうちから，主任技術者を選任しなければならない.

解説 (1) 適当．工事事業者は，主任技術者等の工事従事者の給水装置工事の施行技術の向上のために，研修の機会を確保するよう努めなければならない．水道法施行規則第36条（事業の運営の基準）第四号参照.

(2) 適当．工事事業者は，厚生労働省令で定める給水装置工事の事業の運営に関する基準に従い，適正な給水装置工事の事業の運営に努めなければならない．水道法第25条の8（事業の基準）参照.

(3) 不適当．誤りは「……，水道事業者……」で，正しくは「……，厚生労働大臣……」である．主任技術者は，水道法に違反した場合，厚生労働大臣から給水装置工事主任技術者免状の返納を命じられることがある．法第25条の5（給水装置工事主任者免状）第3項参照.

(4) 適当．工事事業者は，事業所ごとに，主任技術者免状の交付を受けている者のうちから，主任技術者を選任しなければならない．法第25条の4（給水装置工事主任技術者）第1項参照. ▶答 (3)

問題3 【平成29年 問38】

指定給水装置工事事業者（以下，本問においては「工事事業者」という.）による給水装置工事主任技術者（以下，本問においては「主任技術者」という.）の選任等に関する次の記述の正誤の組み合わせのうち，適当なものはどれか.

ア　主任技術者が，水道法に違反したときは，厚生労働大臣は主任技術者の免状の返納を命ずることができる.

イ　工事事業者は，選任した主任技術者が欠けるに至った場合，新たな主任技術者を選任しなければならないが，その選任の期限は特に定められていない.

ウ　工事事業者は，給水装置工事の事業を行う事業所ごとに複数の主任技術者を選任することができる.

エ　工事事業者は，主任技術者の選任にあたり，同一の主任技術者を複数の事業所で選任することはできない.

	ア	イ	ウ	エ
(1)	誤	正	正	誤
(2)	正	誤	誤	誤
(3)	誤	正	誤	正
(4)	正	誤	正	誤

解説　ア　正しい．主任技術者が，水道法に違反したときは，厚生労働大臣は主任技術者の免状の返納を命ずることができる．法第25条の5（給水装置工事主任技術者免状）第3項参照.

イ　誤り．工事事業者は，選任した主任技術者が欠けるに至った場合，当該事由が発生した日から2週間以内に新たな給水装置工事主任技術者を選任しなければならない．規則第21条（給水装置工事主任技術者の選任）第2項参照.

ウ　正しい．工事事業者は，給水装置工事の事業を行う事業所ごとに複数の主任技術者を選任することができる．1名と限定していない．法第25条の4（給水装置工事主任技術者）第1項参照.

エ　誤り．工事事業者は，主任技術者の選任にあたり，同一の主任技術者を複数の事業所で選任することは特に支障のないときは，可能である．規則第21条（給水装置工事主任技術者の選任）第3項ただし書き参照.

以上から（4）が正解.　▶答（4）

6.2 給水装置工事主任技術者の業務・職務

問題1　【令和4年 問38】

給水装置工事における給水装置工事主任技術者（以下本問においては「主任技術者」という.）の職務に関する次の記述の正誤の組み合わせのうち，適当なものはどれか.

ア　主任技術者は，公道下の配管工事について工事の時期，時間帯，工事方法等について，あらかじめ水道事業者から確認を受けることが必要である．

イ　主任技術者は，施主から工事に使用する給水管や給水用具を指定された場合，それらが給水装置の構造及び材質の基準に関する省令に適合していない場合でも，現場の状況に合ったものを使用することができる．

ウ　主任技術者は，工事に当たり施工後では確認することが難しい工事目的物の品質を，施工の過程においてチェックする品質管理を行う必要がある．

エ　主任技術者は，工事従事者の健康状態を管理し，水系感染症に注意して，どのような給水装置工事においても水道水を汚染しないよう管理する．

	ア	イ	ウ	エ
(1)	誤	正	誤	正
(2)	正	誤	誤	正
(3)	正	誤	正	正
(4)	誤	誤	正	誤

解説　ア　正しい．主任技術者は，公道下の配管工事について工事の時期，時間帯，工事方法等について，あらかじめ水道事業者から確認を受けることが必要である．

イ　誤り．主任技術者は，施主から工事に使用する給水管や給水用具を指定された場合，それらが給水装置の構造及び材質の基準に関する省令に適合していない場合，使用できない理由を明確にして施主に説明しなければならない．

ウ　正しい．主任技術者は，工事に当たり施工後では確認することが難しい工事目的物の品質を，施工の過程においてチェックする品質管理を行う必要がある．

エ　正しい．主任技術者は，工事従事者の健康状態を管理し，水系感染症に注意して，どのような給水装置工事においても水道水を汚染しないよう管理する．

以上から（3）が正解．

▶答（3）

問題2　【令和3年 問39】

給水装置工事主任技術者に求められる知識と技能に関する次の記述のうち，<u>不適当なものはどれか</u>．

(1) 給水装置工事は，工事の内容が人の健康や生活環境に直結した給水装置の設置又は変更の工事であることから，設計や施工が不良であれば，その給水装置によって水道水の供給を受ける需要者のみならず，配水管への汚水の逆流の発生等により公衆衛生上大きな被害を生じさせるおそれがある．

(2) 給水装置に関しては，布設される給水管や弁類等が地中や壁中に隠れてしまうので，施工の不良を発見することも，それが発見された場合の是正も容易ではないことから，適切な品質管理が求められる．

(3) 給水条例等の名称で制定されている給水要綱には，給水装置工事に関わる事項として，適切な工事施行ができる者の指定，水道メーターの設置位置，指定給水装置工事事業者が給水装置工事を施行する際に行わなければならない手続き等が定められているので，その内容を熟知しておく必要がある．

(4) 新技術，新材料に関する知識，関係法令，条例等の制定，改廃についての知識を不断に修得するための努力を行うことが求められる．

解説 (1) 適当．給水装置工事は，工事の内容が人の健康や生活環境に直結した給水装置の設置又は変更の工事であることから，設計や施工が不良であれば，その給水装置によって水道水の供給を受ける需要者のみならず，配水管への汚水の逆流の発生等により公衆衛生上大きな被害を生じさせるおそれがある．

(2) 適当．給水装置に関しては，布設される給水管や弁類等が地中や壁中に隠れてしまうので，施工の不良を発見することも，それが発見された場合の是正も容易ではないことから，適切な品質管理が求められる．

(3) 不適当．給水条例等の名称で制定されている給水要綱には，給水装置工事に関わる事項として，適切な工事施行ができる者の指定，水道メーターの設置位置，指定給水装置工事事業者が給水装置工事を施行する際に行わなければならない手続き等が定められているので，当該水道事業者が定めている供給規程を熟知しておく必要がある．「内容」が誤り．

(4) 適当．新技術，新材料に関する知識，関係法令，条例等の制定，改廃についての知識を不断に修得するための努力を行うことが求められる．

▶答 (3)

問題 3 【令和 2 年 問 36】

水道法に定める給水装置工事主任技術者に関する次の記述のうち，不適当なものはどれか．

(1) 給水装置工事主任技術者試験の受験資格である「給水装置工事の実務の経験」とは，給水装置の工事計画の立案，現場における監督，施行の計画，調整，指揮監督又は管理する職務に従事した経験，及び，給水管の配管，給水用具の設置その他給水装置工事の施行を実地に行う職務に従事した経験のことをいい，これらの職務に従事するための見習い期間中の技術的な経験は対象とならない．

(2) 給水装置工事主任技術者の職務のうち「給水装置工事に関する技術上の管理」とは，事前調査，水道事業者等との事前調整，給水装置の材料及び機材の選定，工事方法の決定，施工計画の立案，必要な機械器具の手配，施工管理及び工程毎の仕上がり検査等の管理をいう．

(3) 給水装置工事主任技術者の職務のうち「給水装置工事に従事する者の技術上の指導監督」とは，工事品質の確保に必要な，工事に従事する者の技能に応じた役割分担の指示，分担させた従事者に対する品質目標，工期その他施工管理上の目標に適合した工事の実施のための随時の技術的事項の指導及び監督をいう．

(4) 給水装置工事主任技術者の職務のうち「水道事業者の給水区域において施行する給水装置工事に関し，当該水道事業者と行う連絡又は調整」とは，配水管から給水管を分岐する工事を施行しようとする場合における配水管の位置の確認に関する連絡調整，工事に係る工法，工期その他の工事上の条件に関する連絡調整，及び軽微な変更を除く給水装置工事を完了した旨の連絡のことをいう．

解説 (1) 不適当．給水装置工事主任技術者試験の受験資格である「給水装置工事の実務の経験」とは，給水装置の工事計画の立案，現場における監督，施行の計画，調整，指揮監督又は管理する職務に従事した経験，及び，給水管の配管，給水用具の設置その他給水装置工事の施行を実地に行う職務に従事した経験のことをいい，これらの職務に従事するための見習い期間中の技術的な経験は対象となる．「……対象とならない．」が誤り．

(2) 適当．給水装置工事主任技術者の職務のうち「給水装置工事に関する技術上の管理」とは，事前調査，水道事業者等との事前調整，給水装置の材料及び機材の選定，工事方法の決定，施工計画の立案，必要な機械器具の手配，施工管理及び工程毎の仕上がり検査等の管理をいう．

(3) 適当．給水装置工事主任技術者の職務のうち「給水装置工事に従事する者の技術上の指導監督」とは，工事品質の確保に必要な，工事に従事する者の技能に応じた役割分担の指示，分担させた従事者に対する品質目標，工期その他施工管理上の目標に適合した工事の実施のための随時の技術的事項の指導及び監督をいう．

(4) 適当．給水装置工事主任技術者の職務のうち「水道事業者の給水区域において施行する給水装置工事に関し，当該水道事業者と行う連絡又は調整」とは，配水管から給水管を分岐する工事を施行しようとする場合における配水管の位置の確認に関する連絡調整，工事に係る工法，工期その他の工事上の条件に関する連絡調整，及び軽微な変更を除く給水装置工事を完了した旨の連絡のことをいう．

▶答 (1)

問題4 【令和元年 問36】

給水装置工事主任技術者（以下，本問においては「主任技術者」という．）の職務に関する次の記述のうち，<u>不適当なものはどれか</u>．

(1) 主任技術者は，事前調査においては，地形，地質はもとより既存の地下埋設物の状況等について，十分調査を行わなければならない．

(2) 主任技術者は，当該給水装置工事の施主から，工事に使用する給水管や給水用具を指定される場合がある．それらが，給水装置の構造及び材質の基準に適合しないものであれば，使用できない理由を明確にして施主に説明しなければならない．

(3) 主任技術者は，職務の一つとして，工事品質を確保するために，現場ごとに従事者の技術的能力の評価を行い，指定給水装置工事事業者に報告しなければならない．

(4) 主任技術者は，給水装置工事の検査にあたり，水道事業者の求めに応じて検査に立ち会う．

解説 (1) 適当．給水装置工事主任技術者（以下「主任技術者」という）は，事前調査においては，地形，地質はもとより既存の地下埋設物の状況等について，十分調査を行わなければならない．

(2) 適当．主任技術者は，当該給水装置工事の施主から，工事に使用する給水管や給水用具を指定される場合がある．それらが，給水装置の構造及び材質の基準に適合しないものであれば，使用できない理由を明確にして施主に説明しなければならない．

(3) 不適当．主任技術者にこのような職務は定められていない．

(4) 適当．主任技術者は，給水装置工事の検査にあたり，水道事業者の求めに応じて検査に立ち会う．

▶答 (3)

問題 5 【令和元年 問 37】

給水装置工事における給水装置工事主任技術者（以下，本問においては「主任技術者」という．）の職務に関する次の記述の正誤の組み合わせのうち，適当なものはどれか．

ア 主任技術者は，調査段階，計画段階に得られた情報に基づき，また，計画段階で関係者と調整して作成した施工計画書に基づき，最適な工程を定めそれを管理しなければならない．

イ 主任技術者は，工事従事者の安全を確保し，労働災害の防止に努めるとともに，水系感染症に注意して水道水を汚染しないよう，工事従事者の健康を管理しなければならない．

ウ 主任技術者は，配水管と給水管の接続工事や道路下の配管工事については，水道施設の損傷，漏水による道路の陥没等の事故を未然に防止するため，必ず現場に立ち会い施行上の指導監督を行わなければならない．

エ 主任技術者は，給水装置工事の事前調査において，技術的な調査を行うが，必要となる官公署等の手続きを漏れなく確実に行うことができるように，関係する水道事業者の供給規程のほか，関係法令等も調べる必要がある．

	ア	イ	ウ	エ
(1)	正	正	誤	正
(2)	誤	誤	正	誤
(3)	誤	正	誤	正
(4)	正	誤	正	誤

解説 ア　正しい．給水装置工事主任技術者（以下「主任技術者」という）は，調査段階，計画段階に得られた情報に基づき，又，計画段階で関係者と調整して作成した施工計画書に基づき，最適な工程を定めそれを管理しなければならない．

イ　正しい．主任技術者は，工事従事者の安全を確保し，労働災害の防止に努めるとともに，水系感染症に注意して水道水を汚染しないよう，工事従事者の健康を管理しなければならない．

ウ　誤り．主任技術者は，配水管と給水管の接続工事や道路下の配管工事については，水道施設の損傷，漏水による道路の陥没等の事故を未然に防止するため，必要に応じて現場に立ち会い施行上の指導監督を行わなければならない．「必ず」が誤り．

エ　正しい．主任技術者は，給水装置工事の事前調査において，技術的な調査を行うが，必要となる官公署等の手続きを漏れなく確実に行うことができるように，関係する水道事業者の供給規程のほか，関係法令等も調べる必要がある．

以上から（1）が正解．

▶答（1）

問題6　【平成30年 問39】

給水装置工事における給水装置工事主任技術者（以下，本問においては「主任技術者」という．）の職務に関する次の記述のうち，不適当なものはどれか．

（1）主任技術者は，給水装置工事の事前調査において，酸・アルカリに対する防食，凍結防止等の工事の必要性の有無を調べる必要がある．

（2）主任技術者は，施主から使用を指定された給水管や給水用具等の資機材が，給水装置の構造及び材質の基準に関する省令の性能基準に適合していない場合でも，現場の状況から主任技術者の判断により，その資機材を使用することができる．

（3）主任技術者は，道路下の配管工事について，通行者及び通行車両の安全確保のほか，水道以外のガス管，電力線及び電話線等の保安について万全を期す必要がある．

（4）主任技術者は，自ら又はその責任のもと信頼できる現場の従事者に指示することにより，適正な竣工検査を確実に実施しなければならない．

解説（1）適当．主任技術者は，給水装置工事の事前調査において，酸・アルカリに対する防食，凍結防止等の工事の必要性の有無を調べる必要がある．

(2) 不適当．主任技術者は，施主から使用を指定された給水管や給水用具等の資機材が，「給水装置の構造及び材質の基準に関する省令」の性能基準に適合していない場合，その資機材を使用することができない．

(3) 適当．主任技術者は，道路下の配管工事について，通行者及び通行車両の安全確保のほか，水道以外のガス管，電力線及び電話線等の保安について万全を期す必要がある．

(4) 適当．主任技術者は，自ら又はその責任のもと信頼できる現場の従事者に指示することにより，適正な竣工検査を確実に実施しなければならない． ▶答 (2)

問題7 【平成29年 問37】

給水装置工事における給水装置工事主任技術者（以下，本問においては「主任技術者」という．）の職務に関する次の記述の正誤の組み合わせのうち，適当なものはどれか．

ア　主任技術者は，給水装置工事の事前調査において，酸・アルカリに対する防食，凍結防止等の工事の必要性の有無を調べる必要がある．

イ　主任技術者は，給水装置工事の事前調査において，技術的な調査を行うが，必要となる官公署等の手続きを漏れなく確実に行うことができるように，関係する水道事業者の供給規程のほか，関係法令等も調べる必要がある．

ウ　主任技術者は，給水装置工事に従事する者の技術上の指導監督を誠実に行わなければならない．

エ　主任技術者は，給水装置工事における適正な竣工検査を確実に実施するため，自らそれにあたらなければならず，現場の従事者を代理としてあたらせることはできない．

	ア	イ	ウ	エ
(1)	誤	正	誤	正
(2)	正	誤	正	誤
(3)	正	正	正	誤
(4)	正	正	誤	正

解説 ア　正しい．主任技術者は，給水装置工事の事前調査において，酸・アルカリに対する防食，凍結防止等の工事の必要性の有無を調べる必要がある．

イ　正しい．主任技術者は，給水装置工事の事前調査において，技術的な調査を行うが，必要となる官公署等の手続きを漏れなく確実に行うことができるように，関係する水道事業者の供給規程のほか，関係法令等も調べる必要がある．

ウ　正しい．主任技術者は，給水装置工事に従事する者の技術上の指導監督を誠実に行わなければならない．法第25条の4（給水装置工事主任技術者）第3項第二号参照．

エ　誤り．主任技術者は，給水装置工事における適正な竣工検査を確実に実施するため，自らそれにあたることもでき，又，現場の従事者を代理としてあたらせることもできる．以上から（3）が正解．

▶答（3）

6.3 給水装置工事の記録及び保存

問題1　【令和4年 問39】

給水装置工事の記録，保存に関する次の記述のうち，適当なものはどれか．

(1) 給水装置工事主任技術者は，給水装置工事を施行する際に生じた技術的な問題点等について，整理して記録にとどめ，以後の工事に活用していくことが望ましい．

(2) 指定給水装置工事事業者は，給水装置工事の記録として，施主の氏名又は名称，施行の場所，竣工図等の記録を作成し，5年間保存しなければならない．

(3) 給水装置工事の記録作成は，指名された給水装置工事主任技術者が作成するが，いかなる場合でも他の従業員が行ってはいけない．

(4) 給水装置工事の記録については，水道法施行規則に定められた様式に従い作成しなければならない．

解説 (1) 適当．給水装置工事主任技術者は，給水装置工事を施行する際に生じた技術的な問題点等について，整理して記録にとどめ，以後の工事に活用していくことが望ましい．

(2) 不適当．指定給水装置工事事業者は，給水装置工事の記録として，施主の氏名又は名称，施行の場所，竣工図等の記録を作成し，3年間保存しなければならない．水道法施行規則第36条（事業の運営の基準）第六号本文参照．

(3) 不適当．給水装置工事の記録作成は，指名された給水装置工事主任技術者が作成するが，給水装置工事主任技術者の指導・監督のもとで他の従業員が行ってもよい．

(4) 不適当．給水装置工事の記録は，法令に規定された事項が記録され，所定の期間保管することができれば，様式や記録媒体について特段の制限はない．

▶答（1）

問題2　【令和元年 問39】

給水装置工事に係る記録の作成，保存に関する次の記述のうち，不適当なものはどれか．

(1) 給水装置工事に係る記録及び保管については，電子記録を活用することもできるので，事務の遂行に最も都合がよい方法で記録を作成して保存する.

(2) 指定給水装置工事事業者は，給水装置工事の施主の氏名又は名称，施行場所，竣工図，品質管理の項目とその結果等について記録を作成しなければならない.

(3) 給水装置工事の記録については，特に様式が定められているものではないが，記録を作成し5年間保存しなければならない.

(4) 給水装置工事の記録作成は，指名された給水装置工事主任技術者が作成することになるが，給水装置工事主任技術者の指導・監督のもとで他の従業員が行ってもよい.

解説 (1) 適当．給水装置工事に係る記録及び保管については，電子記録を活用することもできるので，事務の遂行に最も都合がよい方法で記録を作成して保存する.

(2) 適当．指定給水装置工事事業者は，給水装置工事の施主の氏名又は名称，施行場所，竣工図，品質管理の項目とその結果等について記録を作成しなければならない．規則第36条（事業の運営の基準）第六号参照.

(3) 不適当．給水装置工事の記録については，特に様式が定められているものではないが，記録を作成し3年間保存しなければならない．「5年間」が誤り．規則第36条（事業の運営の基準）第六号本文参照.

(4) 適当．給水装置工事の記録作成は，指名された給水装置工事主任技術者が作成することになるが，給水装置工事主任技術者の指導・監督のもとで他の従業員が行ってもよい.

▶答 (3)

問題3 【平成30年 問37】

給水装置工事の記録及び保存に関する次の記述のうち，不適当なものはどれか.

(1) 給水装置工事主任技術者は，単独水栓の取替え及び補修並びにこま，パッキン等給水装置の末端に設置される給水用具の部品の取替え（配管を伴わないものに限る.）であっても，給水装置工事の記録を作成しなければならない.

(2) 給水装置工事の記録は，法令に規定された事項が記録され，所定の期間保管することができれば，記録する媒体について特段の制限はない.

(3) 指定給水装置工事事業者は，給水装置工事の記録として，施主の氏名又は名称，施行の場所，竣工図等，法令に定められた事項を記録しなければならない.

(4) 水道事業者に給水装置工事の施行を申請したときに用いた申請書は，記録として残すべき事項が記載されていれば，その写しを工事記録として保存することができる.

解説 (1) 不適当．給水装置工事主任技術者は，単独水栓の取替え及び補修並びにこま，パッキン等給水装置の末端に設置される給水用具の部品の取替え（配管を伴わないものに限る）については，軽微な変更であるため，記録を作成する必要はない．規則第36条（事業の運営の基準）第六号本文（かっこ内）参照．

(2) 適当．給水装置工事の記録は，法令に規定された事項が記録され，所定の期間保管することができれば，記録する媒体について特段の制限はない．規則第36条（事業の運営の基準）第六号参照．

(3) 適当．指定給水装置工事事業者は，給水装置工事の記録として，施主の氏名又は名称，施行の場所，竣工図等，法令に定められた事項を記録しなければならない．規則第36条（事業の運営の基準）第六号イ～ト参照．

(4) 適当．水道事業者に給水装置工事の施行を申請したときに用いた申請書は，記録として残すべき事項が記載されていれば，特に様式が定められていないため，その写しを工事記録として保存することができる．規則第36条（事業の運営の基準）第六号参照．

▶答 (1)

問題4 【平成29年 問36】

給水装置工事に係る記録の作成，保存に関する次の記述のうち，不適当なものはどれか．

(1) 給水装置工事の記録については，定められた様式に従い書面で作成し，保存しなければならない．

(2) 指定給水装置工事事業者は，給水装置工事の施主の氏名又は名称，施行場所，竣工図，品質管理の項目とその結果等についての記録を作成しなければならない．

(3) 給水装置工事の記録作成は，指名された給水装置工事主任技術者が行うことになるが，給水装置工事主任技術者の指導・監督のもとで他の従業員が行ってもよい．

(4) 給水装置工事主任技術者は，給水装置工事を施行する際に生じた技術的な問題点などについて，整理して記録にとどめ，以後の工事に活用していくことが望ましい．

解説 (1) 不適当．給水装置工事の記録については，特に様式が定められていない．したがって，電子記録を活用するなど，事務の遂行に最も都合がよい方法で記録を作成し保存すればよい．

(2) 適当．指定給水装置工事事業者は，給水装置工事の施主の氏名又は名称，施行場所，竣工図，品質管理の項目とその結果等についての記録を作成しなければならない．規則第36条（事業の運営の基準）第六号参照．

(3) 適当．給水装置工事の記録作成は，指名された給水装置工事主任技術者が行うことになるが，給水装置工事主任技術者の指導・監督のもとで他の従業員が行ってもよい．

(4) 適当．給水装置工事主任技術者は，給水装置工事を施行する際に生じた技術的な問題点などについて，整理して記録にとどめ，以後の工事に活用していくことが望ましい．

▶答（1）

6.4 給水装置の構造及び材質の基準

問題1 【令和4年 問36】

給水装置の構造及び材質の基準（以下本問においては「構造材質基準」という.）に関する次の記述のうち，不適当なものはどれか.

(1) 厚生労働省令に定められている「構造材質基準を適用するために必要な技術的細目」のうち，個々の給水管及び給水用具が満たすべき性能及びその定量的な判断基準（以下本問においては「性能基準」という.）は4項目の基準からなっている.

(2) 構造材質基準適合品であることを証明する方法は，製造者等が自らの責任で証明する「自己認証」と第三者機関に依頼して証明する「第三者認証」がある.

(3) JISマークの表示は，国の登録を受けた民間の第三者機関がJIS適合試験を行い，適合した製品にマークの表示を認める制度である.

(4) 厚生労働省では製品ごとの性能基準への適合性に関する情報が，全国的に利用できるよう，給水装置データベースを構築している.

解説 (1) 不適当．厚生労働省令に定められている「構造材質基準を適用するために必要な技術的細目」のうち，個々の給水管及び給水用具が満たすべき性能及びその定量的な判断基準（以下本問においては「性能基準」という）は，7項目の基準からなっている．7項目の基準とは，耐圧性能基準，浸出性能基準，水撃限界性能基準，逆流防止性能基準，負圧破壊性能基準，耐寒性能基準，耐久性能基準である．

(2) 適当．構造材質基準適合品であることを証明する方法は，製造者等が自らの責任で証明する「自己認証」と第三者機関に依頼して証明する「第三者認証」がある．

(3) 適当．JISマークの表示は，国の登録を受けた民間の第三者機関がJIS適合試験を行い，適合した製品にマークの表示を認める制度である．

(4) 適当．厚生労働省では製品ごとの性能基準への適合性に関する情報が，全国的に利用できるよう，給水装置データベースを構築している．

▶答（1）

問題2 【令和4年 問37】

個々の給水管及び給水用具が満たすべき性能及びその定量的な判断基準（以下本問においては「性能基準」という.）に関する次の記述のうち，不適当なものはどれか.

(1) 給水装置の構造及び材質の基準（以下本問においては「構造材質基準」という.）

に関する省令は，性能基準及び給水装置工事が適正に施行された給水装置であるか否かの判断基準を明確化したものである．

(2) 給水装置に使用する給水管で，構造材質基準に関する省令を包含する日本産業規格（JIS 規格）や日本水道協会規格（JWWA 規格）等の団体規格に適合した製品も使用可能である．

(3) 第三者認証を行う機関の要件及び業務実施方法については，国際整合化等の観点から，ISO のガイドラインに準拠したものであることが望ましい．

(4) 第三者認証を行う機関は，製品サンプル試験を行い，性能基準に適しているか否かを判定するとともに，基準適合製品が安定・継続して製造されているか否か等の検査を行って基準適合性を認証した上で，当該認証機関の認証マークを製品に表示することを認めている．

(5) 自己認証においては，給水管，給水用具の製造業者が自ら得たデータや作成した資料等に基づいて，性能基準適合品であることを証明しなければならない．

解説 (1) 適当．給水装置の構造及び材質の基準（以下本問においては「構造材質基準」という）に関する省令は，性能基準及び給水装置工事が適正に施行された給水装置であるか否かの判断基準を明確化したものである．

(2) 適当．給水装置に使用する給水管で，構造材質基準に関する省令を包含する日本産業規格（JIS 規格）や日本水道協会規格（JWWA 規格）等の団体規格に適合した製品も使用可能である．

(3) 適当．第三者認証を行う機関の要件及び業務実施方法については，国際整合化等の観点から，ISO のガイドラインに準拠したものであることが望ましい．

(4) 適当．第三者認証を行う機関は，製品サンプル試験を行い，性能基準に適しているか否かを判定するとともに，基準適合製品が安定・継続して製造されているか否か等の検査を行って基準適合性を認証した上で，当該認証機関の認証マークを製品に表示することを認めている．

(5) 不適当．自己認証においては，給水管，給水用具の製造業者が自ら，又は製品試験機関などに委託して得たデータや作成した資料等に基づいて，性能基準適合品であることを証明しなければならない．

▶ 答 (5)

問題 3　【令和 3 年 問 38】

給水装置用材料の基準適合品の確認方法に関する次の記述の [　　] 内に入る語句の組み合わせのうち，適当なものはどれか．

給水装置用材料が使用可能か否かは，給水装置の構造及び材質の基準に関する省令に適合しているか否かであり，これを消費者，指定給水装置工事事業者，水道事業者等が判断することとなる．この判断のために製品等に表示している［ア］マークがある．

また，制度の円滑な実施のために［イ］では製品ごとの［ウ］基準への適合性に関する情報が全国的に利用できるよう［エ］データベースを構築している．

	ア	イ	ウ	エ
(1)	認証	経済産業省	性能	水道施設
(2)	適合	厚生労働省	システム	給水装置
(3)	適合	経済産業省	システム	水道施設
(4)	認証	厚生労働省	性能	給水装置

解説　ア「認証」である．
イ「厚生労働省」である．
ウ「性能」である．
エ「給水装置」である．

以上から（4）が正解．

▶答（4）

問題4　【令和2年 問38】

給水管に求められる性能基準に関する次の組み合わせのうち，適当なものはどれか．

(1) 耐圧性能基準と耐久性能基準
(2) 浸出性能基準と耐久性能基準
(3) 浸出性能基準と水撃限界性能基準
(4) 水撃限界性能基準と耐久性能基準
(5) 耐圧性能基準と浸出性能基準

解説　(1) 不適当．耐圧性能基準は適用されるが，耐久性能基準は適用されない（表6.1参照）．

表6.1　給水管及び給水用具に適用される性能基準

給水管及び給水用具＼性能基準	耐圧	浸出	水撃限界	逆流防止	負圧破壊	耐寒	耐久
給水管	◎	◎	—	—	—	—	—
給水栓 ボールタップ	◎	○	○	○	○	○	—
バルブ	◎	○	○	—	—	○	○

表 6.1　給水管及び給水用具に適用される性能基準（つづき）

給水管及び給水用具＼性能基準	耐圧	浸出	水撃限界	逆流防止	負圧破壊	耐寒	耐久
継　　手	◎	○	—	—	—	—	—
浄　水　器	○	◎	—	○	—	—	—
湯　沸　器	○	○	○	○	○	○	—
逆　止　弁	◎	○	—	◎	○	—	◎
ユニット化装置（流し台，洗面台，浴槽，便器等）	◎	○	○	○	○	○	—
自動食器洗い機，冷水機（ウォータークーラー），洗浄便座等	◎	○	○	○	○	○	—

凡　例
◎…常に適用される性能基準
○…給水用具の種類，用途（飲用に用いる場合，浸出の性能基準が適用となる），設置場所により適用される性能基準
—…適用外

なお，基準の確認は製造者が自らの責任で製品に係る試験成績書等により基準適合性を証明する自己認証，又は第三者認証機関による証明を利用する第三者認証により判断することとしている．

認証とは給水管及び給水用具が各製品の設計段階で構造材質基準に適合していることと，当該製品の製造段階でその品質の安定性が確保されていることを証明することである．

(2) 不適当．浸出性能基準は適用されるが，耐久性能基準は適用されない．
(3) 不適当．浸出性能基準は適用されるが，水撃限界性能基準は適用されない．
(4) 不適当．水撃限界性能基準と耐久性能基準はいずれも適用されない．
(5) 適当．耐圧性能基準と浸出性能基準は，給水管に対して常に適用される．　▶答 (5)

問題 5　【令和 2 年 問 39】

給水管及び給水用具の性能基準適合性の自己認証に関する次の記述のうち，適当なものはどれか．

(1) 需要者が給水用具を設置するに当たり，自ら希望する製品を自らの責任で設置することをいう．
(2) 製造者等が自ら又は製品試験機関等に委託して得たデータや作成した資料等によって，性能基準適合品であることを証明することをいう．
(3) 水道事業者自らが性能基準適合品であることを証明することをいう．
(4) 指定給水装置工事事業者が工事で使用する前に性能基準適合性を証明することをいう．

解説　自己認証は，製造者等が自ら又は製品試験機関等に委託して得たデータや作成し

た資料等によって給水管及び給水用具の性能基準適合性の証明を行うことをいう．以上から正解は（2）となる．その他は不適当である． ▶答（2）

問題6 【令和元年 問40】

給水装置工事の構造及び材質の基準に関する省令に関する次の記述のうち，不適当なものはどれか．

（1）厚生労働省の給水装置データベースのほかに，第三者認証機関のホームページにおいても，基準適合品の情報提供サービスが行われている．

（2）給水管及び給水用具が基準適合品であることを証明する方法としては，製造業者等が自らの責任で証明する自己認証と製造業者等が第三者機関に証明を依頼する第三者認証がある．

（3）自己認証とは，製造業者が自ら又は製品試験機関等に委託して得たデータや作成した資料によって行うもので，基準適合性の証明には，各製品が設計段階で基準省令に定める性能基準に適合していることの証明で足りる．

（4）性能基準には，耐圧性能，浸出性能，水撃限界性能，逆流防止性能，負圧破壊性能，耐寒性能及び耐久性能の7項目がある．

解説（1）適当．厚生労働省の給水装置データベースのほかに，第三者認証機関のホームページにおいても，基準適合品の情報提供サービスが行われている．

（2）適当．給水管及び給水用具が基準適合品であることを証明する方法としては，製造業者等が自らの責任で証明する自己認証と製造業者等が第三者機関に証明を依頼する第三者認証がある．

（3）不適当．自己認証とは，製造業者が自ら又は製品試験機関等に委託して得たデータや作成した資料によって行うもので，基準適合性の証明には，各製品が設計段階で基準省令に定める性能基準に適合していることの証明と，当該製品が製造段階で品質の安定性が確保されていることの証明が必要である．

（4）適当．性能基準には，耐圧性能，浸出性能，水撃限界性能，逆流防止性能，負圧破壊性能，耐寒性能及び耐久性能の7項目がある． ▶答（3）

問題7 【平成30年 問38】

給水装置の構造及び材質の基準（以下，本問においては「構造・材質基準」という．）に関する次の記述のうち，不適当なものはどれか．

（1）構造・材質基準に関する省令には，浸出等，水撃限界，防食，逆流防止などの技術的細目である7項目の基準が定められている．

（2）厚生労働省では，製品ごとの性能基準への適合性に関する情報が全国的に利用できるよう給水装置データベースを構築している.

(3) 第三者認証は，自己認証が困難な製造業者や第三者認証の客観性に着目して第三者による証明を望む製造業者等が活用する制度である.

(4) 構造・材質基準に関する省令で定められている性能基準として，給水管は，耐久性能と浸出性能が必要であり，飲用に用いる給水栓は，耐久性能，浸出性能及び水撃限界性能が必要となる.

解説 (1) 適当.「給水装置の構造及び材質の基準に関する省令」には，浸出等，水撃限界，防食，逆流防止などの技術的細目である7項目（耐圧，浸出，水撃限界，逆流防止，防食，耐寒，耐久）の基準が定められている.

(2) 適当. 厚生労働省では，製品ごとの性能基準への適合性に関する情報が全国的に利用できるよう給水装置データベースを構築している.

(3) 適当. 第三者認証は，自己認証が困難な製造業者や第三者認証の客観性に着目して第三者による証明を望む製造業者等が活用する制度である.

(4) 不適当. 誤りは「耐久性能」で，正しくは「耐圧性能」である. 構造・材質基準に関する省令で定められている性能基準として，給水管は，耐圧性能と浸出性能が必要であり，飲用に用いる給水栓は，耐圧性能，浸出性能及び水撃限界性能が必要となる（表6.1参照）.

▶答 (4)

問題8 【平成30年 問40】

個々の給水管及び給水用具が満たすべき性能及びその定量的な判断基準（「性能基準」という.）に関する次の記述のうち，不適当なものはどれか.

(1) 給水装置の構造及び材質の基準（以下，本問においては「構造・材質基準」という.）に関する省令は，性能基準及び給水装置工事が適正に施行された給水装置であるか否かの判断基準を明確化したものである.

(2) 給水装置に使用する給水管で，構造・材質基準に関する省令を包含する日本工業規格（JIS規格）や日本水道協会規格（JWWA規格）等の団体規格の製品であっても，第三者認証あるいは自己認証を別途必要とする.

(3) 第三者認証は，第三者認証機関が製品サンプル試験を行い，性能基準に適合しているか否かを判定するとともに，性能基準適合品が安定・継続して製造されているか否か等の検査を行って基準適合性を認証したうえで，当該認証機関の認証マークを製品に表示することを認めるものである.

(4) 自己認証は，給水管，給水用具の製造業者等が自ら又は製品試験機関などに委託して得たデータや作成した資料等に基づいて，性能基準適合品であることを証明するものである.

解説 (1) 適当．「給水装置の構造及び材質の基準に関する省令」は，性能基準及び給水装置工事が適正に施行された給水装置であるか否かの判断基準を明確化したものである．

(2) 不適当．給水装置に使用する給水管で，「給水装置の構造及び材質の基準に関する省令」を包含する日本工業規格（JIS 規格）や日本水道協会規格（JWWA 規格）等の団体規格の製品であれば，性能基準適合品として使用できるため，第三者認証あるいは自己認証を別途必要としない．

(3) 適当．第三者認証は，第三者認証機関が製品サンプル試験を行い，性能基準に適合しているか否かを判定するとともに，性能基準適合品が安定・継続して製造されているか否か等の検査を行って基準適合性を認証したうえで，当該認証機関の認証マークを製品に表示することを認めるものである．

(4) 適当．自己認証は，給水管，給水用具の製造業者等が自ら又は製品試験機関などに委託して得たデータや作成した資料等に基づいて，性能基準適合品であることを証明するものである．

▶答 (2)

問題 9 【平成 29 年 問 39】

給水装置の構造及び材質の基準に関する省令（以下，本問においては「基準省令」という.）に定める性能基準の適合に関する次の正誤の組み合わせのうち，適当なものはどれか.

ア 自己認証は，給水管，給水用具の製造業者等が自ら又は製品試験機関などに委託して得たデータや作成した資料等に基づいて，性能基準適合品であることを証明するものである.

イ 第三者認証とは，中立的な第三者機関が製品試験や工場検査等を行い，基準に適合しているものについては基準適合品として登録して認証製品であることを示すマークの表示を認める方法である.

ウ 自己認証において，設計段階での基準適合性が証明されたことによりすべての製品が安全であるといえる.

エ 給水装置に使用する給水管で，基準省令を包含する日本工業規格（JIS 規格）や日本水道協会規格（JWWA 規格）等の団体規格の製品は，JIS マークや JWWA マーク等によって規格適合が表示されていれば性能基準適合品として使用することができる.

	ア	イ	ウ	エ
(1)	正	正	誤	正
(2)	誤	正	正	誤
(3)	正	正	誤	誤

(4) 誤　誤　正　正

解説 ア　正しい．自己認証は，給水管，給水用具の製造業者等が自ら又は製品試験機関などに委託して得たデータや作成した資料等に基づいて，性能基準適合品であることを証明するものである．

イ　正しい．第三者認証とは，中立的な第三者機関が製品試験や工場検査等を行い，基準に適合しているものについては基準適合品として登録して認証製品であることを示すマークの表示を認める方法である．

ウ　誤り．自己認証において，設計段階での基準適合性が証明されたことによりすべての製品が安全であると言えず，製品品質の安全性の証明も必要である．

エ　正しい．給水装置に使用する給水管で，基準省令を包含する日本工業規格（JIS 規格）や日本水道協会規格（JWWA 規格）等の団体規格の製品は，JIS マークや JWWA マーク等によって規格適合が表示されていれば性能基準適合品として使用することができる．

以上から（1）が正解．

▶答（1）

問題10 【平成29年 問40】

基準適合品の確認方法として厚生労働省が構築している「給水装置データベース」に関する記述のうち，不適当なものはどれか．

(1)「給水装置データベース」とは，製品ごとの性能基準への適合性に関する情報が全国的に利用できるものである．

(2)「給水装置データベース」では，基準に適合した製品名，製造業者名，基準適合の内容等に関する情報を集積しているが，基準適合性の証明方法に関する情報はない．

(3) 厚生労働省の「給水装置データベース」のほかに，第三者認証機関のホームページにおいても情報提供サービスが行われている．

(4)「給水装置データベース」に掲載されている情報は，製造業者等の自主情報に基づくものであり，内容についてはその情報提供者が一切の責任を負うことになっている．

解説 (1) 適当．「給水装置データベース」とは，製品ごとの性能基準への適合性に関する情報が全国的に利用できるものである．

(2) 不適当．「給水装置データベース」では，基準に適合した製品名，製造業者名，基準適合の内容，基準適合性の証明方法及び基準適合性を証明したものに関する情報などがある．

(3) 適当．厚生労働省の「給水装置データベース」のほかに，第三者認証機関のホームページにおいても情報提供サービスが行われている．

(4) 適当．「給水装置データベース」に掲載されている情報は，製造業者等の自主情報に基づくものであり，内容についてはその情報提供者が一切の責任を負うことになっている．
▶答（2）

6.5 建築基準法関係

※本節は第8章（給水装置施工管理法）に出題されたものであるが，問題の内容からここに掲載した．

問題1 【令和元年 問60】

建築物の内部，屋上又は最下階の床下に設ける給水タンク及び貯水タンク（以下「給水タンク等」という）の配管設備の構造方法に関する次の記述のうち，不適当なものはどれか．

(1) 給水タンク等の天井は，建築物の他の部分と兼用できる．
(2) 給水タンク等の内部には，飲料水の配管設備以外の配管設備を設けない．
(3) 給水タンク等の上にポンプ，ボイラー，空気調和機等の機器を設ける場合においては，飲料水を汚染することのないように衛生上必要な措置を講ずる．
(4) 最下階の床下その他浸水によりオーバーフロー管から水が逆流するおそれのある場所に給水タンク等を設置する場合にあっては，浸水を容易に覚知することができるよう浸水を検知し警報する装置の設置その他の措置を講じる．

解説 (1) 不適当．給水タンク等の天井は，建築物の他の部分と兼用しない．給水タンクの底又は周壁も同様に兼用しない．
(2) 適当．給水タンク等の内部には，飲料水の配管設備以外の配管設備を設けない．
(3) 適当．給水タンク等の上にポンプ，ボイラー，空気調和機等の機器を設ける場合においては，飲料水を汚染することのないように衛生上必要な措置を講ずる．
(4) 適当．最下階の床下その他浸水によりオーバーフロー管から水が逆流するおそれのある場所に給水タンク等を設置する場合にあっては，浸水を容易に覚知することができるよう浸水を検知し警報する装置の設置その他の措置を講じる．
▶答（1）

問題2 【平成30年 問60】

建築基準法に規定されている建築物に設ける飲料水の配管設備などに関する次の記述のうち，不適当なものはどれか．

(1) 給水管の凍結による破壊のおそれのある部分には，有効な防凍のための措置を講ずる．
(2) 給水タンク内部には，飲料水及び空調用冷温水の配管設備以外の配管設備を設けてはならない．

(3) 水槽，流しその他水を入れ，又は受ける設備に給水する飲料水の配管設備の水栓の開口部にあっては，これらの設備のあふれ面と水栓の開口部との垂直距離を適当に保つ等有効な水の逆流防止のための措置を講じなければならない.

(4) 給水タンクを建築物の内部に設ける場合において，給水タンクの天井，底又は周壁を建築物の他の部分と兼用しない.

解説 (1) 適当．給水管の凍結による破壊のおそれのある部分には，有効な防凍のための措置を講ずる．

(2) 不適当．給水タンク内部には，飲料水の配管設備以外の配管設備を設けてはならない．「空調用冷温水」が誤りで，不要である．

(3) 適当．水槽，流しその他水を入れ，又は受ける設備に給水する飲料水の配管設備の水栓の開口部にあっては，これらの設備のあふれ面と水栓の開口部との垂直距離を適当に保つ等有効な水の逆流防止のための措置を講じなければならない．

(4) 適当．給水タンクを建築物の内部に設ける場合において，給水タンクの天井，底又は周壁を建築物の他の部分と兼用しない．

▶ 答 (2)

問題 3 【平成 29 年 問 57】

建築基準法に規定されている給水タンクに関する次の記述のうち，不適当なものはどれか.

(1) 浸水によりオーバーフロー管から水が逆流するおそれのある場所の給水タンクには，浸水を検知し警報する装置の設置その他を講ずる.

(2) 建築物の内部に設ける給水タンクは，外部から天井，底又は周壁の保守点検を容易かつ安全に行うことができるようにする.

(3) 圧力タンク等を除き有効容量が 2 m^3 未満の給水タンクには，オーバーフロー管を設ける必要がない.

(4) 給水タンクに設けるマンホールは，直径 60 cm 以上の円が内接することができるものとする.

解説 (1) 適当．浸水によりオーバーフロー管から水が逆流するおそれのある場所の給水タンクには，浸水を検知し警報する装置の設置その他を講ずる．

(2) 適当．建築物の内部に設ける給水タンクは，外部から天井，底又は周壁の保守点検を容易かつ安全に行うことができるようにする．

(3) 不適当．圧力タンク等を除き有効容量が 2 m^3 未満の給水タンクであっても，オーバーフロー管を設ける必要がある（**図 6.1** 参照）．

(4) 適当．給水タンクに設けるマンホールは，直径 60 cm 以上の円が内接することができるものとする.

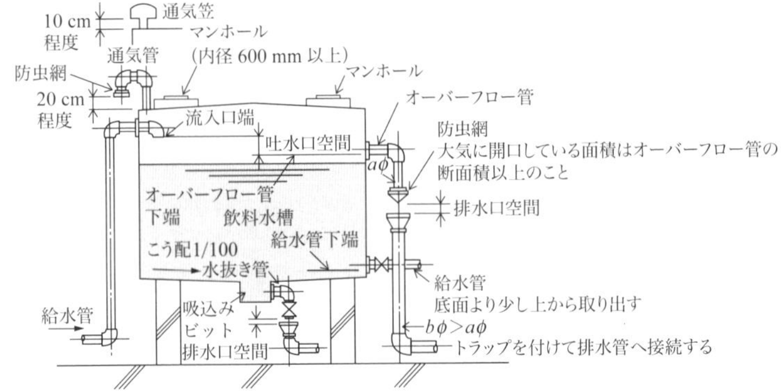

図 6.1　貯水槽の内部構造と接続部材の注意点
(出典:空気調和・衛生工学会,「空気調和・衛生工学便覧 4 第 13 版」, 丸善 (2001))

▶答 (3)

問題 4 【平成 29 年 問 60】

建築基準法に規定されている配管設備などの技術的基準に関する次の記述のうち, 適当なものはどれか.

(1) コンクリートへの埋設などにより腐食するおそれのある部分には, その材質に応じ有効な腐食防止のための措置を講ずる.
(2) いかなる場合においても, 構造耐力上主要な部分を貫通して配管してはならない.
(3) 圧力タンク及び給湯設備には, 安全装置を設ける必要はない.
(4) エレベーターの昇降路内に給水の配管設備を設置しても問題ない.

解説 (1) 適当. コンクリートへの埋設などにより腐食するおそれのある部分には, その材質に応じ有効な腐食防止のための措置を講ずる.
(2) 不適当. 構造耐力上主要な部分を貫通して配管する場合においては, 建築物の構造耐力上支障を生じないようにしなければならない.
(3) 不適当. 圧力タンク及び給湯設備には, 有効な安全装置を設ける.
(4) 不適当. エレベーターに必要な配管設備を除いて, エレベーターの昇降路内に給水その他の配管設備を設置してはならない.

▶答 (1)

6.6 労働安全衛生関係

問題1 【令和3年 問36】

労働安全衛生法上，酸素欠乏危険場所で作業する場合の事業者の措置に関する次の記述のうち，誤っているものはどれか．

(1) 事業者は，酸素欠乏危険作業主任者を選任しなければならない．
(2) 事業者は，作業環境測定の記録を3年間保存しなければならない．
(3) 事業者は，労働者を作業場所に入場及び退場させるときは，人員を点検しなければならない．
(4) 事業者は，作業場所の空気中の酸素濃度を16%以上に保つように換気しなければならない．
(5) 事業者は，酸素欠乏症等にかかった労働者に，直ちに医師の診察又は処置を受けさせなければならない．

解説 (1) 正しい．事業者は，酸素欠乏危険作業主任者を選任しなければならない．労働安全衛生法第14条（作業主任者），同法施行令第6条（作業主任者を選任すべき作業）第二十一号参照．

(2) 正しい．事業者は，作業環境測定の記録を3年間保存しなければならない．酸素欠乏症等防止規則（以下「酸欠則」という）第3条（作業環境測定等）第2項本文参照．

(3) 正しい．事業者は，労働者を作業場所に入場及び退場させるときは，人員を点検しなければならない．酸欠則第8条（人員の点検）参照．

(4) 誤り．事業者は，作業場所の空気中の酸素濃度を18%以上に保つように換気しなければならない．酸欠則第5条（換気）第1項参照．

(5) 正しい．事業者は，酸素欠乏症等にかかった労働者に，直ちに医師の診察又は処置を受けさせなければならない．酸欠則第17条（診察及び処置）参照． ▶答 (4)

問題2 【令和2年 問37】

労働安全衛生法施行令に規定する作業主任者を選任しなければならない作業に関する次の記述の正誤の組み合わせのうち，適当なものはどれか．

ア　掘削面の高さが1.5m以上となる地山の掘削の作業
イ　土止め支保工の切りばり又は腹おこしの取付け又は取外しの作業
ウ　酸素欠乏危険場所における作業
エ　つり足場，張り出し足場又は高さが5m以上の構造の足場の組み立て，解体又は変更作業

	ア	イ	ウ	エ
(1)	誤	正	正	正
(2)	正	誤	誤	正
(3)	誤	正	正	誤
(4)	正	誤	正	誤
(5)	誤	誤	誤	正

解説 ア　誤り．作業主任者を選任しなければならない作業は，掘削面の高さが2m以上となる地山の掘削の作業で，「1.5m」が誤り．労働安全衛生法施行令第6条（作業主任者を選任しなければならない作業）第十一号参照．

イ　正しい．土止め支保工の切りばり又は腹おこしの取付け又は取外しの作業は，作業主任者を選任しなければならない作業である．同上第十号参照．

ウ　正しい．酸素欠乏危険場所における作業は，作業主任者を選任しなければならない作業である．同上第二十一号参照．

エ　正しい．つり足場，張り出し足場又は高さが5m以上の構造の足場の組み立て，解体又は変更作業は，作業主任者を選任しなければならない作業である．同上第十五号参照．

以上から（1）が正解．　▶答（1）

問題3　【令和元年 問59】

労働安全衛生法に定める作業主任者に関する次の記述の［　　］内に入る語句の組み合わせのうち，適当なものはどれか．

事業者は，労働災害を防止するための管理を必要とする［ア］で定める作業については，［イ］の免許を受けた者又は［イ］あるいは［イ］の指定する者が行う技能講習に修了した者のうちから，［ウ］で定めるところにより，作業の区分に応じて，作業主任者を選任しなければならない．

	ア	イ	ウ
(1)	法律	都道府県労働局長	条例
(2)	政令	都道府県労働局長	厚生労働省令
(3)	法律	厚生労働大臣	条例
(4)	政令	厚生労働大臣	厚生労働省令

解説 ア「政令」である．

イ「都道府県労働局長」である．

ウ「厚生労働省令」である．

労働安全衛生法第14条（作業主任者）参照．

以上から（2）が正解．　▶答（2）

※なお，本問題は第8章（給水装置施工管理法）に出題されたものであるが，問題の内容からここに掲載した．

問題4　【平成30年 問57】

労働安全衛生に関する次の記述のうち，不適当なものはどれか．

（1）労働安全衛生法で定める事業者は，作業主任者が作業現場に立会い，作業の進行状況を監視しなければ，土止め支保工の切りばり又は腹起こしの取付け又は取り外しの作業を施行させてはならない．

（2）クレーンの運転業務に従事する者が，労働安全衛生法施行令で定める就業制限に係る業務に従事するときは，これに係る免許証その他資格を証する書面を携帯していなければならない．

（3）硫化水素濃度10 ppmを超える空気を吸入すると，硫化水素中毒を発生するおそれがある．

（4）労働安全衛生法で定める事業者は，掘削面の幅が2 m以上の地山の掘削（ずい道及びたて坑以外の坑の掘削を除く）には，地山の掘削作業主任者を選任しなければならない．

解説　（1）適当．労働安全衛生法で定める事業者は，作業主任者が作業現場に立会い，作業の進行状況を監視しなければ，土止め支保工の切りばり又は腹起こしの取付け又は取り外しの作業を施行させてはならない．労働安全衛生法施行令（以下「令」という）第6条（作業主任者を選任すべき作業）第十号参照．

（2）適当．クレーンの運転業務に従事する者が，労働安全衛生法施行令で定める就業制限に係る業務に従事するときは，これに係る免許証その他資格を証する書面を携帯していなければならない．労働安全衛生法第61条（就業制限）第1項及び第3項参照．

（3）適当．硫化水素濃度10 ppmを超える空気を吸入すると，硫化水素中毒を発生するおそれがある．酸素欠乏症等防止規則第2条（定義）第四号参照．

（4）不適当．労働安全衛生法で定める事業者は，掘削面の高さが2 m以上の地山の掘削（ずい道及びたて坑以外の坑の掘削を除く）には，地山の掘削作業主任者を選任しなければならない．誤りは「幅」である．令第6条（作業主任者を選任すべき作業）第九号参照．　▶答（4）

※なお，本問題は第8章（給水装置施工管理法）に出題されたものであるが，問題の内容からここに掲載した．

問題5　【平成29年 問59】

労働安全衛生に関する次の記述のうち，不適当なものはどれか．

(1) 作業主任者の主な職務は，作業の方法を決定し作業を直接指揮すること，器具及び工具を点検し不良品を取り除くこと，保護帽及び安全靴等の使用状況を監視することである．

(2) 掘削面の高さが1.5m以上となる地山の掘削（ずい道及びたて坑以外の坑の掘削を除く．）作業については，地山の掘削作業主任者を選任しなければならない．

(3) 事業者は，爆発，酸化等を防止するため換気することができない場合又は作業の性質上換気することが著しく困難な場合を除き，酸素欠乏危険作業を行う場所の空気中の酸素濃度を18％以上に保つように換気しなければならない．

(4) 事業者は，酸素欠乏危険作業を行う場所において酸素欠乏のおそれが生じたときは，直ちに作業を中止し，労働者をその場所から退避させなければならない．

解説 (1) 適当．作業主任者の主な職務は，作業の方法を決定し作業を直接指揮すること，器具及び工具を点検し不良品を取り除くこと，保護帽及び安全靴等の使用状況を監視することである．

(2) 不適当．誤りは「1.5m以上」で，正しくは「2m以上」である．掘削面の高さが2m以上となる地山（じやま）の掘削（ずい道及びたて坑以外の坑の掘削を除く）作業については，地山の掘削作業主任者を選任しなければならない．労働安全衛生法施行令第6条（作業主任者を選任すべき作業）第九号参照．

(3) 適当．事業者は，爆発，酸化等を防止するため換気することができない場合又は作業の性質上換気することが著しく困難な場合を除き，酸素欠乏危険作業を行う場所の空気中の酸素濃度を18％以上に保つように換気しなければならない．酸素欠乏症等防止規則第5条（換気）第1項参照．

(4) 適当．事業者は，酸素欠乏危険作業を行う場所において酸素欠乏のおそれが生じたときは，直ちに作業を中止し，労働者をその場所から退避させなければならない．酸素欠乏症等防止規則第14条（退避）第1項参照．

▶答 (2)

※なお，本問題は第8章（給水装置施工管理法）に出題されたものであるが，問題の内容からここに掲載した．

6.7 建設業法関係

問題1 【令和4年 問40】

建設業法に関する次の記述のうち，不適当なものはどれか．

(1) 建設業を営む場合には，建設業の許可が必要であり，許可要件として，建設業を営もうとするすべての営業所ごとに，一定の資格又は実務経験を持つ専任の技術者を置かなければならない．

(2) 建設業を営もうとする者のうち，2以上の都道府県の区域内に営業所を設けて営業をしようとする者は，本店のある管轄の都道府県知事の許可を受けなければならない．

(3) 建設業法第26条第1項に規定する主任技術者及び同条第2項に規定する監理技術者は，同法に基づき，工事を適正に実施するため，工事の施工計画の作成，工程管理，品質管理，その他の技術上の管理や工事の施工に従事する者の技術上の指導監督を行う者である．

(4) 工事1件の請負代金の額が建築一式工事にあっては1,500万円に満たない工事又は延べ面積が150 m^2 に満たない木造住宅工事，建築一式工事以外の建設工事にあっては500万円未満の軽微な工事のみを請け負うことを営業とする者は，建設業の許可は必要がない．

解説 (1) 適当．建設業を営む場合には，建設業の許可が必要であり，許可要件として，建設業を営もうとするすべての営業所ごとに，一定の資格又は実務経験を持つ専任の技術者を置かなければならない．建設業法第7条（許可の基準）第2項及び同法第15条（特定建設業の許可の基準）第2項参照．

(2) 不適当．建設業を営もうとする者のうち，2以上の都道府県の区域内に営業所を設けて営業をしようとする者は，国土交通大臣の許可を受けなければならない．建設業法第3条（建設業の許可）第1項本文参照．

(3) 適当．建設業法第26条第1項に規定する主任技術者及び同条第2項に規定する監理技術者は，同法に基づき，工事を適正に実施するため，工事の施工計画の作成，工程管理，品質管理，その他の技術上の管理や工事の施工に従事する者の技術上の指導監督を行う者である．建設業法第26条の4（主任技術者及び監理技術者の職務等）第1項参照．

(4) 適当．工事1件の請負代金の額が建築一式工事にあっては1,500万円に満たない工事又は延べ面積が150 m^2 に満たない木造住宅工事，建築一式工事以外の建設工事にあっては500万円未満の軽微な工事のみを請け負うことを営業とする者は，建設業の許可は必要がない．建設業法第3条（建設業の許可）第1項本文ただし書及び同法施行令第

1条の2（法第3条第1項ただし書の軽微な建設工事）第1項参照. ▶答（2）

題2 【令和3年 問40】

一般建設業において営業所ごとに専任する一定の資格と実務経験を有する者について，管工事業で実務経験と認定される資格等に関する次の記述のうち，不適当なものはどれか.

（1）技術士の2次試験のうち一定の部門（上下水道部門，衛生工学部門等）に合格した者

（2）建築設備士となった後，管工事に関し1年以上の実務経験を有する者

（3）給水装置工事主任技術者試験に合格した後，管工事に関し1年以上の実務経験を有する者

（4）登録計装試験に合格した後，管工事に関し1年以上の実務経験を有する者

解説 （1）適当. 技術士の2次試験のうち一定の部門（上下水道部門，衛生工学部門等）に合格した者. 建設業法施行規則第7条の3（法第7条第二号ハの知識及び技術又は技能を有すると認められる者）第二号参照.

（2）適当. 建築設備士となった後，管工事に関し1年以上の実務経験を有する者.

（3）不適当. 給水装置工事主任技術者試験に合格し免状の交付を受けた後，管工事に関し1年以上の実務経験を有する者である. 試験に合格して，「免状の交付を受けていること」が必要である.

（4）適当. 登録計装試験に合格した後，管工事に関し1年以上の実務経験を有する者.

▶答（3）

問題3 【令和2年 問40】

給水装置工事主任技術者と建設業法に関する次の記述のうち，不適当なものはどれか.

（1）建設業の許可は，一般建設業許可と特定建設業許可の二つがあり，どちらの許可も建設工事の種類ごとに許可を取得することができる.

（2）水道法による給水装置工事主任技術者免状の交付を受けた後，管工事に関し1年以上の実務経験を有する者は，管工事業に係る営業所専任技術者になることができる.

（3）所属する建設会社と直接的で恒常的な雇用契約を締結している営業所専任技術者は，勤務する営業所の請負工事で，現場の業務に従事しながら営業所での職務も遂行できる距離と常時連絡を取れる体制を確保できれば，当該工事の専任を要しない監理技術者等になることができる.

(4) 2以上の都道府県の区域内に営業所を設けて建設業を営もうとする者は，本店のある管轄の都道府県知事の許可を受けなければならない．

解説 (1) 適当．建設業の許可は，一般建設業許可と特定建設業（下請け金額の総額が4,000万円以上，建築工事業では6,000万円以上）許可の二つがあり，どちらの許可も建設工事の種類ごとに許可を取得することができる．建設業法第3条（建設業の許可）第6項及び同法施行令第2条（法第3条第1項第二号の金額）参照．

(2) 適当．水道法による給水装置工事主任技術者免状の交付を受けた後，管工事に関し1年以上の実務経験を有する者は，管工事業に係る営業所専任技術者になることができる．建設業法施行規則第7条の3（法第七条第二号ハの知識及び技術又は技能を有するものと認められる者）第二号参照．

(3) 適当．所属する建設会社と直接的で恒常的な雇用契約を締結している営業所専任技術者は，勤務する営業所の請負工事で，現場の業務に従事しながら営業所での職務も遂行できる距離と常時連絡を取れる体制を確保できれば，当該工事の専任を要しない監理技術者等になることができる．なお，監理技術者は一次下請け業者に出す金額の合計が4,000万円以上（建築では6,000万円以上）の元請け業者が専任で置かなければならない技術者である．

(4) 不適当．2以上の都道府県の区域内に営業所を設けて建設業を営もうとする者は，国土交通大臣の許可を受けなければならない．「本店のある管轄の都道府県知事」が誤り．同法第3条（建設業の許可）第1項本文参照．

▶答 (4)

問題4 【令和元年 問58】

建設業法第26条に関する次の記述の［　］内に入る語句の組み合わせのうち，適当なものはどれか．

発注者から直接建設工事を請け負った［ア］は，下請契約の請負代金の額（当該下請契約が二つ以上あるときは，それらの請負代金の総額）が［イ］万円以上になる場合においては，［ウ］を置かなければならない．

	ア	イ	ウ
(1)	特定建設業者	1,000	主任技術者
(2)	一般建設業者	4,000	主任技術者
(3)	一般建設業者	1,000	監理技術者
(4)	特定建設業者	4,000	監理技術者

解説 ア「特定建設業者」である．特定建設業者とは，下請け代金の総額が4,000万円以上，ただし建築工事業の場合は6,000万円以上をいう．

イ「4,000」である.

ウ「監理技術者」である.

以上から（4）が正解.

建設業法第26条（主任技術者及び監理技術者の設置等）及び同法施行令第2条（法第3条第1項第二号の金額）参照. ▶答（4）

※なお，本問題は第8章（給水装置施工管理法）に出題されたものであるが，問題の内容からここに掲載した.

問題5 【平成30年 問58】

建設業法第1条（目的）の次の記述の［　　］内に入る語句の組み合わせのうち，正しいものはどれか.

この法律は，建設業を営む者の［ア］の向上，建設工事の請負契約の適正化等を図ることによつて，建設工事の適正な［イ］を確保し，［ウ］を保護するとともに，建設業の健全な発達を促進し，もつて［エ］の福祉の増進に寄与することを目的とする.

	ア	イ	ウ	エ
(1)	資質	施工	発注者	公　共
(2)	資質	利益	受注者	公　共
(3)	地位	施工	受注者	工事の施行に従事する者
(4)	地位	利益	発注者	工事の施行に従事する者

解説 ア「資質」である.

イ「施工」である.

ウ「発注者」である.

エ「公共」である.

この法律は，建設業を営む者の［ア：資質］の向上，建設工事の請負契約の適正化等を図ることによって，建設工事の適正な［イ：施工］を確保し，［ウ：発注者］を保護するとともに，建設業の健全な発達を促進し，もつて［エ：公共］の福祉の増進に寄与することを目的とする.

以上から（1）が正解. ▶答（1）

※なお，本問題は第8章（給水装置施工管理法）に出題されたものであるが，問題の内容からここに掲載した.

問題6 【平成30年 問59】

建設業の許可に関する次の記述のうち，適当なものはどれか.

(1) 建設業の許可を受けようとする者で，二以上の都道府県の区域内に営業所を設けて営業しようとする場合にあっては，それぞれの都道府県知事の許可を受けなければならない．

(2) 建設工事を請け負うことを営業とする者は，工事1件の請負代金の額に関わらず建設業の許可が必要である．

(3) 一定以上の規模の工事を請け負うことを営もうとする者は，建設工事の種類ごとに国土交通大臣又は都道府県知事の許可を受けなければならない．

(4) 建設業の許可に有効期限の定めはなく，廃業の届出をしない限り有効である．

解説 (1) 不適当．建設業の許可を受けようとする者で，二以上の都道府県の区域内に営業所を設けて営業しようとする場合にあっては，国土交通大臣の許可を受けなければならない．「それぞれの都道府県知事」が誤り．建設業法第3条（建設業の許可）第1項本文参照．

(2) 不適当．建設工事1件の請負代金の額が1,500万円に満たない工事は建設業の許可は必要ない．建設業法施行令第1条2（軽微な建設工事）第1項参照．

(3) 適当．一定以上の規模の工事を請け負うことを営もうとする者は，建設工事の種類ごとに国土交通大臣又は都道府県知事の許可を受けなければならない．建設業法第3条（建設業の許可）第2項参照．

(4) 不適当．建設業の許可の有効期限の定めは5年で，更新しなければその効力を失う．建設業法第3条（営業の許可）第3項参照．

▶答 (3)

※なお，本問題は第8章（給水装置施工管理法）に出題されたものであるが，問題の内容からここに掲載した．

問題7 【平成29年 問58】

建設業法と給水装置工事主任技術者に関する次の記述のうち，不適当なものはどれか．

(1) 給水装置工事主任技術者は，管工事業における経営事項審査の評価の対象である．

(2) 給水装置工事主任技術者免状の交付を受けたのち，管工事に関し実務経験を6か月以上有する給水装置工事主任技術者は，管工事業における営業所の専任技術者になることができる．

(3) 建設業法に基づき管工事業の営業所専任技術者となった給水装置工事主任技術者は，工事を適正に実施するため，技術上の管理や工事の施行に従事する者の技術上の指導監督の職務を行わなければならない．

(4) 建設業の許可が必要のない小規模な工事に携わる給水装置工事主任技術者においても，建設業法の知識は必要である．

解説 (1) 適当. 給水装置工事主任技術者は, 管工事業における経営事項審査の評価の対象である. 建設業法第27条の23（経営事項審査）第2項第二号参照.

(2) 不適当. 誤りは「6か月以上」で, 正しくは「1年以上」である. 給水装置工事主任技術者免状の交付を受けたのち, 管工事に関し実務経験を1年以上有する給水装置工事主任技術者は, 管工事業における営業所の専任技術者になることができる.

(3) 適当. 建設業法に基づき管工事業の営業所専任技術者となった給水装置工事主任技術者は, 工事を適正に実施するため, 技術上の管理や工事の施行に従事する者の技術上の指導監督の職務を行わなければならない.

(4) 適当. 建設業の許可が必要のない小規模な工事に携わる給水装置工事主任技術者においても, 建設業法の知識は必要である. ▶答 (2)

※なお, 本問題は第8章（給水装置施工管理法）に出題されたものであるが, 問題の内容からここに掲載した.

第7章

給水装置の概要

7.1 給水装置

問題1 【令和元年 問41】

給水装置に関する次の記述の正誤の組み合わせのうち，適当なものはどれか.

ア　給水装置は，水道事業者の施設である配水管から分岐して設けられた給水管及びこれに直結する給水用具で構成され，需要者が他の所有者の給水装置から分岐承諾を得て設けた給水管及び給水用具は給水装置にはあたらない.

イ　水道法で定義している「直結する給水用具」とは，配水管に直結して有圧のまま給水できる給水栓等の給水用具をいい，ホース等，容易に取外しの可能な状態で接続される器具は含まれない.

ウ　給水装置工事の費用の負担区分は，水道法に基づき，水道事業者が供給規程に定めることになっており，この供給規程では給水装置工事の費用は，原則として需要者の負担としている.

エ　マンションにおいて，給水管を経由して水道水をいったん受水槽に受けて給水する設備でも戸別に水道メーターが設置されている場合は，受水槽以降も給水装置にあたる.

	ア	イ	ウ	エ
(1)	正	誤	誤	正
(2)	正	正	誤	誤
(3)	誤	正	誤	正
(4)	誤	正	正	誤

解説　ア　誤り．給水装置は，水道事業者の施設である配水管から分岐して設けられた給水管及びこれに直結する給水用具で構成されるものであるが，需要者が他の所有者の給水装置から分岐承諾を得て設けた給水管及び給水用具は，給水管に直結しているから給水装置にあたる.

イ　正しい．水道法で定義している「直結する給水用具」とは，配水管に直結して有圧のまま給水できる給水栓等の給水用具をいい，ホース等，容易に取外しの可能な状態で接続される器具は含まれない.

ウ　正しい．給水装置工事の費用の負担区分は，水道法に基づき，水道事業者が供給規程に定めることになっており，この供給規程では給水装置工事の費用は，原則として需要者の負担としている.

エ　誤り．マンションにおいて，給水管を経由して水道水をいったん受水槽に受けて給水する設備では戸別に水道メーターが設置されている場合であっても，受水槽で給水管の直結が中断されるので，受水槽以降は給水装置にあたらない．

以上から（4）が正解．

▶答（4）

問題2 【平成29年 問41】

給水装置に関する次の記述の正誤の組み合わせのうち，適当なものはどれか．

ア　給水装置は，当該給水装置以外の水管や給水用具でない設備に接続しないこと，ふろなどの水受け容器に給水する場合は給水管内への水の逆流を防止する措置を講じること，材質が水道水の水質に影響を及ぼさないこと，内圧・外圧に対し十分な強度を有していること等が必要である．

イ　水道法で定義している「直結する給水用具」とは，給水管に容易に取外しのできない構造として接続し，有圧のまま給水できる給水栓等の給水用具をいい，ホース等で，容易に取外しの可能な状態で接続される器具は含まれない．

ウ　水道法により水道事業者は供給規程を定めることになっており，この供給規程では，給水装置工事の費用については，原則として当該給水装置の新設又は撤去は水道事業者が，改造又は修繕の費用については需要者が負担することとしている．

エ　需要者が，他の所有者の給水装置（水道メーターの上流側）から分岐承諾を得て設けた給水管及び給水用具は，給水装置には当たらない．

	ア	イ	ウ	エ
(1)	正	誤	正	正
(2)	誤	正	誤	正
(3)	誤	誤	正	誤
(4)	正	正	誤	誤

解説　ア　正しい．給水装置は，当該給水装置以外の水管や給水用具でない設備に接続しないこと，ふろなどの水受け容器に給水する場合は給水管内への水の逆流を防止する措置を講じること，材質が水道水の水質に影響を及ぼさないこと，内圧・外圧に対し十分な強度を有していること等が必要である．

イ　正しい．水道法で定義している「直結する給水用具」とは，給水管に容易に取外しのできない構造として接続し，有圧のまま給水できる給水栓等の給水用具をいい，ホース等で，容易に取外しの可能な状態で接続される器具は含まれない．

ウ　誤り．水道法により水道事業者は供給規程を定めることになっており，この供給規程では，当該給水装置の新設又は撤去，改造又は修繕の費用については需要者が負担することとしている．水道法施行規則第12条の2第二号参照．

エ　誤り．需要者が，他の所有者の給水装置（水道メーターの上流側）から分岐承諾を得て設けた給水管及び給水用具は，給水管に直結しているから給水装置となる．
以上から（4）が正解．

▶答（4）

7.2 給水装置工事及び指定給水装置工事事業者

問題1 【平成30年 問45】

給水装置工事に関する次の記述の正誤の組み合わせのうち，適当なものはどれか．

ア　給水装置工事は，水道施設を損傷しないこと，設置された給水装置に起因して需要者への給水に支障を生じさせないこと，水道水質の確保に支障を生じたり公衆衛生上の問題が起こらないこと等の観点から，給水装置の構造及び材質の基準に適合した適正な施行が必要である．

イ　撤去工事とは，給水装置を配水管，又は他の給水装置の分岐部から取外す工事である．

ウ　修繕工事とは，水道事業者が事業運営上施行した配水管の新設及び移設工事に伴い，給水管の付替えあるいは布設替え等を行う工事である．

エ　水道法では，厚生労働大臣は給水装置工事を適正に施行できると認められる者を指定することができ，この指定をしたときは，水の供給を受ける者の給水装置が水道事業者又は指定を受けた者の施行した給水装置工事に係わるものであることを供給条件にすることができるとされている．

	ア	イ	ウ	エ
(1)	正	誤	正	正
(2)	誤	正	誤	正
(3)	正	正	誤	誤
(4)	誤	誤	正	誤

解説　ア　正しい．給水装置工事は，水道施設を損傷しないこと，設置された給水装置に起因して需要者への給水に支障を生じさせないこと，水道水質の確保に支障を生じたり公衆衛生上の問題が起こらないこと等の観点から，給水装置の構造及び材質の基準に適合した適正な施行が必要である．

イ　正しい．撤去工事とは，給水装置を配水管，又は他の給水装置の分岐部から取外す工事である．

ウ　誤り．修繕工事とは，給水装置の原形を変えないで，給水管，給水栓等を修理する工事である．

エ　誤り．水道法では，水道事業者は給水装置工事を適正に施行できると認められる者を指定することができ，この指定をしたときは，水の供給を受ける者の給水装置が水道事業者又は指定を受けた者の施行した給水装置工事に係わるものであることを供給条件にすることができるとされている．「厚生労働大臣」が誤り．

以上から（3）が正解．

▶答（3）

7.3 給水管

7.3.1 給水管の種類と特徴

問題1　【令和4年 問46】

給水管に関する次の記述のうち，適当なものはどれか．

（1）銅管は，耐食性に優れるため薄肉化しているので，軽量で取り扱いが容易である．また，アルカリに侵されず，スケールの発生も少ないが，遊離炭酸が多い水には適さない．

（2）耐熱性硬質塩化ビニルライニング鋼管は，鋼管の内面に耐熱性硬質ポリ塩化ビニルをライニングした管である．この管の用途は，給水・給湯等であり，連続使用許容温度は95℃以下である．

（3）ステンレス鋼鋼管は，鋼管と比べると特に耐食性に優れている．軽量化しているので取り扱いは容易であるが，薄肉であるため強度的には劣る．

（4）ダクタイル鋳鉄管は，鋳鉄組織中の黒鉛が球状のため，靭性がなく衝撃に弱い．しかし，引張り強さが大であり，耐久性もある．

解説　（1）適当．銅管は，耐食性に優れるため薄肉化しているので，軽量で取り扱いが容易である．又，アルカリに侵されず，スケールの発生も少ないが，遊離炭酸が多い水には適さない．遊離炭酸の多い水には，次のような反応が起こるため適していない．

$$Cu^{2+} + CO_3{}^{2-} \rightarrow CuCO_3$$

（2）不適当．耐熱性硬質塩化ビニルライニング鋼管は，鋼管の内面に耐熱性硬質ポリ塩化ビニルをライニングした管である．この管の用途は，給水・給湯等であり，連続使用許容温度は85℃以下である．「95℃」が誤り．

（3）不適当．ステンレス鋼鋼管は，鋼管と比べると特に耐食性に優れている．又，軽量化しているので取り扱いは容易であり，薄肉であるが強度的にも優れている．

（4）不適当．ダクタイル鋳鉄管は，鋳鉄組織中の黒鉛が球状のため，靭性に富み衝撃に強い．しかも，引張り強さが大であり，耐久性もある．

▶答（1）

問題2 【令和3年 問41】

給水管に関する次の記述のうち，不適当なものはどれか．

(1) ダクタイル鋳鉄管は，鋳鉄組織中の黒鉛が球状のため，靭性に富み衝撃に強く，強度が大であり，耐久性がある．

(2) 硬質ポリ塩化ビニル管は，難燃性であるが，熱及び衝撃には比較的弱い．

(3) ステンレス鋼鋼管は，薄肉だが，強度的に優れ，軽量化しているので取扱いが容易である．

(4) 波状ステンレス鋼管は，ステンレス鋼鋼管に波状部を施した製品で，波状部において任意の角度を形成でき，継手が少なくてすむ等の配管施工の容易さを備えている．

(5) 銅管は，アルカリに侵されず，遊離炭酸の多い水にも適している．

解説 (1) 適当．ダクタイル鋳鉄管は，鋳鉄組織中の黒鉛が球状のため，靭性に富み衝撃に強く，強度が大であり，耐久性がある．

(2) 適当．硬質ポリ塩化ビニル管は，難燃性であるが，熱及び衝撃には比較的弱い．

(3) 適当．ステンレス鋼鋼管は，薄肉だが，強度的に優れ，軽量化しているので取扱いが容易である．

(4) 適当．波状ステンレス鋼管は，ステンレス鋼鋼管に波状部を施した製品で，波状部において任意の角度を形成でき，継手が少なくてすむ等の配管施工の容易さを備えている．

(5) 不適当．銅管は，アルカリに侵されず，スケールの発生も少ないが，遊離炭酸の多い水には次のような反応が起こり適していない．

$$Cu^{2+} + CO_3{}^{2-} \rightarrow CuCO_3$$

▶答（5）

問題3 【令和2年 問41】

給水管に関する次の記述のうち，不適当なものはどれか．

(1) 硬質ポリ塩化ビニル管は，耐食性，特に耐電食性に優れ，他の樹脂管に比べると引張降伏強さが大きい．

(2) ポリブテン管は，有機溶剤，ガソリン，灯油等に接すると，管に浸透し，管の軟化・劣化や水質事故を起こすことがあるので，これらの物質と接触させないよう注意が必要である．

(3) 耐衝撃性硬質ポリ塩化ビニル管は，硬質ポリ塩化ビニル管を外力がかかりやすい屋外配管用に改良したものであり，長期間直射日光に当たっても耐衝撃強度が低下しない.

(4) ステンレス鋼鋼管は，鋼管に比べると特に耐食性が優れている．また，薄肉だが強度的に優れ，軽量化しているので取扱いが容易である.

(5) 架橋ポリエチレン管は，長尺物のため，中間での接続が不要になり，施工も容易である．その特性から，給水・給湯の住宅の屋内配管で使用されている.

解説 (1) 適当．硬質ポリ塩化ビニル管は，耐食性，特に耐電食性に優れ，他の樹脂管に比べると引張降伏強さが大きい.

(2) 適当．ポリブテン管は，有機溶剤，ガソリン，灯油等に接すると，管に浸透し，管の軟化・劣化や水質事故を起こすことがあるので，これらの物質と接触させないよう注意が必要である.

(3) 不適当．耐衝撃性硬質ポリ塩化ビニル管は，硬質ポリ塩化ビニル管を外力がかかりやすい屋外配管用に改良したものであり，長期間直射日光に当たると耐衝撃強度が低下することがある.

(4) 適当．ステンレス鋼鋼管は，鋼管に比べると特に耐食性が優れている．又，薄肉だが強度的に優れ，軽量化しているので取扱いが容易である.

(5) 適当．架橋ポリエチレン管は，長尺物のため，中間での接続が不要になり，施工も容易である．その特性から，給水・給湯の住宅の屋内配管で使用されている．▶答 (3)

問題 4 【令和 2 年 問 42】

給水管に関する次の記述のうち，適当なものはどれか.

(1) ダクタイル鋳鉄管の内面防食は，直管はモルタルライニングとエポキシ樹脂粉体塗装があり，異形管はモルタルライニングである.

(2) 水道用ポリエチレン二層管は，柔軟性があり現場での手曲げ配管が可能であるが，低温での耐衝撃性が劣るため，寒冷地では使用しない.

(3) ポリブテン管は，高温時では強度が低下するため，温水用配管には適さない.

(4) 銅管は，アルカリに侵されず，スケールの発生も少ないが，遊離炭酸が多い水には適さない.

(5) 硬質塩化ビニルライニング鋼管は，鋼管の内面に硬質塩化ビニルをライニングした管で，外面仕様はすべて亜鉛めっきである.

解説 (1) 不適当．ダクタイル鋳鉄管の内面防食は，直管はモルタルライニングとエポキシ樹脂粉体塗装があり，異形管はエポキシ樹脂粉体塗装である.

(2) 不適当．水道用ポリエチレン二層管は，柔軟性があり現場での手曲げ配管が可能であり，低温での耐衝撃性が優れ，耐寒性があることから寒冷地の配管に多く使用されている.

(3) 不適当．ポリブテン管は，高温時でも高い強度を持つため，温水用配管に適している．

(4) 適当．銅管は，アルカリに侵されず，スケールの発生も少ないが，遊離炭酸が多い水には適さない．緑青（ろくしょう：塩基性炭酸銅 $CuCO_3 \cdot Cu(OH)_2$）が生成するからである．

(5) 不適当．硬質塩化ビニルライニング鋼管は，鋼管の内面に硬質塩化ビニルをライニングした管で，外面仕様は亜鉛めっき，一次防錆塗装（茶色）又は硬質塩化ビニル（青色）である．

▶答（4）

7.3 給水管

問題5 【令和元年 問42】

給水管に関する次の記述の正誤の組み合わせのうち，適当なものはどれか．

ア　ステンレス鋼鋼管は，ステンレス鋼帯から自動造管機により製造される管で，強度的に優れ，軽量化しているので取扱いが容易である．

イ　架橋ポリエチレン管は，耐熱性，耐寒性及び耐食性に優れ，軽量で柔軟性に富んでおり，有機溶剤，ガソリン，灯油等は浸透しない．

ウ　銅管は，アルカリに侵されず，スケールの発生も少なく，耐食性に優れているため薄肉化しているので，軽量で取扱いが容易である．

エ　硬質塩化ビニルライニング鋼管は，鋼管の内面に硬質塩化ビニルをライニングした管で，機械的強度は小さい．

	ア	イ	ウ	エ
(1)	正	誤	正	誤
(2)	誤	正	誤	正
(3)	正	誤	誤	正
(4)	誤	正	正	誤

解説　ア　正しい．ステンレス鋼鋼管は，ステンレス鋼帯から自動造管機により製造される管で，強度的に優れ，軽量化しているので取扱いが容易である．

イ　誤り．架橋ポリエチレン管は，耐熱性，耐寒性及び耐食性に優れ，軽量で柔軟性に富んでいるが，有機溶剤，ガソリン，灯油等は浸透する．

ウ　正しい．銅管は，アルカリに侵されず，スケールの発生も少なく，耐食性に優れているため薄肉化しているので，軽量で取扱いが容易である．

エ　誤り．硬質塩化ビニルライニング鋼管は，鋼管の内面に硬質塩化ビニルをライニングした管で，機械的強度は大きく，耐食性に優れている．

以上から（1）が正解．

▶答（1）

問題6 【平成30年 問46】

給水管に関する次の記述の正誤の組み合わせのうち，適当なものはどれか．

ア　架橋ポリエチレン管は，耐熱性，耐寒性及び耐食性に優れ，軽量で柔軟性に富んでおり，管内にスケールが付きにくく，流体抵抗が小さい等の特長がある．

イ　水道配水用ポリエチレン管は，高密度ポリエチレン樹脂を主材料とした管で，耐久性，衛生性に優れるが，灯油，ガソリン等の有機溶剤に接すると，管に浸透し水質事故を起こすことがある．

ウ　耐衝撃性硬質ポリ塩化ビニル管は，硬質ポリ塩化ビニル管の耐衝撃強度を高めるように改良されたものであるが，長期間，直射日光に当たると耐衝撃強度が低下することがある．

エ　ステンレス鋼鋼管は，ステンレス鋼帯から自動造管機により製造される管で，鋼管に比べると耐食性が劣る．

	ア	イ	ウ	エ
(1)	正	誤	誤	正
(2)	誤	誤	正	誤
(3)	誤	正	誤	正
(4)	正	正	正	誤

解説　ア　正しい．架橋ポリエチレン管は，耐熱性，耐寒性及び耐食性に優れ，軽量で柔軟性に富んでおり，管内にスケールが付きにくく，流体抵抗が小さい等の特長がある．

イ　正しい．水道配水用ポリエチレン管は，高密度ポリエチレン樹脂を主材料とした管で，耐久性，衛生性に優れるが，灯油，ガソリン等の有機溶剤に接すると，管に浸透し水質事故を起こすことがある．

ウ　正しい．耐衝撃性硬質ポリ塩化ビニル管は，硬質ポリ塩化ビニル管の耐衝撃強度を高めるように改良されたものであるが，長期間，直射日光に当たると耐衝撃強度が低下することがある．

エ　誤り．ステンレス鋼鋼管は，ステンレス鋼帯から自動造管機により製造される管で，鋼管に比べると耐食性が優れる．「劣る」が誤り．

以上から（4）が正解．

▶答（4）

問題7 【平成30年 問47】

給水管に関する次の記述のうち，不適当なものはどれか．

(1) 硬質塩化ビニルライニング鋼管は，機械的強度が大きく，耐食性に優れている．屋内及び埋設用に対応できる管には外面仕様の異なるものがあるので，管の選定に当たっては，環境条件を十分考慮する必要がある.
(2) 銅管は，引張強さが比較的大きいが，耐食性が劣る.
(3) ポリブテン管は，有機溶剤，ガソリン，灯油等に接すると，管に浸透し，管の軟化・劣化や水質事故を起こすことがあるので，これらの物質と接触させてはならない.
(4) 硬質ポリ塩化ビニル管は，難燃性であるが，熱及び衝撃には比較的弱い.

解説 (1) 適当．硬質塩化ビニルライニング鋼管は，機械的強度が大きく，耐食性に優れている．屋内及び埋設用に対応できる管には外面仕様の異なるものがあるので，管の選定に当たっては，環境条件を十分考慮する必要がある.
(2) 不適当．銅管は，引張強さが比較的大きいが，耐食性が優れる．「劣る.」が誤り.
(3) 適当．ポリブテン管は，有機溶剤，ガソリン，灯油等に接すると，管に浸透し，管の軟化・劣化や水質事故を起こすことがあるので，これらの物質と接触させてはならない.
(4) 適当．硬質ポリ塩化ビニル管は，難燃性であるが，熱及び衝撃には比較的弱い.

▶ 答 (2)

■ 7.3.2 給水管の接合及び継手

問題 1 【令和 4 年 問 47】

給水管の継手に関する次の記述の [　] 内に入る語句の組み合わせのうち，適当なものはどれか.

① 架橋ポリエチレン管の継手の種類としては，メカニカル式継手と [ア] 継手がある.
② ダクタイル鋳鉄管の接合形式は多種類あるが，一般に給水装置では，メカニカル継手，[イ] 継手及びフランジ継手の 3 種類がある.
③ 水道用ポリエチレン二層管の継手は，一般的に [ウ] 継手が用いられる.
④ ステンレス鋼鋼管の継手の種類としては，[エ] 継手とプレス式継手がある.

	ア	イ	ウ	エ
(1)	EF	RR	金属	スライド式
(2)	熱融着	プッシュオン	TS	スライド式
(3)	EF	プッシュオン	金属	伸縮可とう式
(4)	熱融着	RR	TS	伸縮可とう式
(5)	EF	RR	金属	伸縮可とう式

解説 ア 「EF」である．架橋ポリエチレン管の継手の種類としては，メカニカル式継手とEF継手の2種類がある．EF（Electro Fusion：電気融着）継手とは，エレクトロフージョン継手のことで電熱線を埋め込んだ継手に管を送入した後，通電して電熱線を発熱させ，継手と管の樹脂を加熱溶融して接合する方法である．なお，水道給水用ポリエチレン管の継手はEF継手，金属継手，メカニカル継手の3種類がある（**図7.1**参照）．

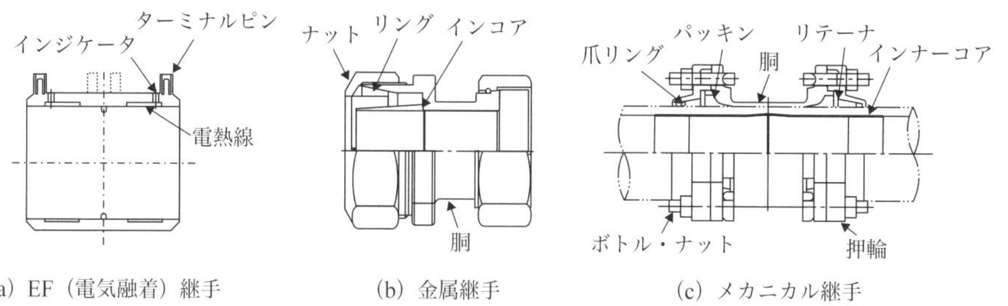

図7.1 水道配水用ポリエチレン管継手例[2)]

イ 「プッシュオン」である．ダクタイル鋳鉄管の接合形式は多種類あるが，一般に給水装置では，メカニカル継手，プッシュオン継手及びフランジ継手の3種類を用いる．**図7.2**において，T形，NS形及びGX形はプッシュオン継手，K形はメカニカル継手である．

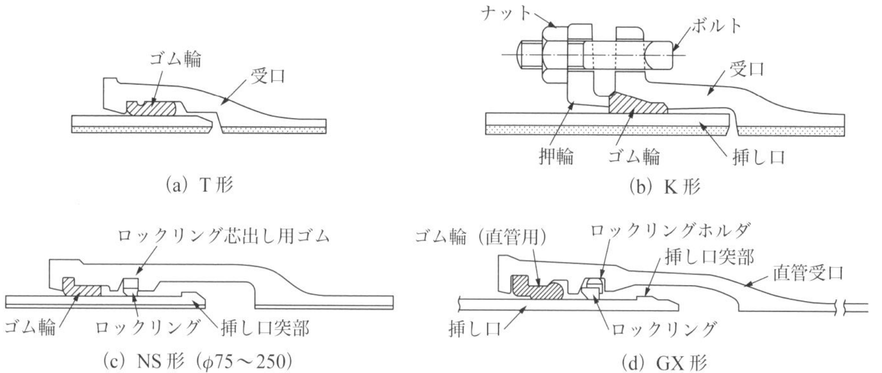

図7.2 ダクタイル鋳鉄管の接合形式[1)]

ウ 「金属」である．水道用ポリエチレン二層管の継手は，一般的に金属継手が用いられる（図3.8及び図7.1参照）．

エ 「伸縮可とう式」である．ステンレス鋼鋼管の継手の種類としては，伸縮可とう式継手とプレス式継手がある（**図7.3**参照）．

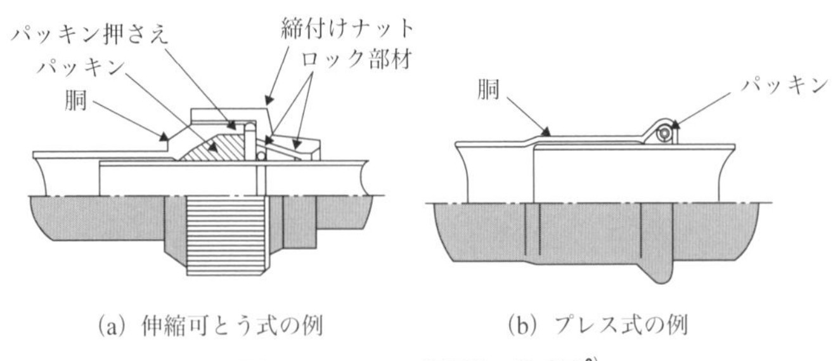

図 7.3　ステンレス鋼鋼管の継手例[2)]

以上から（3）が正解.　▶答（3）

問題 2　【令和 3 年 問 43】

硬質ポリ塩化ビニル管の施工上の注意点に関する次の記述のうち，不適当なものはどれか.

(1) 直射日光による劣化や温度の変化による伸縮性があるので，配管施工等において注意を要する.

(2) 接合時にはパイプ端面をしっかりと面取りし，継手だけでなくパイプ表面にも適量の接着剤を塗布し，接合後は一定時間，接合部の抜出しが発生しないよう保持する.

(3) 有機溶剤，ガソリン，灯油，油性塗料，クレオソート（木材用防腐剤），シロアリ駆除剤等に，管や継手部のゴム輪が長期接すると，管・ゴム輪は侵されて，亀裂や膨潤軟化により漏水事故や水質事故を起こすことがあるので，これらの物質と接触させない.

(4) 接着接合後，通水又は水圧試験を実施する場合，使用する接着剤の施工要領を厳守して，接着後 12 時間以上経過してから実施する.

解説 (1) 適当．直射日光による劣化や温度の変化による伸縮性があるので，配管施工等において注意を要する.

(2) 適当．接合時にはパイプ端面をしっかりと面取りし，継手だけでなくパイプ表面にも適量の接着剤を塗布し，接合後は一定時間，接合部の抜出しが発生しないよう保持する.

(3) 適当．有機溶剤，ガソリン，灯油，油性塗料，クレオソート（木材用防腐剤），シロアリ駆除剤等に，管や継手部のゴム輪が長期接すると，管・ゴム輪は侵されて，亀裂や膨潤軟化により漏水事故や水質事故を起こすことがあるので，これらの物質と接触させない.

(4) 不適当．接着接合後，通水又は水圧試験を実施する場合，使用する接着剤の施工要領を厳守して，接着後 24 時間以上経過してから実施する．「12 時間」が誤り.　▶答（4）

問題 3　【令和2年 問43】

給水管及び継手に関する次の記述の［　　］内に入る語句の組み合わせのうち，適当なものはどれか.

① 架橋ポリエチレン管の継手の種類は，EF継手と［　ア　］がある.

② 波状ステンレス鋼管の継手の種類としては，［　イ　］と伸縮可とう式継手がある.

③ 水道用ポリエチレン二層管の継手には，一般的に［　ウ　］が用いられる.

④ ダクタイル鋳鉄管の接合形式にはメカニカル継手，プッシュオン継手，［　エ　］の3種類がある.

	ア	イ	ウ	エ
(1)	TS継手	ろう付・はんだ付継手	熱融着継手	管端防食形継手
(2)	メカニカル式継手	プレス式継手	金属継手	管端防食形継手
(3)	TS継手	プレス式継手	金属継手	管端防食形継手
(4)	TS継手	ろう付・はんだ付継手	熱融着継手	フランジ継手
(5)	メカニカル式継手	プレス式継手	金属継手	フランジ継手

解説 ア「メカニカル式継手」である．メカニカル式継手は，ゴムシール（パッキン）等の密着によって接続部の止水を行うもので，ねじ切りや溶接等が不要である（図7.1参照)．なお，EF継手とはエレクトロフュージョン継手のことで電熱線を埋め込んだ継手に管を送入した後，通電して電熱線を発熱させ継手と管の樹脂を加熱溶融して接合する方法である.

イ「プレス式継手」である．専用締め付け工具を使用するもので短時間に接合でき，高度な技術を必要としない（図7.3参照).

ウ「金属継手」である（図7.1参照).

エ「フランジ継手」である．フランジを使用した継手である.

以上から（5）が正解.　▶答（5）

問題 4　【令和元年 問43】

給水管の接合及び継手に関する次の記述の［　　］内に入る語句の組み合わせのうち，適当なものはどれか.

① ステンレス鋼鋼管の主な継手には，伸縮可とう式継手と［　ア　］がある.

② 硬質ポリ塩化ビニル管の主な接合方法には，［　イ　］によるTS接合とゴム輪によるRR接合がある.

③ 架橋ポリエチレン管の主な継手には，［　ウ　］と電気融着式継手がある.

④ 硬質塩化ビニルライニング鋼管のねじ接合には，［　エ　］を使用しなければなら

ない.

	ア	イ	ウ	エ
(1)	プレス式継手	接着剤	メカニカル式継手	管端防食継手
(2)	プッシュオン継手	ろう付	メカニカル式継手	金属継手
(3)	プッシュオン継手	接着剤	フランジ継手	管端防食継手
(4)	プレス式継手	ろう付	フランジ継手	金属継手

解説 ア「プレス式継手」である（図7.3参照）.
イ「接着剤」である（**図7.4**参照）.
ウ「メカニカル式継手」である（**図7.5**参照）.
エ「管端防食継手」である（**図7.6**参照）.

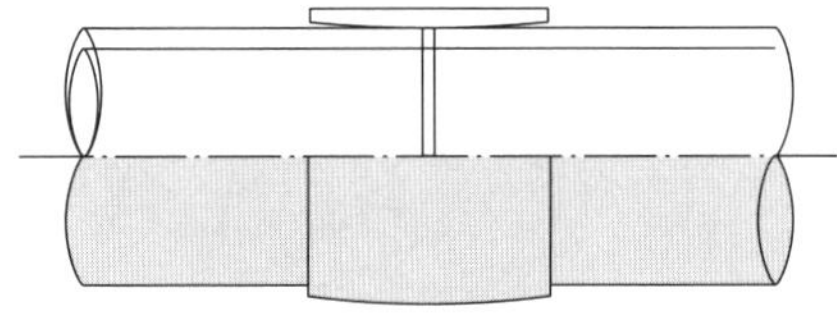

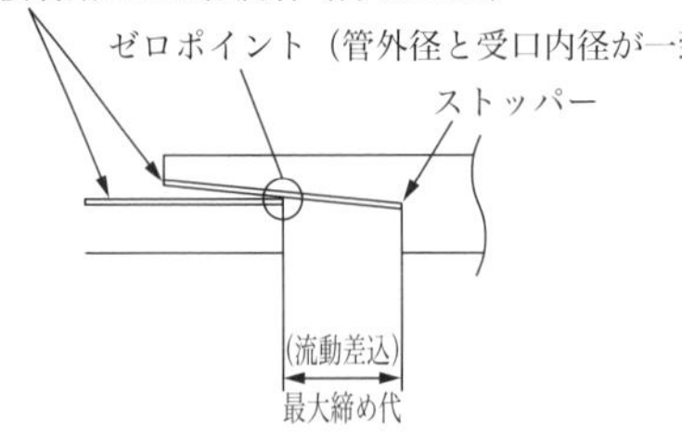

(a) TS接合

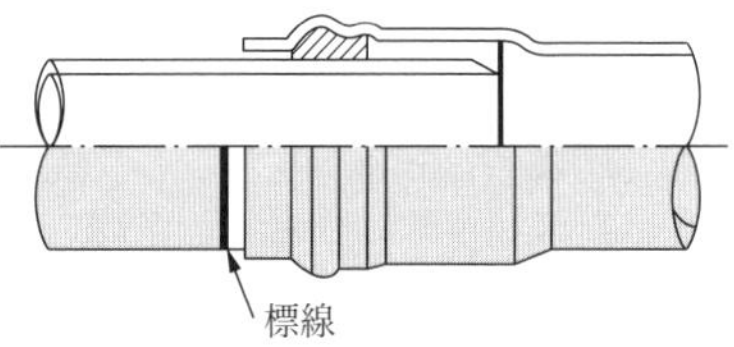

・図中の標線の本数は，2本とする。標線2本の中間まで，挿し管を挿入する。
・受口ストッパーの線の太さは，他の線と同様の太さとする。

(b) RR接合

図7.4 硬質ポリ塩化ビニル管の継手例[2)]

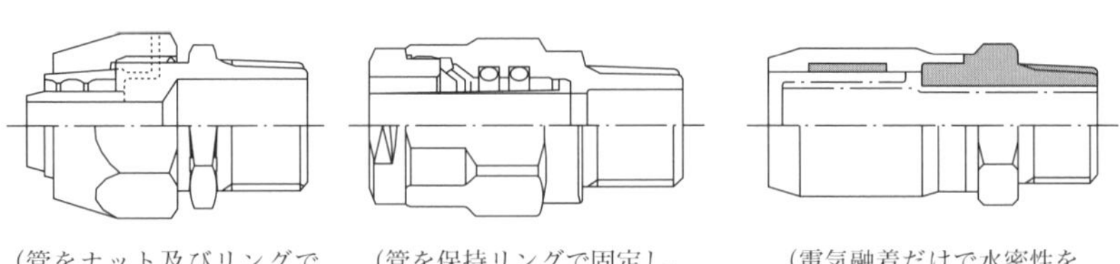

(a) メカニカル式継手　(b) 電気融着式継手

図7.5 架橋ポリエチレン管の継手例[2)]

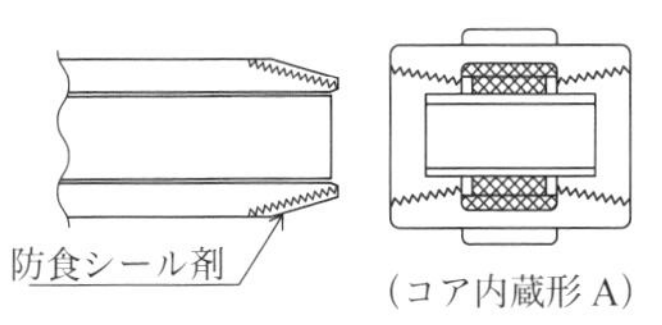

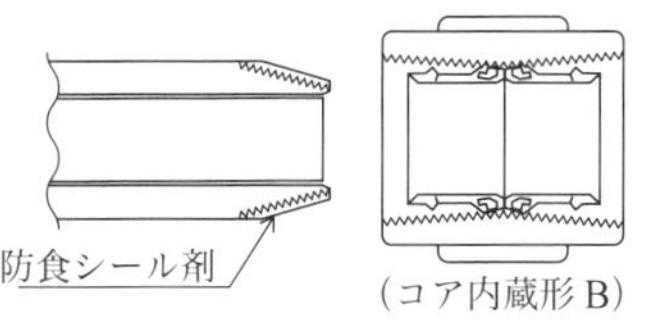

図 7.6　ねじ接合（管端防食継手）[5]

以上から（1）が正解.　　▶答（1）

問題 5　【平成 29 年 問 42】

給水管の接合及び継手に関する次の記述の［　　］内に入る語句の組み合わせのうち，適当なものはどれか.

① ステンレス鋼鋼管の継手の種類としては，［ア］とプレス式継手がある.
② 架橋ポリエチレン管の継手の種類としては，メカニカル式継手と［イ］がある.
③ 水道配水用ポリエチレン管の継手の種類としては，［イ］，金属継手と［ウ］がある.
④ ポリエチレン二層管の継手には，［エ］が用いられる.

	ア	イ	ウ	エ
(1)	プッシュオン継手	電気融着式継手	フランジ継手	金属継手
(2)	プッシュオン継手	熱融着式継手	メカニカル式継手	管端防食継手
(3)	伸縮可とう式継手	熱融着式継手	フランジ継手	管端防食継手
(4)	伸縮可とう式継手	電気融着式継手	メカニカル式継手	金属継手

解説　ア「伸縮可とう式継手」である（図 7.3 参照）.
イ「電気融着式継手」である（図 7.5 参照）.
ウ「メカニカル式継手」である（図 7.1 参照）.
エ「金属継手」である.

以上から（4）が正解.　　▶答（4）

7.4 給水用具

問題 1　【令和 4 年 問 41】

給水用具に関する次の記述の正誤の組み合わせのうち，適当なものはどれか.

ア　単水栓は，給水の開始，中止及び給水装置の修理その他の目的で給水を制限又は停水するために使用する給水用具である.

イ　甲形止水栓は，流水抵抗によって，こまパッキンが摩耗して止水できなくなるおそれがある．

ウ　ボールタップは，浮玉の上下によって自動的に弁を開閉する構造になっており，水洗便器のロータンクや受水槽の水を一定量貯める給水用具である．

エ　ダイヤフラム式ボールタップは，圧力室内部の圧力変化を利用しダイヤフラムを動かすことにより吐水，止水を行うもので，給水圧力による止水位の変動が大きい．

	ア	イ	ウ	エ
(1)	誤	正	正	誤
(2)	正	誤	誤	正
(3)	正	誤	正	誤
(4)	誤	誤	正	正
(5)	誤	正	誤	正

解説　ア　誤り．単水栓は，弁の開閉により，水又は温水のみを一つの水栓から吐水する水栓である．なお，選択肢の内容は止水栓である．止水栓は，給水の開始，中止及び給水装置の修理その他の目的で給水を制限又は停水するために使用する給水用具である．

イ　正しい．甲形止水栓は，止水部が落としこま構造であり，損失水頭（圧力損失）は大きい．流水抵抗によって，こまパッキンが摩耗して止水できなくなるおそれがあり，定期的に交換が必要である．なお，弁部の構造から流れがS字形となる（**図7.7**参照）．

ウ　正しい．ボールタップは，浮玉の上下によって自動的に弁を開閉する構造になっており，水洗便器のロータンクや受水槽の水を一定量貯める給水用具である（**図7.8**参照）．

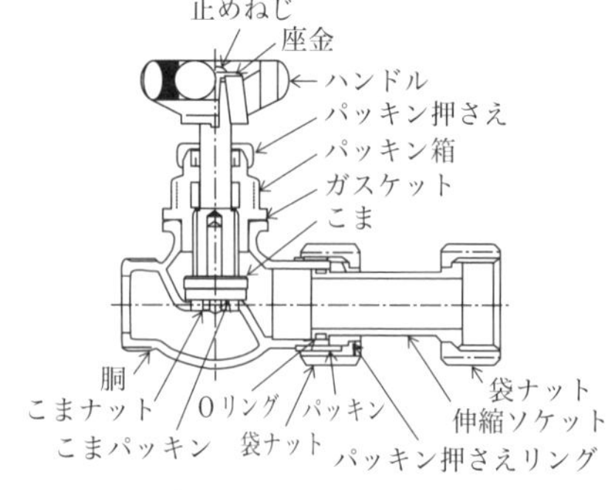

図7.7　甲形止水栓例（伸縮形）[2)]

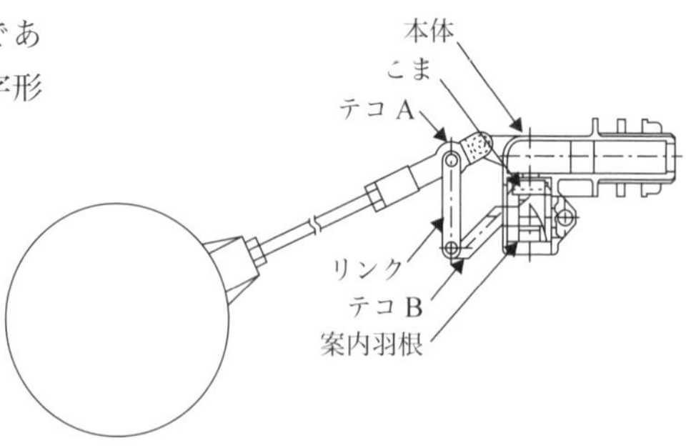

図7.8　複式ボールタップ[2)]

エ　誤り．ダイヤフラム式ボールタップは，圧力室内部の圧力変化を利用しダイヤフラムを動かすことにより吐水，止水を行うもので，給水圧力による止水位の変動が小さい（図 **7.9** 参照）．

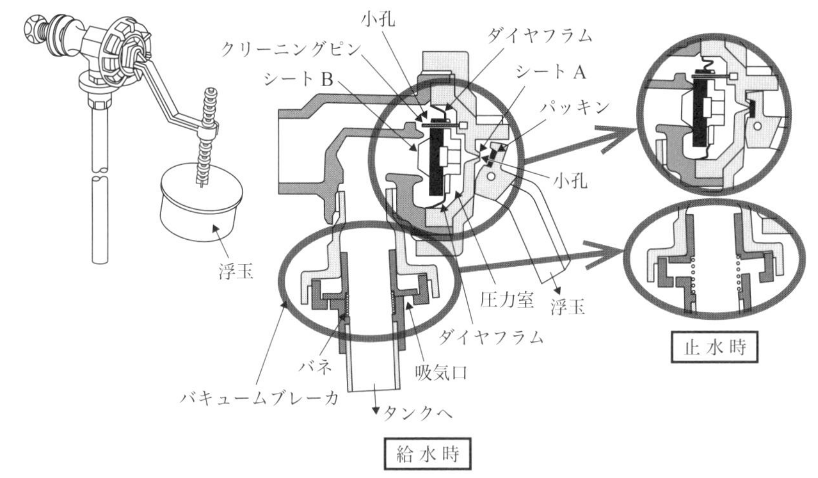

図 7.9　ダイヤフラム式ボールタップ例 [2)]

以上から（1）が正解．　　▶答（1）

問題 2　【令和 4 年 問 42】

給水用具に関する次の記述のうち，不適当なものはどれか．

（1）各種分水栓は，分岐可能な配水管や給水管から不断水で給水管を取り出すための給水用具で，分水栓の他，サドル付分水栓，割T字管がある．

（2）仕切弁は，弁体が鉛直方向に上下し，全開・全閉する構造であり，全開時の損失水頭は小さい．

（3）玉形弁は，止水部が吊りこま構造であり，弁部の構造から流れがS字形となるため損失水頭が小さい．

（4）給水栓は，給水装置において給水管の末端に取り付けられ，弁の開閉により流量又は湯水の温度の調整等を行う給水用具である．

解説　（1）適当．各種分水栓は，分岐可能な配水管や給水管から不断水で給水管を取り出すための給水用具で，分水栓の他，サドル付分水栓（図 **7.10** 参照），割T字管（図 3.3 参照）がある．

（2）適当．仕切弁は，弁体が鉛直方向に上下し，全開・全閉する構造であり，全開時の損失水頭は小さい（図 **7.11** 参照）．

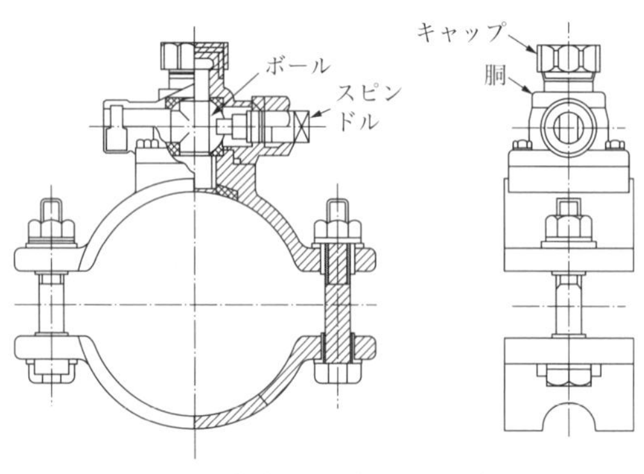

止水機構ボール式（フランジ式）

図 7.10　サドル付分水栓 [1)]

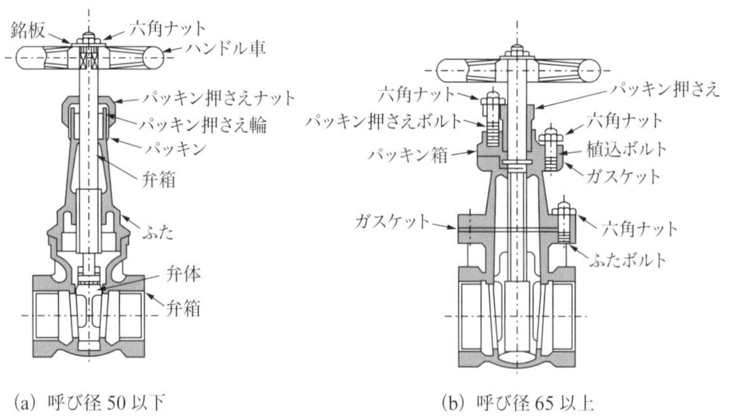

(a) 呼び径 50 以下　　(b) 呼び径 65 以上

図 7.11　仕切弁例

(3) 不適当．玉形弁は，止水部が吊りこま構造であり，弁部の構造から流れがS字形となるため損失水頭が大きい（**図 7.12** 参照）．

(4) 適当．給水栓は，給水装置において給水管の末端に取り付けられ，弁の開閉により流量又は湯水の温度の調整等を行う給水用具である．

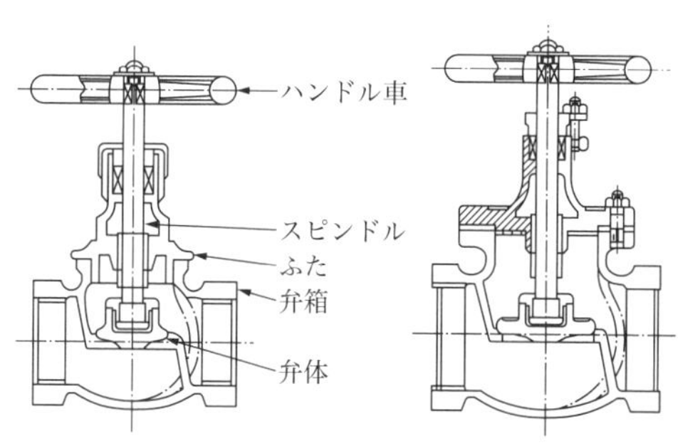

(1) 金属弁座（呼び径65以下）　(2) 金属弁座（呼び径80以上）

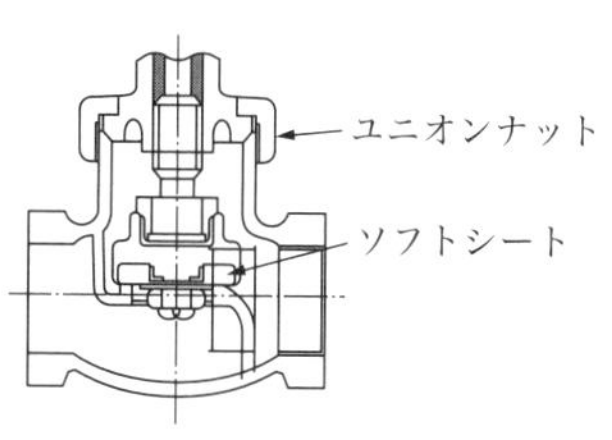

(3) ソフトシート

図7.12　玉形弁[1)]

▶答 (3)

問題3　【令和4年 問43】

給水用具に関する次の記述のうち，不適当なものはどれか．

(1) 減圧弁は，水圧が設定圧力よりも上昇すると，給水用具を保護するために弁体が自動的に開いて過剰圧力を逃し，圧力が所定の値に降下すると閉じる機能を持った給水用具である．

(2) 空気弁は，管頂部に設置し，管内に停滞した空気を自動的に排出する機能を持った給水用具である．

(3) 定流量弁は，オリフィス，ばね式等による流量調整機構によって，一次側の圧力に関わらず流量が一定になるよう調整する給水用具である．

(4) 圧力式バキュームブレーカは，給水・給湯系統のサイホン現象による逆流を防止するために，負圧部分へ自動的に空気を導入する機能を持ち，常時水圧は掛かるが逆圧の掛からない配管部分に設置する．

解説 (1) 不適当．減圧弁は，通過する流体の圧力エネルギーにより弁体の開度を変化させ，高い一次側圧力から所定の低い二次側圧力に減圧する圧力調整弁である（**図7.13**参照）．なお，設問の「水圧が設定圧力よりも上昇すると，給水用具を保護するために弁体が自動的に開いて過剰圧力を逃し，圧力が所定の値に降下すると閉じる機能を持った給水用具」は，安全弁（逃がし弁）である．

(2) 適当．空気弁は，管頂部に設置し，管内に停滞した空気を自動的に排出する機能を持った給水用具である（**図7.14**参照）．又，工事等の排水時には，吸気機能の役割も担っている．

(3) 適当．定流量弁は，オリフィス，ばね式等による流量調整機構によって，一次側の圧力に関わらず流量が一定になるよう調整する給水用具である（**図7.15**参照）．

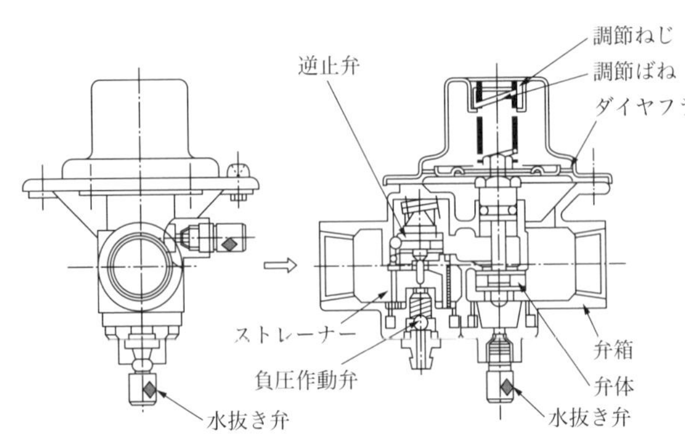

図 7.13　減圧弁[2)]

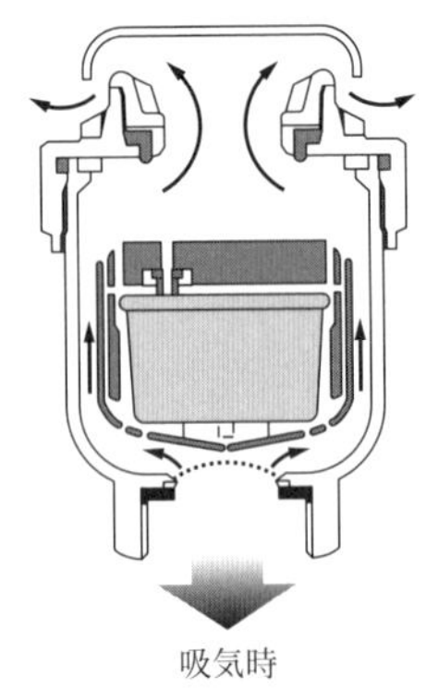

図 7.14　空気弁例
（出典：給水システム協会（2019））

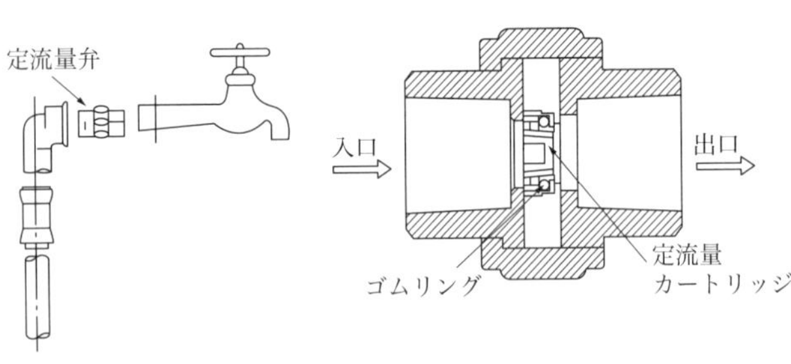

ゴムを利用した定流量弁は定流量カートリッジ内のゴムリングが差圧により変形する．
変形により流路面積は減少し，高差圧時には大きな変形を伴い流路面積も大きく減少し，流量の制限を行い定流量となる．

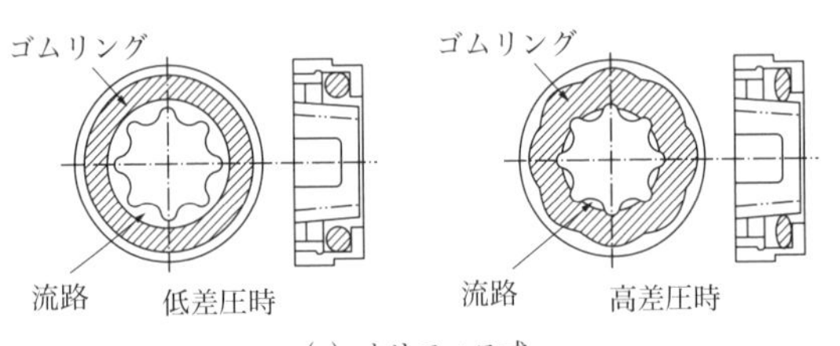

(a) オリフィス式

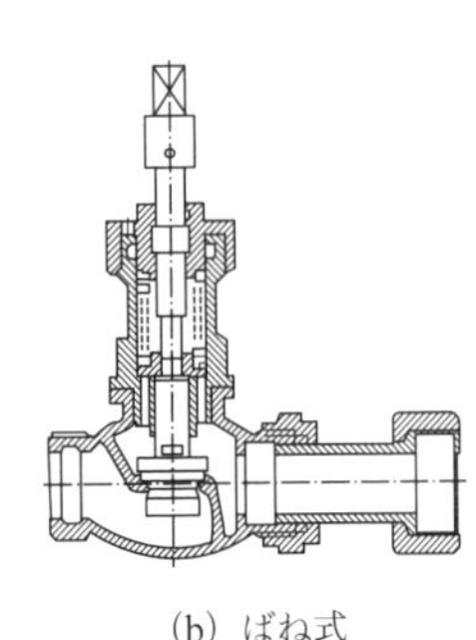

(b) ばね式

図 7.15　定流量弁例[1)]

(4) 適当．圧力式バキュームブレーカは，給水・給湯系統のサイホン現象による逆流を防止するために，負圧部分へ自動的に空気を導入する機能を持ち，常時水圧は掛かるが逆圧（背圧：管の圧力損失）の掛からない配管部分に設置する（図 4.1 参照）．▶答 (1)

問題 4　【令和 4 年 問 44】

給水用具に関する次の記述の ▭ 内に入る語句の組み合わせのうち，適当なものはどれか．

① [ア] は，個々に独立して作動する第1逆止弁と第2逆止弁が組み込まれている．各逆止弁はテストコックによって，個々に性能チェックを行うことができる．

② [イ] は，一次側の流水圧で逆止弁体を押し上げて通水し，停水又は逆圧時は逆止弁体が自重と逆圧で弁座を閉じる構造の逆止弁である．

③ [ウ] は，独立して作動する第1逆止弁と第2逆止弁との間に一次側との差圧で作動する逃し弁を備えた中間室からなり，逆止弁が正常に作動しない場合，逃し弁が開いて排水し，空気層を形成することによって逆流を防止する構造の逆流防止器である．

④ [エ] は，弁体がヒンジピンを支点として自重で弁座面に圧着し，通水時に弁体が押し開かれ，逆圧によって自動的に閉止する構造の逆止弁である．

	ア	イ	ウ	エ
(1)	複式逆止弁	リフト式逆止弁	中間室大気開放型逆流防止器	スイング式逆止弁
(2)	二重式逆流防止器	自重式逆止弁	減圧式逆流防止器	スイング式逆止弁
(3)	複式逆止弁	自重式逆止弁	減圧式逆流防止器	単式逆止弁
(4)	二重式逆流防止器	リフト式逆止弁	中間室大気開放型逆流防止器	単式逆止弁
(5)	二重式逆流防止器	自重式逆止弁	中間室大気開放型逆流防止器	単式逆止弁

解説 ア 「二重式逆流防止器」である．二重式逆流防止器は，個々に独立して作動する第1逆止弁と第2逆止弁が組み込まれている．各逆止弁はテストコックによって，個々に性能チェックを行うことができる（**図7.16**参照）．

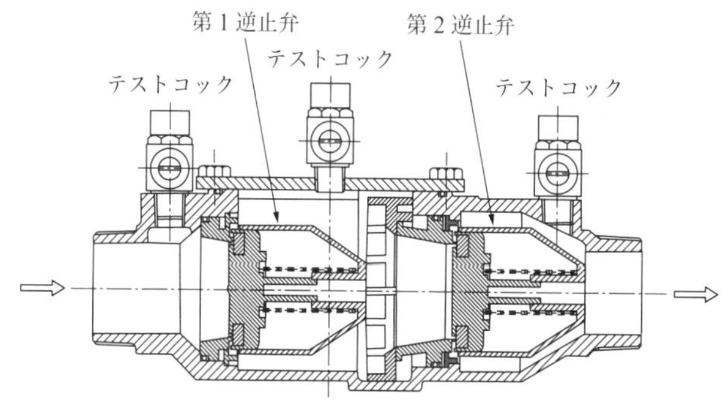

図7.16　二重式逆流防止器例 2)

イ 「自重式逆止弁」である．自重式逆止弁は，一次側の流水圧で逆止弁体を押し上げて通水し，停水又は逆圧時は，逆止弁体が自重と逆圧で弁座を閉じる構造の逆止弁である（**図 7.17** 参照）．

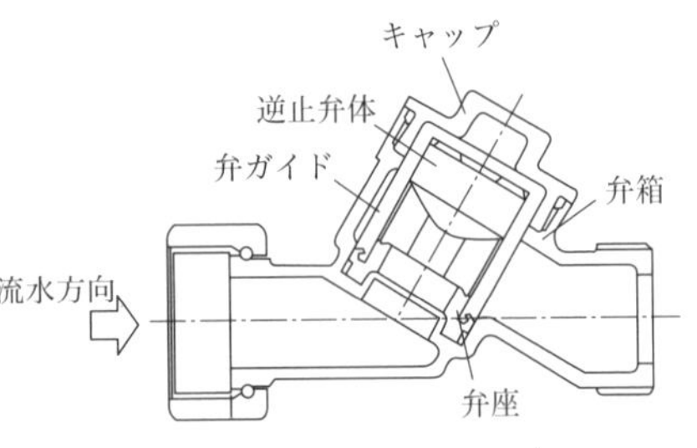

図 7.17　自重式逆流防止弁例[2)]

ウ　「減圧式逆流防止器」である．減圧式逆流防止器は，独立して作動する第 1 逆止弁と第 2 逆止弁との間に一次側との差圧で作動する逃し弁を備えた中間室からなり，逆止弁が正常に作動しない場合，逃し弁が開いて排水し，空気層を形成することによって逆流を防止する構造の逆流防止器である（**図 7.18** 参照）．

エ　「スイング式逆止弁」である．スイング式逆止弁は，弁体がヒンジピンを支点として自重で弁座面に圧着し，通水時に弁体が押し開かれ，逆圧によって自動的に閉止する構造の逆止弁である（**図 7.19** 参照）．

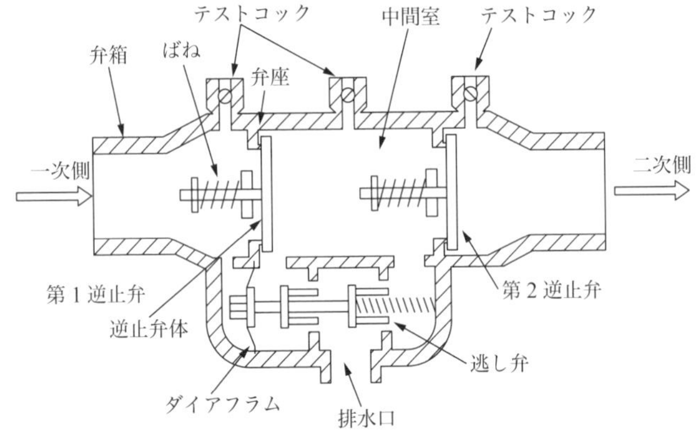

図 7.18　減圧式逆流防止器例[2)]

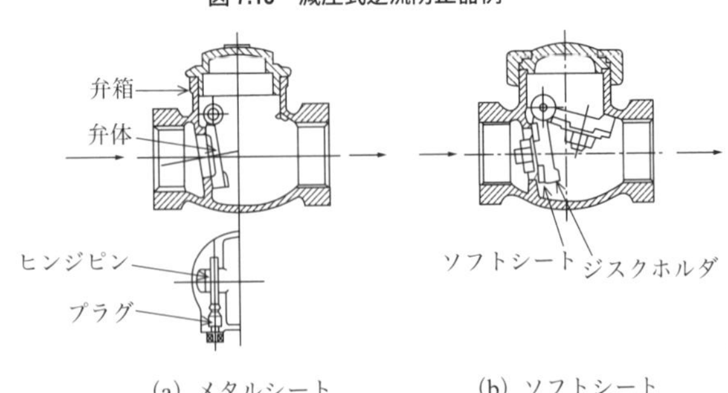

図 7.19　スイング式逆止弁（JIS B 2011）

7.4 給水用具

以上から（2）が正解.　　▶答（2）

問題5　【令和4年 問45】

給水用具に関する次の記述のうち，不適当なものはどれか.

(1) 逆止弁付メーターパッキンは，配管接合部をシールするメーター用パッキンにスプリング式の逆流防止弁を兼ね備えた構造である．逆流防止機能が必要な既設配管の内部に新たに設置することができる.

(2) 小便器洗浄弁は，センサーで感知し自動的に水を吐出させる自動式とボタン等を操作し水を吐出させる手動式の2種類あり，手動式にはニードル式，ダイヤフラム式の2つのタイプの弁構造がある.

(3) 湯水混合水栓は，湯水を混合して1つの水栓から吐水する水栓である．ハンドルやレバー等の操作により吐水，止水，吐水流量及び吐水温度が調整できる.

(4) 水道用コンセントは，洗濯機，食器洗い機との組合せに最適な水栓で，通常の水栓のように壁から出っ張らないので邪魔にならず，使用するときだけホースをつなげばよいので空間を有効に利用することができる.

解説 (1) 適当．逆止弁付メーターパッキンは，配管接合部をシールするメーター用パッキンにスプリング式の逆流防止弁を兼ね備えた構造である．逆流防止機能が必要な既設配管の内部に新たに設置することができる（図7.20参照）.

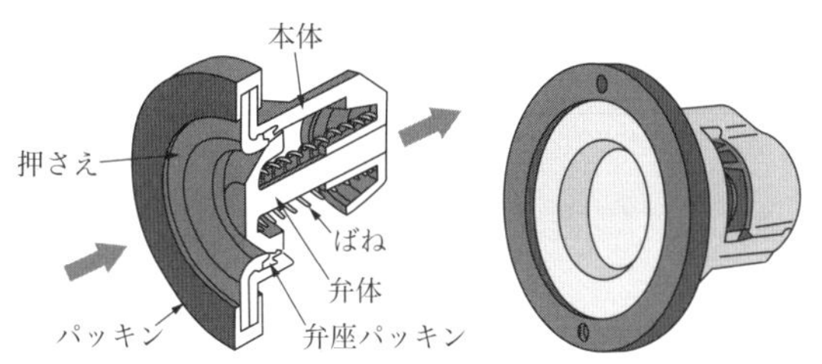

図7.20　逆止弁付メーターパッキン例[1)]

(2) 不適当．小便器洗浄弁は，センサーで感知し自動的に水を吐出させる自動式とボタン等を操作し水を吐出させる手動式の2種類あり，手動式にはピストン式，ダイヤフラム式の2つのタイプの弁構造がある（図7.21参照）．「ニードル式」が誤り.

(3) 適当．湯水混合水栓は，湯水を混合して1つの水栓から吐水する水栓である．ハンドルやレバー等の操作により吐水，止水，吐水流量及び吐水温度が調整できる.

(4) 適当．水道用コンセントは，洗濯機，食器洗い機との組合せに最適な水栓で，通常の水栓のように壁から出っ張らないので邪魔にならず，使用するときだけホースをつなげばよいので空間を有効に利用することができる.

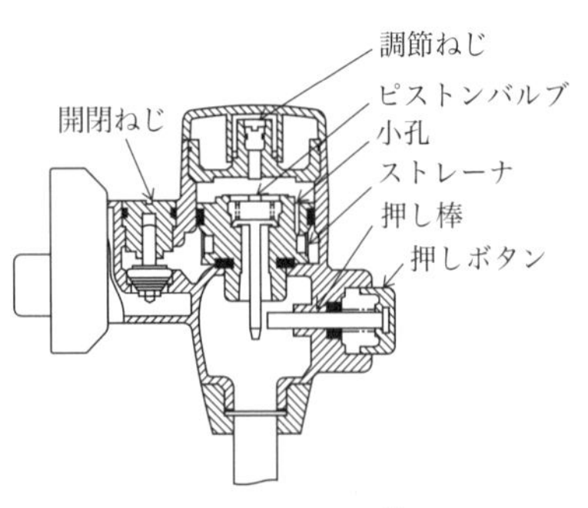

図 7.21　小便器洗浄弁[3)]

▶答（2）

問題 6　【令和 4 年 問 55】

給水用具に関する次の記述のうち，不適当なものはどれか．

(1) 自動販売機は，水道水を内部タンクで受けたあと，目的に応じてポンプにより加工機構へ供給し，コーヒー等を販売する器具である．

(2) Y 型ストレーナは，流体中の異物などをろ過するスクリーンを内蔵し，ストレーナ本体が配管に接続されたままの状態でも清掃できる．

(3) 水撃防止器は，封入空気等をゴム等により圧縮し，水撃を緩衝するもので，ベローズ形，エアバッグ形，ダイヤフラム式等がある．

(4) 温水洗浄装置付便座は，その製品の性能等の規格を JIS に定めており，温水発生装置で得られた温水をノズルから射出する装置を有した便座である．

(5) サーモスタット式の混合水栓は，湯側・水側の 2 つのハンドルを操作し，吐水・止水，吐水量の調整，吐水温度の調整ができる．

解説 (1) 適当．自動販売機は，水道水を内部タンクで受けたあと，目的に応じてポンプにより加工機構へ供給し，コーヒー等を販売する器具である．

(2) 適当．Y 型ストレーナは，流体中の異物などをろ過するスクリーンを内蔵し，ストレーナ本体が配管に接続されたままの状態でも清掃できる（**図 7.22** 参照）．

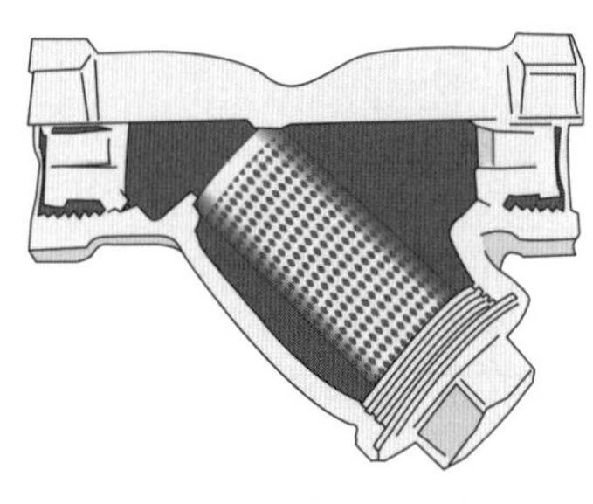

図 7.22　Y 型ストレーナ

(3) 適当．水撃防止器は，封入空気等をゴム等により圧縮し，水撃を緩衝するもので，ベローズ形，エアバッグ形，ダイヤフラム式等がある（**図 7.23** 参照）．

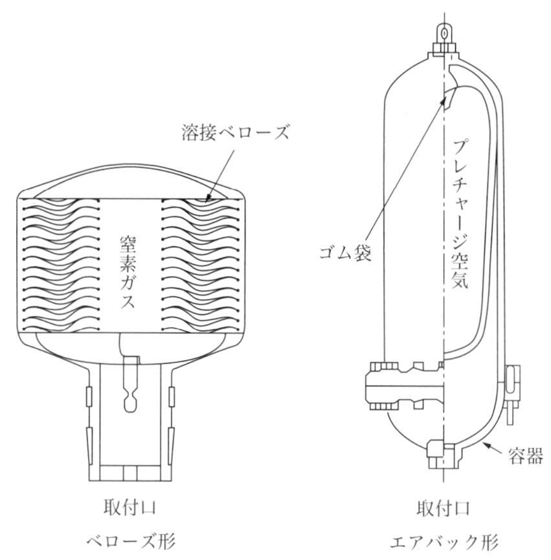

図 7.23　水撃防止器例[1)]

(4) 適当．温水洗浄装置付便座は，その製品の性能等の規格を JIS に定めており，温水発生装置で得られた温水をノズルから射出する装置を有した便座である．

(5) 不適当．サーモスタット式の混合水栓は，ハンドルの目盛りを合わせることで安定した吐水温度を得ることができる．吐水，止水，吐水量の調整は別途止水部で行う．なお，湯側・水側の 2 つのハンドルを操作し，吐水・止水，吐水量の調整，吐水温度の調整ができるのは，2 ハンドル式である．

▶答 (5)

問題 7　【令和 3 年 問 44】

給水用具に関する次の記述の ＿＿ 内に入る語句の組み合わせのうち，適当なものはどれか．

① 甲形止水栓は，止水部が落しこま構造であり，損失水頭は極めて ［ア］．

② ［イ］ は，弁体が弁箱又は蓋に設けられたガイドによって弁座に対し垂直に作動し，弁体の自重で閉止の位置に戻る構造の逆止弁である．

③ ［ウ］ は，給水管内に負圧が生じたとき，逆止弁により逆流を防止するとともに逆止弁より二次側（流出側）の負圧部分へ自動的に空気を取り入れ，負圧を破壊する機能を持つ給水用具である．

④ ［エ］ は管頂部に設置し，管内に停滞した空気を自動的に排出する機能を持つ給水用具である．

	ア	イ	ウ	エ
(1)	大きい	スイング式逆止弁	吸気弁	空気弁
(2)	小さい	スイング式逆止弁	バキュームブレーカ	玉形弁
(3)	大きい	リフト式逆止弁	バキュームブレーカ	空気弁
(4)	小さい	リフト式逆止弁	吸気弁	玉形弁
(5)	大きい	スイング式逆止弁	バキュームブレーカ	空気弁

解説 ア「大きい」である．甲形止水栓例は図 7.7 参照．

イ「リフト式逆止弁」である（**図 7.24** 参照）．

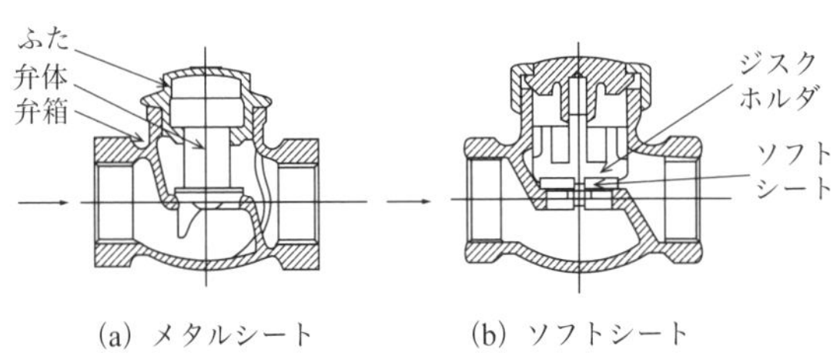

図 7.24　リフト式逆止弁（JIS B 2011）

ウ「バキュームブレーカ」である（図 4.1 参照）．

エ「空気弁」である（図 7.14 参照）．

以上から（3）が正解．　▶答（3）

問題 8　【令和 3 年 問 45】

給水用具に関する次の記述の正誤の組み合わせのうち，適当なものはどれか．

ア　定水位弁は，主弁に使用し，小口径ボールタップを副弁として組み合わせて使用するもので，副弁の開閉により主弁内に生じる圧力差によって開閉が円滑に行えるものである．

イ　仕切弁は，弁体が鉛直方向に上下し，全開，全閉する構造であり，全開時の損失水頭は極めて小さい．

ウ　減圧弁は，設置した給水管路や貯湯湯沸器等の水圧が設定圧力よりも上昇すると，給水管路等の給水用具を保護するために弁体が自動的に開いて過剰圧力を逃し，圧力が所定の値に降下すると閉じる機能を持っている．

エ　ボール止水栓は，弁体が球状のため 90° 回転で全開，全閉することのできる構造であり，全開時の損失水頭は極めて大きい．

	ア	イ	ウ	エ
(1)	誤	正	正	正
(2)	正	正	誤	誤

(3) 誤　誤　正　正
(4) 正　正　誤　正
(5) 誤　誤　誤　正

解説　ア　正しい．定水位弁（**図 7.25** 参照）は，主弁に小口径ボールタップを副弁として組合わせ取付けるもので，図 7.25 のように副弁側の細い配管と主弁側の太い配管が受水槽へ接続されており，副弁側の配管の先にボールタップを取り付けられている．ボールタップが下がると（開くと）水が流れることで副弁が開き，同時に主弁が徐々に開いて主弁側の太い配管から受水槽へ水を供給するが，ボールタップが上がって水が止まると副弁が閉じて主弁も徐々に閉じ，給水を停止する．特徴として，副弁の開閉により主弁内に生じる圧力差によって開閉が円滑に行える仕組みとなっているため，ウォーターハンマが生じにくくなる．

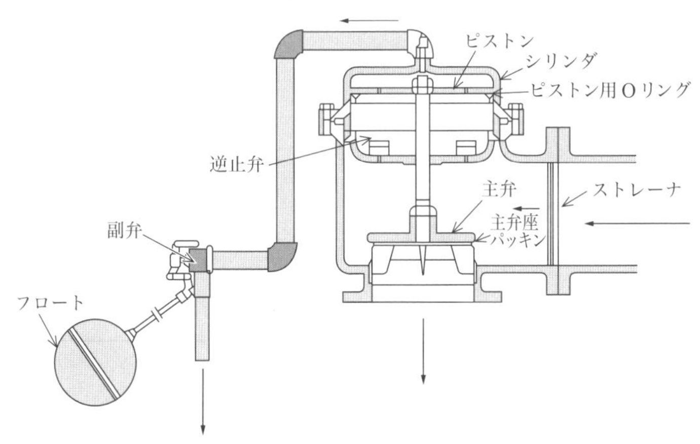

図 7.25　副弁付定水位弁 [3)]

イ　正しい．仕切弁は，弁体が鉛直方向に上下し，全開，全閉する構造であり，全開時の損失水頭は極めて小さい（図 7.11 参照）．

ウ　誤り．減圧弁（図 7.13 参照）は，調節バネ，ダイヤフラム，弁体等の圧力調整機構によって一次側の圧力が変動しても，二次側を一次側より低い圧力に保持する給水用具である．なお，「設置した給水管路や貯湯湯沸器等の水圧が設定圧力よりも上昇すると，給水管路等の給水用具を保護するために弁体が自動的に開いて過剰圧力を逃し，圧力が所定の値に降下すると閉じる機能を持っている」ものは，安全弁（**図 7.26** 参照）の内容である．

エ　誤り．ボール止水栓は，弁体が球状のため 90° 回転で全開，全閉することのできる構造であり，全開時の損失水頭は極めて小さい．「大きい」が誤り（**図 7.27** 参照）．

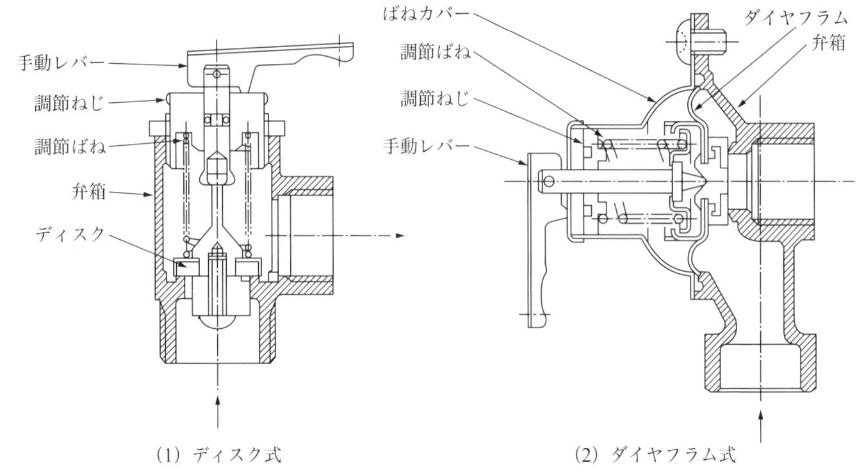

図 7.26　安全弁（逃し弁）[2)]

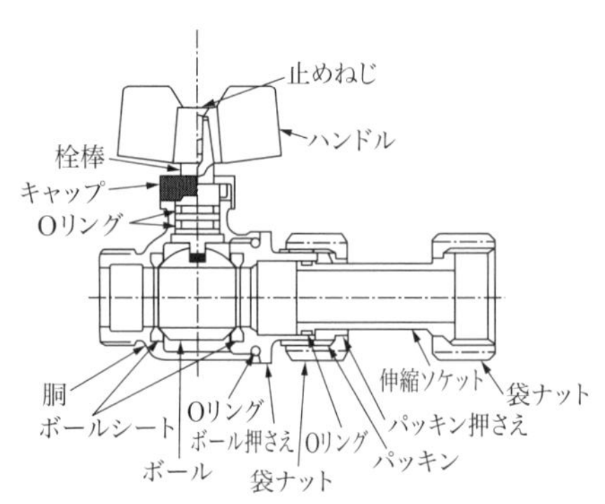

図 7.27　ボール止水栓例（伸縮形）[2)]

以上から（2）が正解.　▶答（2）

問題 9　【令和 3 年 問 46】

給水用具に関する次の記述の正誤の組み合わせのうち，適当なものはどれか.

ア　ホース接続型水栓には，散水栓，カップリング付水栓等がある．ホース接続が可能な形状となっており，ホース接続した場合に吐水口空間が確保されない可能性があるため，水栓本体内にばね等の有効な逆流防止機能を持つ逆止弁を内蔵したものになっている.

イ　ミキシングバルブは，湯・水配管の途中に取り付けて，湯と水を混合し，設定温度の湯を吐水する給水用具であり，2 ハンドル式とシングルレバー式がある.

ウ　逆止弁付メーターパッキンは，配管接合部をシールするメーター用パッキンにスプリング式の逆流防止弁を兼ね備えた構造であるが，構造が複雑で2年に1回交換する必要がある．

エ　小便器洗浄弁は，センサーで感知し自動的に水を吐出させる自動式とボタン等を操作し水を吐出させる手動式の2種類あり，手動式にはピストン式，ダイヤフラム式の二つのタイプの弁構造がある．

	ア	イ	ウ	エ
(1)	正	正	誤	誤
(2)	正	誤	誤	正
(3)	誤	誤	正	正
(4)	誤	正	正	誤

解説　ア　正しい．ホース接続型水栓（**図7.28**参照）には，散水栓，カップリング付水栓等がある．ホース接続が可能な形状となっており，ホース接続した場合に吐水口空間が確保されない可能性があるため，水栓本体内にばね等の有効な逆流防止機能を持つ逆止弁を内蔵したものになっている．

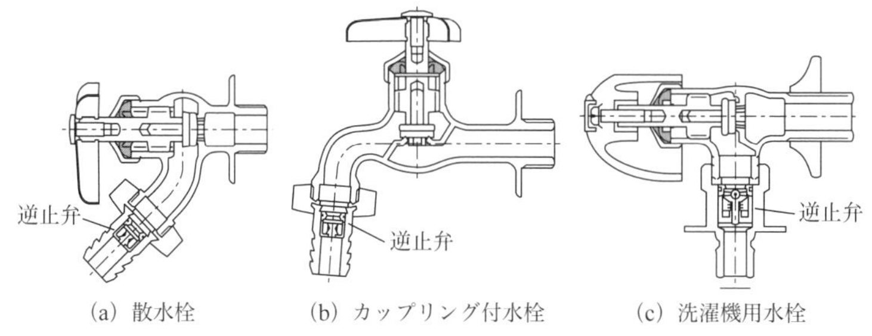

(a) 散水栓　(b) カップリング付水栓　(c) 洗濯機用水栓

図7.28　ホース接続型水栓例[1)]

イ　誤り．ミキシングバルブは，湯・水配管の途中に取り付けて，湯と水を混合し，設定温度の湯を吐水する給水用具であり，ハンドル式とサーモスタット式がある．ハンドル式には2ハンドル式とシングルハンドル式がある．

ウ　誤り．逆止弁付メーターパッキンは，配管接合部をシールするメーター用パッキンにスプリング式の逆流防止弁を兼ね備えた構造であるが，構造が複雑で水道メーターの交換時（8年に1回）には必ず交換する必要がある．

エ　正しい．小便器洗浄弁（図7.21参照）は，センサーで感知し自動的に水を吐出させる自動式とボタン等を操作し水を吐出させる手動式の2種類あり，手動式にはピストン式，ダイヤフラム式の二つのタイプの弁構造がある．

以上から（2）が正解．　▶答（2）

問題10　【令和3年 問47】

給水用具に関する次の記述の正誤の組み合わせのうち，適当なものはどれか．

ア　二重式逆流防止器は，個々に独立して作動する第1逆止弁と第2逆止弁が組み込まれている．各逆止弁はテストコックによって，個々に性能チェックを行うことができる．

イ　複式逆止弁は，個々に独立して作動する二つの逆止弁が直列に組み込まれている構造の逆止弁である．弁体は，それぞればねによって弁座に押しつけられているので，二重の安全構造となっている．

ウ　吸排気弁は，給水立て管頂部に設置され，管内に負圧が生じた場合に自動的に多量の空気を吸気して給水管内の負圧を解消する機能を持った給水用具である．なお，管内に停滞した空気を自動的に排出する機能を併せ持っている．

エ　大便器洗浄弁は，大便器の洗浄に用いる給水用具であり，また，洗浄管を介して大便器に直結されるため，瞬間的に多量の水を必要とするので配管は口径20 mm以上としなければならない．

	ア	イ	ウ	エ
(1)	正	正	正	正
(2)	誤	正	誤	正
(3)	正	誤	正	誤
(4)	正	正	正	誤
(5)	正	誤	正	正

解説　ア　正しい．二重式逆流防止器（図7.16参照）は，個々に独立して作動する第1逆止弁と第2逆止弁が組み込まれている．各逆止弁はテストコックによって，個々に性能チェックを行うことができる．

イ　正しい．複式逆止弁（**図7.29**参照）は，個々に独立して作動する二つの逆止弁が直列に組み込まれている構造の逆止弁である．弁体は，それぞればねによって弁座に押しつけられているので，二重の安全構造となっている．

ウ　正しい．吸排気弁（**図7.30**参照）は，給水立て管頂部に設置され，管内に負圧が生じた場合に自動的に多量の空気を吸気して給水管内の負圧を解消する機能を持った給水用具である．なお，管内に停滞した空気を自動的に排出する機能を併せ持っている．

エ　誤り．大便器洗浄弁は，大便器の洗浄に用いる給水用具であり，又，洗浄管を介して大便器に直結されるため，瞬間的に多量の水を必要とするので配管は口径25 mm以上としなければならない．「20 mm」が誤り．

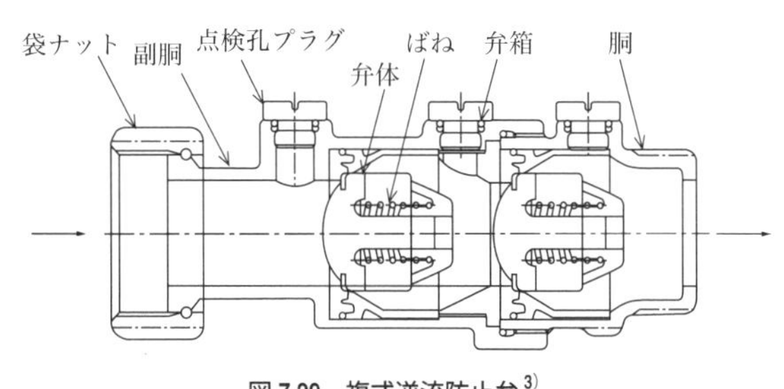

図 7.29　複式逆流防止弁[3)]

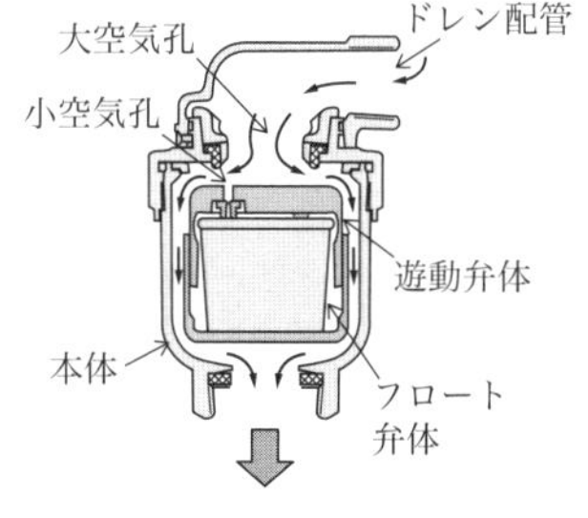

図 7.30　吸排気弁例[2)]

以上から (4) が正解.　▶答 (4)

問題 11　【令和 3 年 問 48】

給水用具に関する次の記述のうち，不適当なものはどれか.

(1) ダイヤフラム式ボールタップの機構は，圧力室内部の圧力変化を利用しダイヤフラムを動かすことにより吐水，止水を行うものであり，止水間際にチョロチョロ水が流れたり絞り音が生じることがある.

(2) 単式逆止弁は，1 個の弁体をばねによって弁座に押しつける構造のものでⅠ形とⅡ形がある．Ⅰ形は逆流防止性能の維持状態を確認できる点検孔を備え，Ⅱ形は点検孔のないものである.

(3) 給水栓は，給水装置において給水管の末端に取り付けられ，弁の開閉により流量又は湯水の温度調整等を行う給水用具である.

(4) ばね式逆止弁内蔵ボール止水栓は，弁体をばねによって押しつける逆止弁を内蔵したボール止水栓であり，全開時の損失水頭は極めて小さい.

解説 (1) 不適当．ダイヤフラム式ボールタップの機構は，圧力室内部の圧力変化を利用しダイヤフラムを動かすことにより吐水，止水を行うものであり，止水間際にチョロチョロ水が流れたり絞り音が生じることはない (図 7.9 参照).

(2) 適当．単式逆止弁は，1 個の弁体をばねによって弁座に押しつける構造のものでⅠ形とⅡ形がある．Ⅰ形は逆流防止性能の維持状態を確認できる点検孔を備え，Ⅱ形は点検孔のないものである (**図 7.31** 参照).

(3) 適当．給水栓は，給水装置において給水管の末端に取り付けられ，弁の開閉により流量又は湯水の温度調整等を行う給水用具である.

(4) 適当．ばね式逆止弁内蔵ボール止水栓は，弁体をばねによって押しつける逆止弁を内蔵したボール止水栓であり，全開時の損失水頭は極めて小さい.

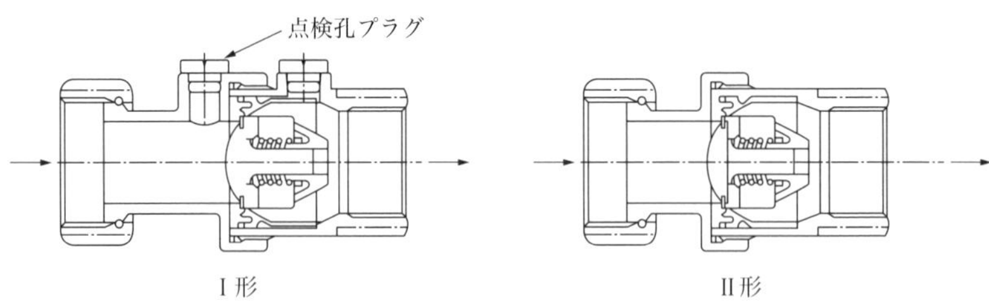

図 7.31　単式逆流防止弁[2)]

▶答（1）

7.4 給水用具

問題 12　【令和2年 問44】

給水用具に関する次の記述の□内に入る語句の組み合わせのうち，適当なものはどれか．

① ［ア］は，個々に独立して作動する第1逆止弁と第2逆止弁が組み込まれている．各逆止弁はテストコックによって，個々に性能チェックを行うことができる．

② ［イ］は，弁体が弁箱又は蓋に設けられたガイドによって弁座に対し垂直に作動し，弁体の自重で閉止の位置に戻る構造の逆止弁である．

③ ［ウ］は，独立して作動する第1逆止弁と第2逆止弁との間に一次側との差圧で作動する逃し弁を備えた中間室からなり，逆止弁が正常に作動しない場合，逃し弁が開いて排水し，空気層を形成することによって逆流を防止する構造の逆流防止器である．

④ ［エ］は，弁体がヒンジピンを支点として自重で弁座面に圧着し，通水時に弁体が押し開かれ，逆圧によって自動的に閉止する構造の逆止弁である．

	ア	イ	ウ	エ
(1)	複式逆止弁	リフト式逆止弁	中間室大気開放型逆流防止器	スイング式逆止弁
(2)	二重式逆流防止器	リフト式逆止弁	減圧式逆流防止器	スイング式逆止弁
(3)	複式逆止弁	自重式逆止弁	減圧式逆流防止器	単式逆止弁
(4)	二重式逆流防止器	リフト式逆止弁	中間室大気開放型逆流防止器	単式逆止弁
(5)	二重式逆流防止器	自重式逆止弁	中間室大気開放型逆流防止器	単式逆止弁

解説　ア「二重式逆流防止器」である．二重式逆流防止器は，個々に独立して作動する第1逆止弁と第2逆止弁が組み込まれている．各逆止弁はテストコックによって，

個々に性能チェックを行うことができる（図7.16参照）.

イ「リフト式逆止弁」である．リフト式逆止弁は，弁体が弁箱又は蓋に設けられたガイドによって弁座に対し垂直に作動し，弁体の自重で閉止の位置に戻る構造の逆止弁である（図7.24参照）.

ウ「減圧式逆流防止器」である．減圧式逆流防止器は，独立して作動する第1逆止弁と第2逆止弁との間に一次側との差圧で作動する逃し弁を備えた中間室からなり，逆止弁が正常に作動しない場合，逃し弁が開いて排水し，空気層を形成することによって逆流を防止する構造の逆流防止器である（図7.18参照）.

エ「スイング式逆止弁」である．スイング式逆止弁は，弁体がヒンジピンを支点として自重で弁座面に圧着し，通水時に弁体が押し開かれ，逆圧によって自動的に閉止する構造の逆止弁である（図7.19参照）.

以上から（2）が正解.　▶答（2）

問題13　【令和2年 問45】

給水用具に関する次の記述のうち，不適当なものはどれか.

(1) ホース接続型水栓は，ホース接続した場合に吐水口空間が確保されない可能性があるため，水栓本体内にばね等の有効な逆流防止機能を持つ逆止弁を内蔵したものになっている.

(2) 大便器洗浄弁は，大便器の洗浄に用いる給水用具であり，また，洗浄管を介して大便器に直結されるため，瞬間的に多量の水を必要とするので配管は口径25 mm以上としなければならない.

(3) 不凍栓類は，配管の途中に設置し，流入側配管の水を地中に排出して凍結を防止する給水用具であり，不凍給水栓，不凍水抜栓，不凍水栓柱，不凍バルブ等がある.

(4) 水道用コンセントは，洗濯機，自動食器洗い機等との接続に用いる水栓で，通常の水栓のように壁から出っ張らないので邪魔にならず，使用するときだけホースをつなげればよいので空間を有効に利用することができる.

解説 (1) 適当．ホース接続型水栓は，ホース接続した場合に吐水口空間が確保されない可能性があるため，水栓本体内にばね等の有効な逆流防止機能を持つ逆止弁を内蔵したものになっている（図7.28参照）.

(2) 適当．大便器洗浄弁は，大便器の洗浄に用いる給水用具であり，又，洗浄管を介して大便器に直結されるため，瞬間的に多量の水を必要とするので，配管は口径25 mm以上としなければならない（**図7.32**参照）.

(3) 不適当．不凍栓類は，配管の途中に設置し，流出側配管の水を地中に排出して凍結を防止する給水用具であり，不凍給水栓，不凍水抜栓，不凍水栓柱，不凍バルブ等がある.「流入側配管」が誤り（図 7.33 参照）.

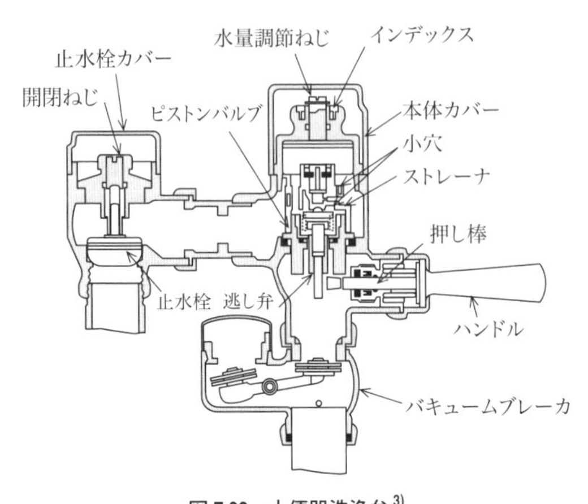

図 7.32　大便器洗浄弁[3)]

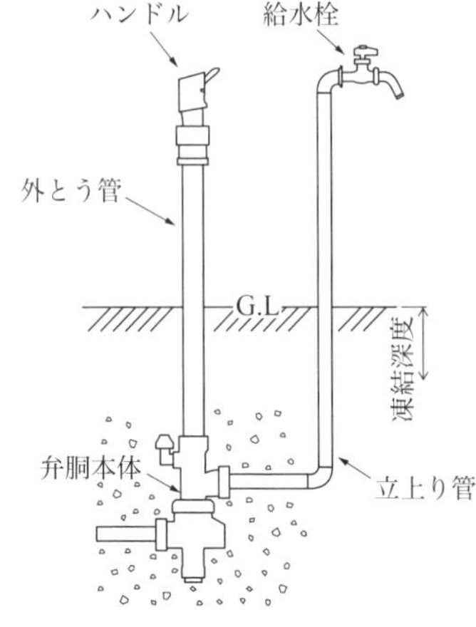

図 7.33　不凍水抜栓例[1)]

(4) 適当. 水道用コンセントは, 洗濯機, 自動食器洗い機等との接続に用いる水栓で, 通常の水栓のように壁から出っ張らないので邪魔にならず, 使用するときだけホースをつなげればよいので空間を有効に利用することができる.　▶答 (3)

問題 14　【令和 2 年 問 46】

給水用具に関する次の記述の正誤の組み合わせのうち, 適当なものはどれか.

ア　ボールタップは, フロート（浮玉）の上下によって自動的に弁を開閉する構造になっており, 水洗便器のロータンク用や, 受水槽用の水を一定量貯める給水用具である.

イ　ダイヤフラム式ボールタップの機構は, 圧力室内部の圧力変化を利用しダイヤフラムを動かすことにより吐水, 止水を行うもので, 給水圧力による止水位の変動が大きい.

ウ　止水栓は, 給水の開始, 中止及び給水装置の修理その他の目的で給水を制限又は停止するために使用する給水用具である.

エ　甲形止水栓は, 止水部が吊りこま構造であり, 弁部の構造から流れが S 字形となるため損失水頭が大きい.

	ア	イ	ウ	エ
(1)	誤	正	誤	正
(2)	誤	誤	正	正
(3)	正	正	誤	誤

(4) 正　誤　正　誤
(5) 誤　正　正　誤

解説 ア　正しい．ボールタップは，フロート（浮玉）の上下によって自動的に弁を開閉する構造になっており，水洗便器のロータンク用や，受水槽用の水を一定量貯める給水用具である（図 7.8 参照）．

イ　誤り．ダイヤフラム式ボールタップの機構は，圧力室内部の圧力変化を利用しダイヤフラムを動かすことにより吐水，止水を行うもので，給水圧力による止水位の変動が小さい．「……大きい．」が誤り（図 7.9 参照）．

ウ　正しい．止水栓は，給水の開始，中止及び給水装置の修理その他の目的で給水を制限又は停止するために使用する給水用具である．

エ　誤り．誤りは「吊りこま構造」である．甲形止水栓は，止水部が落しこま構造であり，損失水頭（圧力損失）は大きい．又，流水抵抗によってこまパッキンが摩耗するので止水できなくなるおそれがあり，定期的な交換が必要である．なお，弁部の構造から流れがS字形となる（図 7.7，**図 7.34** 参照）．

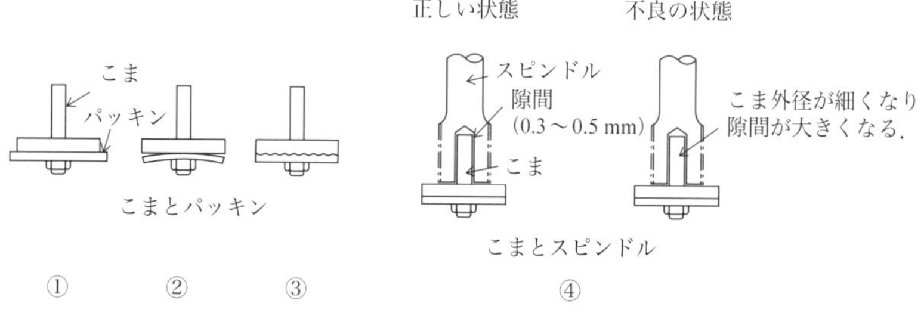

図 7.34　水栓故障 [3)]

以上から（4）が正解．

▶答（4）

問題 15　【令和 2 年 問 47】

給水用具に関する次の記述の正誤の組み合わせのうち，適当なものはどれか．

ア　定流量弁は，ハンドルの目盛りを必要な水量にセットすることにより，指定した量に達すると自動的に吐水を停止する給水用具である．

イ　安全弁（逃し弁）は，設置した給水管路や貯湯湯沸器の水圧が設定圧力よりも上昇すると，給水管路等の給水用具を保護するために弁体が自動的に開いて過剰圧力を逃す．

ウ　シングルレバー式の混合水栓は，1 本のレバーハンドルで吐水・止水，吐水量の調整，吐水温度の調整ができる．

エ　サーモスタット式の混合水栓は，湯側・水側の2つのハンドルを操作し，吐水・止水，吐水量の調整，吐水温度の調整ができる.

	ア	イ	ウ	エ
(1)	誤	正	誤	正
(2)	誤	誤	正	正
(3)	正	誤	誤	正
(4)	正	誤	正	誤
(5)	誤	正	正	誤

7.4 給水用具

解説　ア　誤り．定流量弁は，オリフィス，ばね式，ニードル式等による流量調整機構によって，一次側の圧力に関わらず流量が一定になるよう調整する給水用具である（図7.15参照）.

なお，「ハンドルの目盛りを必要な水量にセットすることにより，指定した量に達すると自動的に吐水を停止する給水用具」は，定量水栓である.

イ　正しい．安全弁（逃し弁）は，設置した給水管路や貯湯湯沸器の水圧が設定圧力よりも上昇すると，給水管路等の給水用具を保護するために弁体が自動的に開いて過剰圧力を逃す.

ウ　正しい．シングルレバー式の混合水栓は，1本のレバーハンドルで吐水・止水，吐水量の調整，吐水温度の調整ができる.

エ　誤り．サーモスタット式の混合水栓は，ハンドルの目盛りを合わせることで安定した吐水温度を得ることができる．吐水，止水，吐水量の調整は別途止水部で行う．なお，湯側・水側の2つのハンドルを操作し，吐水・止水，吐水量の調整，吐水温度の調整ができるのは，2ハンドル式である.

以上から（5）が正解.　▶答（5）

問題16　【令和2年 問51】

給水用具に関する次の記述の正誤の組み合わせのうち，適当なものはどれか.

ア　自動販売機は，水道水を冷却又は加熱し，清涼飲料水，茶，コーヒー等を販売する器具である．水道水は，器具内給水配管，電磁弁を通して，水受けセンサーにより自動的に供給される．タンク内の水は，目的に応じてポンプにより加工機構へ供給される.

イ　ディスポーザ用給水装置は，台所の排水口部に取り付けて生ごみを粉砕するディスポーザとセットして使用する器具である．排水口部で粉砕された生ごみを水で排出するために使用する.

ウ　水撃防止器は，給水装置の管路途中又は末端の器具等から発生する水撃作用を軽減又は緩和するため，封入空気等をゴム等により自動的に排出し，水撃を緩衝する給水器具である．ベローズ形，エアバック形，ダイヤフラム式，ピストン式等がある．

エ　非常時用貯水槽は，非常時に備えて，天井部・床下部に給水管路に直結した貯水槽を設ける給水用具である．天井設置用は，重力を利用して簡単に水を取り出すことができ，床下設置用は，加圧用コンセントにフットポンプ及びホースを接続・加圧し，水を取り出すことができる．

	ア	イ	ウ	エ
(1)	正	正	誤	正
(2)	正	誤	正	誤
(3)	誤	誤	正	正
(4)	誤	正	正	誤
(5)	正	誤	誤	正

解説　ア　正しい．自動販売機は，水道水を冷却又は加熱し，清涼飲料水，茶，コーヒー等を販売する器具である．水道水は，器具内給水配管，電磁弁を通して，水受けセンサーにより自動的に供給される．タンク内の水は，目的に応じてポンプにより加工機構へ供給される．

イ　正しい．ディスポーザ用給水装置は，台所の排水口部に取り付けて生ごみを粉砕するディスポーザとセットして使用する器具である．排水口部で粉砕された生ごみを水で排出するために使用する．

ウ　誤り．水撃防止器は，給水装置の管路途中又は末端の器具等から発生する水撃作用を軽減又は緩和するため，封入空気等をゴム等を用いて圧縮し，水撃を緩衝する給水器具である．ベローズ形，エアバック形，ダイヤフラム式，ピストン式等がある．「……自動的に排出し」が誤り．

エ　正しい．非常時用貯水槽は，非常時に備えて，天井部・床下部に給水管路に直結した貯水槽を設ける給水用具である．天井設置用は，重力を利用して簡単に水を取り出すことができ，床下設置用は，加圧用コンセントにフットポンプ及びホースを接続・加圧し，水を取り出すことができる．

以上から（1）が正解．　▶答（1）

問題17　【令和元年 問45】

給水用具に関する次の記述のうち，不適当なものはどれか．

(1) 2ハンドル式の混合水栓は，湯側・水側の2つのハンドルを操作し，吐水・止水，吐水量の調整，吐水温度の調整ができる．

(2) ミキシングバルブは，湯・水配管の途中に取付けて，湯と水を混合し，設定流量の湯を吐水するための給水用具であり，ハンドル式とサーモスタット式がある．
(3) ボールタップは，フロートの上下によって自動的に弁を開閉する構造になっており，水洗便器のロータンクや，受水槽に給水する給水用具である．
(4) 大便器洗浄弁は，大便器の洗浄に用いる給水用具であり，バキュームブレーカを付帯するなど逆流を防止する構造となっている．

解説 (1) 適当．2ハンドル式の混合水栓は，湯側・水側の2つのハンドルを操作し，吐水・止水，吐水量の調整，吐水温度の調整ができる．
(2) 不適当．ミキシングバルブは，湯・水配管の途中に取付けて，湯と水を混合し，設定温度を調整する給水用具であり，ハンドル式とサーモスタット式がある．設定流量の調整ではない．
(3) 適当．ボールタップは，フロートの上下によって自動的に弁を開閉する構造になっており，水洗便器のロータンクや，受水槽に給水する給水用具である．
(4) 適当．大便器洗浄弁は，大便器の洗浄に用いる給水用具であり，バキュームブレーカを付帯するなど逆流を防止する構造となっている． ▶答 (2)

問題18 【令和元年 問47】

給水用具に関する次の記述のうち，不適当なものはどれか．
(1) 減圧弁は，調節ばね，ダイヤフラム，弁体等の圧力調整機構によって，一次側の圧力が変動しても，二次側を一次側より低い一定圧力に保持する給水用具である．
(2) 安全弁（逃し弁）は，水圧が設定圧力よりも上昇すると，弁体が自動的に開いて過剰圧力を逃し，圧力が所定の値に降下すると閉じる機能を持つ給水用具である．
(3) 玉形弁は，弁体が球状のため90°回転で全開，全閉することのできる構造であり，全開時の損失水頭は極めて小さい．
(4) 仕切弁は，弁体が鉛直に上下し，全開・全閉する構造であり，全開時の損失水頭は極めて小さい．

解説 (1) 適当．減圧弁は，調節ばね，ダイヤフラム，弁体等の圧力調整機構によって，一次側の圧力が変動しても，二次側を一次側より低い一定圧力に保持する給水用具である．
(2) 適当．安全弁（逃し弁）は，水圧が設定圧力よりも上昇すると，弁体が自動的に開いて過剰圧力を逃し，圧力が所定の値に降下すると閉じる機能を持つ給水用具である．
(3) 不適当．ボール止水弁は，弁体が球状のため90°回転で全開，全閉することのできる構造であり，全開時の損失水頭は極めて小さい（図7.27参照）．玉形弁は，形状が玉形であるところから名付けられたもので止水弁が吊りこま構造であり，弁部の構造から流れがS字形となるため損失水頭が大きい．

(4) 適当．仕切弁は，弁体が鉛直に上下し，全開・全閉する構造であり，全開時の損失水頭は極めて小さい（図7.11参照）．

▶答 (3)

問題19 【平成30年 問41】

給水用具に関する次の記述の正誤の組み合わせのうち，適当なものはどれか．

ア ダイヤフラム式逆止弁は，弁体がヒンジピンを支点として自重で弁座面に圧着し，通水時に弁体が押し開かれ，逆圧によって自動的に閉止する構造である．

イ ボール止水栓は，弁体が球状のため90°回転で全開・全閉することができる構造であり，損失水頭は大きい．

ウ 副弁付定水位弁は，主弁に小口径ボールタップを副弁として組合わせ取付けるもので，副弁の開閉により主弁内に生じる圧力差によって開閉が円滑に行えるものである．

エ 仕切弁は，弁体が鉛直に上下し，全開・全閉する構造であり，全開時の損失水頭は極めて小さい．

	ア	イ	ウ	エ
(1)	正	正	誤	誤
(2)	誤	正	正	正
(3)	誤	誤	正	正
(4)	正	誤	誤	正

解説 ア 誤り．スイング式逆止弁は，弁体がヒンジピンを支点として自重で弁座面に圧着し，通水時に弁体が押し開かれ，逆圧によって自動的に閉止する構造である（図7.19参照）．なお，ダイヤフラム式逆止弁は，**図7.35**に示すようにヒンジピンを使用しない．

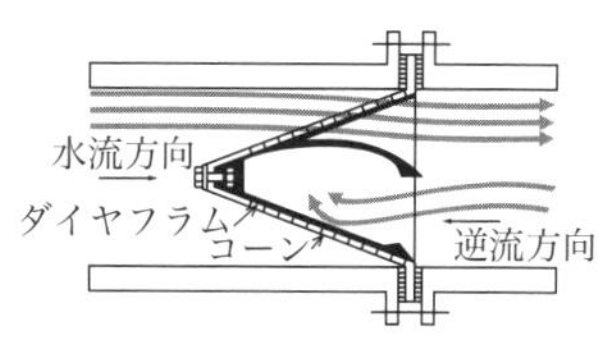

図7.35 ダイヤフラム式逆止弁[3)]

イ 誤り．ボール止水栓は，弁体が球状のため90°回転で全開・全閉することができる構造であり，損失水頭は極めて小さい（図7.27参照）．

ウ 正しい．副弁付定水位弁は，主弁に小口径ボールタップを副弁として組合わせ取付けるもので，図7.25のように副弁側の細い配管と主弁側の太い配管が受水槽へ接続されており，副弁側の配管の先にボールタップが取り付けられている．フロートが下がると（開くと）水が流れることで副弁が開き，同時に主弁が徐々に開いて主弁側の太い配管から受水槽へ水を供給するが，フロートが上がって水が止まると副弁が閉じて主弁も徐々に閉じ，給水を停止する．特徴として，副弁の開閉により主弁内に生じる圧力差によって開閉が円滑に行える仕組みとなっているため，ウォータハンマが生じにくくなる．

エ　正しい．仕切弁は，弁体が鉛直に上下し，全開・全閉する構造であり，全開時の損失水頭は極めて小さい（図 7.11 参照）．

以上から（3）が正解．　▶答（3）

問題 20　【平成 30 年 問 44】

給水用具に関する次の記述のうち，不適当なものはどれか．

(1) サーモスタット式の混合水栓は，温度調整ハンドルの目盛を合わせることで安定した吐水温度を得ることができる．

(2) シングルレバー式の混合水栓は，1 本のレバーハンドルで吐水・止水，吐水量の調整，吐水温度の調整ができる．

(3) バキュームブレーカは，給水管内に負圧が生じたとき，逆止弁により逆流を防止するとともに逆止弁により二次側（流出側）の負圧部分へ自動的に水を取り入れ，負圧を破壊する機能を持つ給水用具である．

(4) ウォータクーラは，冷却槽で給水管路内の水を任意の一定温度に冷却し，押ボタン式又は足踏式の開閉弁を操作して，冷水を射出する給水用具である．

7.4 給水用具

解説　(1) 適当．サーモスタット式の混合水栓は，温度調整ハンドルの目盛を合わせることで安定した吐水温度を得ることができる．

(2) 適当．シングルレバー式の混合水栓は，1 本のレバーハンドルで吐水・止水，吐水量の調整，吐水温度の調整ができる．

(3) 不適当．バキュームブレーカは，給水管内に負圧が生じたとき，サイホン作用により使用済みの水等が逆流し，清水が汚染されることを防止するため，逆止弁により逆流を防止するとともに逆止弁により二次側（流出側）の負圧部分へ自動的に空気を取り入れ，負圧を破壊する機能を持つ給水用具である．「……水……，」が誤り．

(4) 適当．ウォータクーラは，冷却槽で給水管路内の水を任意の一定温度に冷却し，押ボタン式又は足踏式の開閉弁を操作して，冷水を射出する給水用具である．　▶答（3）

問題 21　【平成 30 年 問 50】

給水用具に関する次の記述のうち，不適当なものはどれか．

(1) 二重式逆流防止器は，各弁体のテストコックによる性能チェック及び作動不良時の弁体の交換が，配管に取付けたままできる構造である．

(2) 複式逆流防止弁は，個々に独立して作動する二つの逆流防止弁が組み込まれ，その弁体はそれぞればねによって弁座に押しつけられているので，二重の安全構造となっている．

(3) 管内に負圧が生じた場合に自動的に多量の空気を吸気して給水管内の負圧を解消する機能を持った給水用具を吸排気弁という．なお，管内に停滞した空気を自動的に排出する機能を併せ持っている．

(4) スイング式逆止弁は，弁体が弁箱又は蓋に設けられたガイドによって弁座に対し垂直に作動し，弁体の自重で閉止の位置に戻る構造のものである．

解説 (1) 適当．二重式逆流防止器は，各弁体のテストコックによる性能チェック及び作動不良時の弁体の交換が，配管に取付けたままできる構造である（図7.16参照）．

(2) 適当．複式逆流防止弁は，個々に独立して作動する二つの逆流防止弁が組み込まれ，その弁体はそれぞればねによって弁座に押しつけられているので，二重の安全構造となっている（図7.29参照）．

(3) 適当．管内に負圧が生じた場合に自動的に多量の空気を吸気して給水管内の負圧を解消する機能を持った給水用具を吸排気弁という．なお，管内に停滞した空気を自動的に排出する機能を併せ持っている（図7.30参照）．

(4) 不適当．スイング式逆止弁ではなく，リフト式逆止弁の内容である．リフト式逆止弁は，弁体が弁箱又は蓋に設けられたガイドによって弁座に対し垂直に作動し，弁体の自重で閉止の位置に戻る構造のものである（図7.24参照）．なお，スイング式逆止弁は，弁体がヒンジピンを支点として自動で弁座面に圧着し，通水時に弁体が押し開かれ，逆圧によって自動的に閉止する構造のものである（図7.19参照）． ▶答 (4)

問題22 【平成29年 問44】

給水用具に関する次の記述の正誤の組み合わせのうち，適当なものはどれか．

ア 止水栓は，給水の開始，中止及び給水装置の修理その他の目的で給水を制限又は停止するために使用する給水用具である．

イ ダイヤフラム式ボールタップは，圧力室内部の圧力変化を利用しダイヤフラムを動かすことにより吐水，止水を行うもので，給水圧力による止水位の変動が大きい．

ウ ボールタップは，フロートの上下によって自動的に弁を開閉する構造のもので，一般形ボールタップはテコの構造によって単式と複式とに区分される．

エ 玉形弁は，止水部が落しこま構造であり，損失水頭が大きい．また，流水抵抗によってこまパッキンが摩耗するので，止水できなくなるおそれがある．

	ア	イ	ウ	エ
(1)	誤	誤	正	正
(2)	正	誤	正	誤

(3) 誤　正　正　誤
(4) 正　誤　誤　正

解説 ア　正しい．止水栓は，給水の開始，中止及び給水装置の修理その他の目的で給水を制限又は停止するために使用する給水用具である．

イ　誤り．ダイヤフラム式ボールタップは，圧力室内部の圧力変化を利用しダイヤフラムを動かすことにより吐水，止水を行うもので，給水圧力による止水位の変動が小さい（図 7.9 参照）．

ウ　正しい．ボールタップは，フロートの上下によって自動的に弁を開閉する構造のもので，一般形ボールタップはテコの構造によって単式と複式とに区分される（図 7.8，**図 7.36** 参照）．

エ　誤り．甲形止水弁は，止水部が落しこま構造であり，損失水頭が大きい．又，流水抵抗によってこまパッキンが摩耗するので，止水できなくなるおそれがある（図 7.7，図 7.34 参照）．なお，玉形弁は形状が玉形であるところから名づけられたもので，弁部の構造から流れがS字形となるため，損失水頭は大きい．

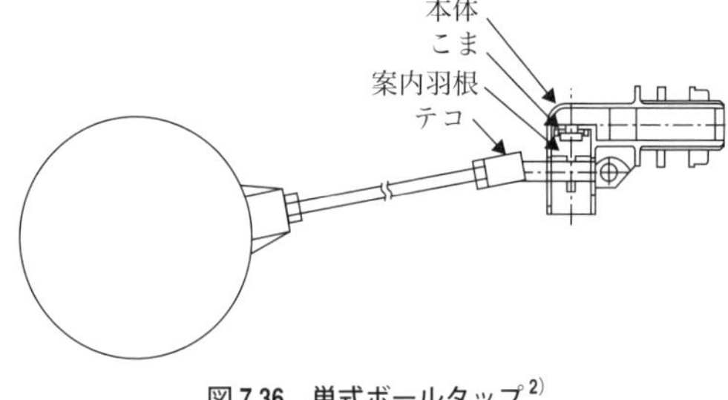

図 7.36　単式ボールタップ[2)]

以上から（2）が正解．

▶答（2）

問題 23　【平成 29 年 問 45】

給水用具に関する次の記述の ［　　］ 内に入る語句の組み合わせのうち，<u>適当なものはどれか</u>．

① ［ア］は，各弁体のテストコックによる性能チェック及び作動不良時の弁体の交換が，配管に取付けたままでできる構造である．

② ［イ］は，一次側の流水圧で逆止弁体を押し上げて通水し，停止又は逆圧時は逆止弁体が自重と逆圧で弁座を閉じる構造である．

③ ［ウ］は，1 個の弁体をばねによって弁座に押しつける構造のもので Ⅰ 型と Ⅱ 型がある．

④ ［エ］は，寒冷地などの水抜き配管で，不凍栓を使用して二次側配管内の水を排水し凍結を防ぐ配管において，排水時に同配管内に空気を導入して水抜きを円滑にする自動弁である．

	ア	イ	ウ	エ
(1)	二重式逆流防止器	ダイヤフラム式逆止弁	減圧式逆流防止器	吸気弁
(2)	複式逆流防止弁	ダイヤフラム式逆止弁	単式逆流防止弁	空気弁
(3)	二重式逆流防止器	自重式逆流防止弁	単式逆流防止弁	吸気弁
(4)	複式逆流防止弁	自重式逆流防止弁	減圧式逆流防止器	空気弁

解説 ア「二重式逆流防止器」である．二重式逆流防止器は，各弁体のテストコックによる性能チェック及び作動不良時の弁体の交換が，配管に取付けたままでできる構造である（図 7.16 参照）.

イ「自重式逆流防止弁」である．自重式逆流防止弁は，一次側の流水圧で逆止弁体を押し上げて通水し，停止又は逆圧時は逆止弁体が自重と逆圧で弁座を閉じる構造である．一般には配管に対して水平に取り付けて使用するが，垂直方向に設置可能なタイプもある（図 7.17 参照）.

ウ「単式逆流防止弁」である．単式逆流防止弁は，1 個の弁体をばねによって弁座に押しつける構造のもので I 型と II 型がある．I 型は逆流防止性能の維持状態を確認できる点検孔を備えているが，II 型は点検孔のないものである（**図 7.37** 参照）.

エ「吸気弁」である．吸気弁は，寒冷地などの水抜き配管で，不凍栓を使用して二次側配管内の水を排水し凍結を防ぐ配管において，排水時に同配管内に空気を導入して水抜きを円滑にする自動弁である（**図 7.38** 参照）.

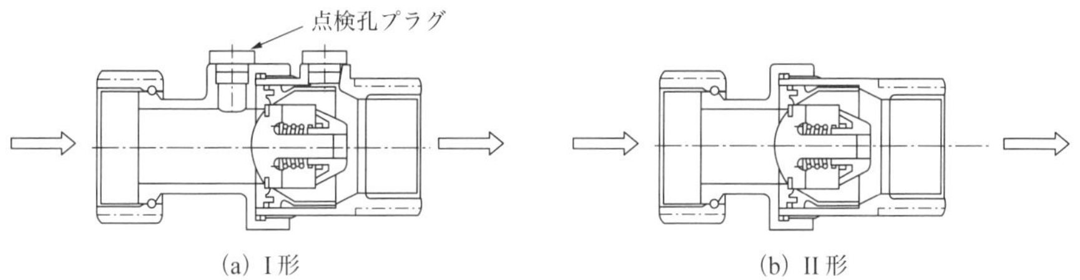

図 7.37　単式逆流防止弁例[2)]

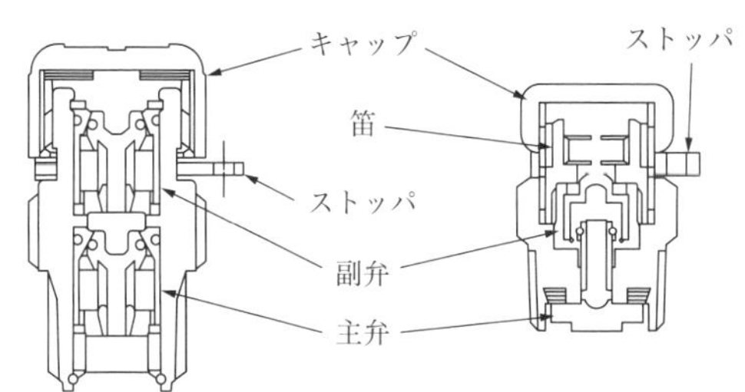

図 7.38　吸気弁例（水抜き配管用）[2)]

以上から（3）が正解. ▶答（3）

問題 24 【平成 29 年 問 46】

給水用具に関する次の記述のうち，不適当なものはどれか.

(1) 大便器洗浄弁は，大便器の洗浄に用いる給水用具であり，JIS B 2061:2013（給水栓）又はそれに準じた構造のものは，瞬間的に多量の水を必要とするので配管は口径 20 mm 以上としなければならない.

(2) 定流量弁は，ばね，オリフィス，ニードル式等による流量調整機構によって，一次側の圧力に関わらず流量が一定になるよう調整する給水用具である.

(3) 貯蔵湯沸器は，ボールタップを備えた器内の容器に貯水した水を，一定温度に加熱して給湯する給水用具である.

(4) サドル付分水栓は，配水管に取付けるサドル機構と不断水分岐を行う止水機構を一体化した分水栓で，分岐口径は 13 ～ 50 mm である.

解説 (1) 不適当. 大便器洗浄弁（図 7.32 参照）は，大便器の洗浄に用いる給水用具であり，JIS B 2061:2013（給水栓）又はそれに準じた構造のものは，瞬間的に多量の水を必要とするので配管は口径 25 mm 以上としなければならない.「20 mm 以上」が誤り.

(2) 適当. 定流量弁は，ばね，オリフィス，ニードル式等による流量調整機構によって，一次側の圧力に関わらず流量が一定になるよう調整する給水用具である.

(3) 適当. 貯蔵湯沸器は，ボールタップを備えた器内の容器に貯水した水を，一定温度に加熱して給湯する給水用具である.

(4) 適当. サドル付分水栓は，配水管に取付けるサドル機構と不断水分岐を行う止水機構を一体化した分水栓で，分岐口径は 13 ～ 50 mm である. ▶答（1）

7.5 節水型給水用具

問題 1 【平成 30 年 問 42】

節水型給水用具に関する次の記述のうち，不適当なものはどれか.

(1) 定流量弁は，ハンドルの目盛を必要水量にセットしておくと，設定した水量を吐水したのち自動的に止水するものである.

(2) 電子式自動水栓の機構は，手が赤外線ビーム等を遮断すると電子制御装置が働いて，吐水，止水が自動的に制御できるものである.

(3) 自閉式水栓は，ハンドルから手を離すと水が流れたのち，ばねの力で自動的に止水するものである.

(4) 湯屋カランは，ハンドルを押している間は水が出るが，ハンドルから手を離すと自動的に止水するものである.

解説 (1) 不適当．定量水栓は，ハンドルの目盛を必要水量にセットしておくと，設定した水量を吐水したのち自動的に止水するものである．なお，定流量弁は，ばね，オリフィス，ニードル式等による流量調整機構によって，一次側の圧力にかかわらず流量が一定になるように調整する給水用具である.

(2) 適当．電子式自動水栓の機構は，手が赤外線ビーム等を遮断すると電子制御装置が働いて，吐水，止水が自動的に制御できるものである.

(3) 適当．自閉式水栓は，ハンドルから手を離すと水が流れたのち，ばねの力で自動的に止水するものである.

(4) 適当．湯屋カランは，ハンドルを押している間は水が出るが，ハンドルから手を離すと自動的に止水するものである.

▶答 (1)

7.6 給水用具の故障・修理・対策

問題1 【令和4年 問50】

給水用具の故障と修理に関する次の記述の正誤の組み合わせのうち，適当なものはどれか.

ア 受水槽のボールタップの故障で水が止まらなくなったので，原因を調査した．その結果，パッキンが摩耗していたので，パッキンを取り替えた.

イ ボールタップ付ロータンクの水が止まらなかったので，原因を調査した．その結果，フロート弁の摩耗，損傷のためすき間から水が流れ込んでいたので，分解し清掃した.

ウ ピストン式定水位弁の水が止まらなかったので，原因を調査した．その結果，主弁座パッキンが摩耗していたので，主弁座パッキンを新品に取り替えた.

エ 水栓から不快音があったので，原因を調査した．その結果，スピンドルの孔とこま軸の外径が合わなく，がたつきがあったので，スピンドルを取り替えた.

	ア	イ	ウ	エ
(1)	正	誤	正	正
(2)	正	誤	誤	正
(3)	誤	正	誤	正

(4) 誤　正　正　誤
(5) 正　誤　正　誤

解説 ア　正しい．受水槽のボールタップの故障で水が止まらなくなり，原因を調査した結果，パッキンが摩耗していた場合，パッキンを取り替える（**表7.1**参照）．

表7.1　ボールタップの故障と対策[2)]

故　障	原　因	対　策
水が止まらない	弁座に異物が付着することによる締めきりの不完全	分解して異物を取り除く．
	パッキンの摩耗	パッキンを取替える．
	水撃作用（ウォータハンマ）が起きやすく，止水不完全	水面が動揺する場合は，波立ち防止板を設ける．
	弁座が損傷又は摩耗	ボールタップを取替える．
水が出ない	異物による詰まり	分解して清掃する．
	主弁のスピンドルの折損	スピンドルを取替える．

イ　誤り．ボールタップ付ロータンクの水が止まらなくなり，原因を調査した結果，フロート弁の摩耗，損傷のためすき間から水が流れ込んでいた場合，新しいフロート弁に取り替える（**表7.2**参照）．

表7.2　ボールタップ付ロータンクの故障と対策[1)]

故　障	原　因	対　策
水が止まらない	鎖がからまっている（図7.39参照）．	リング状の鎖の場合は，2輪ほどたるませる． 玉鎖の場合は，4玉ほどたるませる．
	フロート弁の摩耗，損傷のためすき間から水が流れ込んでいる．	新しいフロート弁に交換する．
	弁座に異物がかんでいる．	分解して異物を取り除く．
	オーバーフロー管から水があふれている．	・ボールタップの止水位調整不良の場合は，水位調整弁で調整する．水位調節のないものは浮玉支持棒を下に曲げる．この際，浮玉が廻らないようロックナットをしっかり締付けて固定する．水位はオーバーフロー管に表示されている水位線（ウォーターライン）で止まるようにする． ・ボールタップの異物かみの場合は，パッキンにかみ込んだ異物を取り除き，パッキンに傷がある場合は新しいものと交換する．
水が出ない	ストレーナに異物が詰まっている．	分解して清掃する．

ウ　正しい．ピストン式定水位弁の水が止まらなくなり，原因を調査した結果，主弁座パッキンが摩耗していた場合，主弁座パッキンを新品に取り替える．

エ　誤り．水栓から不快音があり，原因を調査した結果，スピンドルの孔とこま軸の外径が合わなく，がたつきがあった場合，こまを取り替える（**表7.3**参照）．

表7.3　水栓の故障と対策[1)]

故　障	原　因	対　策
漏水	こま，パッキンの摩耗損傷	こま，パッキンを取替える．
	弁座の摩耗，損傷	軽度の摩耗，損傷ならば，パッキンを取替える．その他の場合は水栓を取替える．
水撃（ウォータハンマ）	こまとパッキンの外径の不揃い（ゴムが摩耗して拡がった場合など）（図7.34①参照）	正規のものに取替える．
	パッキンが軟らかいときキャップナットの締過ぎ（図7.34②参照）	パッキンの材質を変えるか，キャップナットを緩める．
	こまの裏側（パッキンとの接触面）の仕上げ不良（図7.34③参照）	こまを取替える．
	パッキンが軟らかすぎるとき	適当な硬度のパッキンに取替える．
	水圧が異常に高いとき	減圧弁等を設置する．
不快音	スピンドルの孔とこま軸の外径が合わなくがたつきがあるとき（図7.34④参照）	摩耗したこまを取替える．
キャップナット部から浸水	スピンドル又はグランドパッキンの摩耗，損傷	スピンドル又はグランドパッキンを取替える．
スピンドルのがたつき	スピンドルのねじ山の摩耗	スピンドル又は水栓を取替える．
水の出が悪い	水栓のストレーナにゴミが詰まった場合	水栓を取外し，ストレーナのゴミを除去する．

以上から（5）が正解．　　▶答（5）

問題2　【令和4年 問51】

給水用具の故障と修理に関する次の記述の正誤の組み合わせのうち，適当なものはどれか．

ア　大便器洗浄弁のハンドルから漏水していたので，原因を調査した．その結果，ハンドル部のパッキンが傷んでいたので，ピストンバルブを取り出し，Uパッキンを取り替えた．

イ　小便器洗浄弁の吐水量が多いので，原因を調査した．その結果，調節ねじが開け過ぎとなっていたので，調節ねじを左に回して吐水量を減らした．

ウ　ダイヤフラム式定水位弁の故障で水が出なくなったので，原因を調査した．その結果，流量調節棒が締め切った状態になっていたので，ハンドルを回して所定の位置にした．

エ　水栓から漏水していたので，原因を調査した．その結果，弁座に軽度の摩耗が見られたので，まずはパッキンを取り替えた．

	ア	イ	ウ	エ
(1)	正	誤	誤	正
(2)	誤	正	誤	正
(3)	正	正	誤	正
(4)	正	誤	正	誤
(5)	誤	誤	正	正

解説　ア　誤り．大便器洗浄弁のハンドルから漏水していて，原因を調査した結果，ハンドル部のパッキンが傷んでいた場合，ハンドル部のパッキンを取り替える（**表 7.4** 参照）．

表 7.4　大便器洗浄弁の故障と対策[1)]

故　障	原　因	対　策
常に少量の水が流出している	ピストンバルブと弁座の間への異物のかみ込み	ピストンバルブを取り外し，異物を除く
	弁座又は弁座パッキンの傷	損傷部分を取り替える
常に大量の水が流出している	ピストンバルブの小孔の詰まり	ピストンバルブを取り外し，小孔を掃除する
	ピストンバルブのストレーナへの異物の詰まり	ピストンバルブを取り出し，ストレート部をブラシ等で軽く清掃する
	逃し弁のゴムパッキンの傷み	ピストンバルブを取り出し，パッキンを取り替える
吐水量が少ない	水量調節ねじの閉め過ぎ	水量調節ねじを左に回して吐水量を増やす
	ピストンバルブのUパッキンの摩耗	ピストンバルブを取り出し，Uパッキンを取り替える
吐水量が多い	水量調節ねじの開け過ぎ	水量調節ねじを右に回して吐水量を減らす
水勢が弱くて汚物が流れない	開閉ねじの閉め過ぎ	開閉ねじを左に回して水勢を強める．水圧（流動時）が低い場合は，水圧を高める
水勢が強くて水が飛び散る	開閉ねじの開け過ぎ	開閉ねじを右に回して水勢を弱める
水撃が生じる	非常な高い水圧と，開閉ねじの開き過ぎ	開閉ねじをねじ込み，水の水路を絞る
	ピストンバルブUパッキンの変形・破損（ピストンバルブが急閉止する）	ピストンバルブを取り出し，Uパッキンを取り替える

表 7.4　大便器洗浄弁の故障と対策[1]（つづき）

故　障	原　因	対　策
ハンドルから漏水する	ハンドル部のパッキンの傷み	パッキンを取り替える，又は押し棒部を取り換える

イ　誤り．小便器洗浄弁の吐水量が多いので，原因を調査した結果，調節ねじが開け過ぎとなっていた場合，調節ねじを右に回して吐水量を減らす．「左」が誤り（**表 7.5** 参照）．

表 7.5　小便器洗浄弁の故障と対策[1]

故　障	原　因	対　策
吐水量が少ない	調節ねじの閉め過ぎ	調節ねじを左に回して吐水量を増やす
吐水量が多い	調節ねじの開け過ぎ	調節ねじを右に回して吐水量を減らす
水勢が弱く洗浄が不十分である	開閉ねじの閉め過ぎ	開閉ねじを左に回して水勢を強める
水勢が強く洗浄が強く水が飛び散る	開閉ねじの開け過ぎ	開閉ねじを右に回して水勢を弱める
少量の水が流れ放し	ピストンバルブと弁座の間への異物のかみ込み	ピストンバルブを取外し，異物を除く
多量の水が流れ放し	ピストンバルブの小孔の詰まり	ピストンバルブを取外し，小孔を掃除する

ウ　正しい．ダイヤフラム式定水位弁の故障で水が出なくなり，原因を調査した結果，流量調節棒が締め切った状態になっていた場合，ハンドルを回して所定の位置にする（**表 7.6** 参照）．

表 7.6　ダイヤフラム式定水位弁の故障と対策[1]

故　障	原　因	対　策
水が止まらない	副弁の故障	一般形ボールタップの修理と同じ
	主弁座への異物のかみ込み	主弁の分解と清掃
	主弁のレジスタ回路の目詰まり	主弁の分解と清掃
	主弁ダイヤフラムの摩耗	新品と取り替える
水が出ない	副弁の故障	一般形ボールタップの修理と同じ
	流量調節棒を締め切った状態になっている	ハンドルを回して所定の位置にする
	主弁ダイヤフラムの破損	ダイヤフラムの交換

エ　正しい．水栓から漏水していて，原因を調査した結果，弁座に軽度の摩耗が見られた場合，まずはパッキンを取り替える（表 7.3 参照）．

以上から（5）が正解．　▶ 答（5）

問題3 【令和3年 問54】

給水用具の故障と対策に関する次の記述のうち，不適当なものはどれか．

(1) 水栓を開閉する際にウォーターハンマーが発生するので原因を調査した．その結果，水圧が高いことが原因であったので，減圧弁を設置した．

(2) ピストン式定水位弁の故障で水が出なくなったので原因を調査した．その結果，ストレーナーに異物が詰まっていたので，新品のピストン式定水位弁と取り替えた．

(3) 大便器洗浄弁から常に大量の水が流出していたので原因を調査した．その結果，ピストンバルブの小孔が詰まっていたので，ピストンバルブを取り外し，小孔を掃除した．

(4) 小便器洗浄弁の吐水量が少なかったので原因を調査した．その結果，調節ねじが閉め過ぎだったので，調節ねじを左に回して吐水量を増やした．

(5) ダイヤフラム式ボールタップ付ロータンクのタンク内の水位が上がらなかったので原因を調査した．その結果，排水弁のパッキンが摩耗していたので，排水弁のパッキンを交換した．

解説 (1) 適当．水栓を開閉する際にウォーターハンマーが発生するので原因を調査した．その結果，水圧が高いことが原因であった場合，減圧弁を設置する（表7.3参照）．

(2) 不適当．ピストン式定水位弁の故障で水が出なくなったので原因を調査した．その結果，ストレーナーに異物が詰まっていた場合，ピストンバルブを取り出し，ストレーナー部をブラシ等で軽く清掃する．

(3) 適当．大便器洗浄弁から常に大量の水が流出していたので原因を調査した．その結果，ピストンバルブの小孔が詰まっていた場合，ピストンバルブを取り外し，小孔を掃除する（表7.4参照）．

(4) 適当．小便器洗浄弁の吐水量が少なかったので原因を調査した．その結果，調節ねじが閉め過ぎだった場合，調節ねじを左に回して吐水量を増やす（表7.5参照）．

(5) 適当．ダイヤフラム式ボールタップ付ロータンクのタンク内の水位が上がらなかったので原因を調査した結果，排水弁のパッキンが摩耗していた場合，排水弁のパッキンを交換する．

▶答 (2)

問題4 【令和3年 問55】

給水用具の故障と対策に関する次の記述の正誤の組み合わせのうち，適当なものはどれか．

ア　ボールタップ付ロータンクの故障で水が止まらないので原因を調査した．その結果，弁座への異物のかみ込みがあったので，新しいフロート弁に交換した．

7.6 給水用具の故障・修理・対策

イ　ダイヤフラム式定水位弁の水が止まらないので原因を調査した．その結果，主弁座への異物のかみ込みがあったので，主弁の分解と清掃を行った．

ウ　小便器洗浄弁で少量の水が流れ放しであったので原因を調査した．その結果，ピストンバルブと弁座の間への異物のかみ込みがあったので，ピストンバルブを取り外し，異物を除いた．

エ　受水槽のオーバーフロー管から常に水が流れていたので原因を調査した．その結果，ボールタップの弁座が損傷していたので，パッキンを取り替えた．

	ア	イ	ウ	エ
(1)	誤	正	正	誤
(2)	正	誤	誤	正
(3)	誤	正	誤	正
(4)	正	誤	正	誤
(5)	誤	誤	正	正

解説　ア　誤り．ボールタップ付ロータンクの故障で水が止まらないので原因を調査した結果，弁座への異物のかみ込みがあった場合，分解して異物を取り除く（表7.2参照）．

イ　正しい．ダイヤフラム式定水位弁の水が止まらないので原因を調査した結果，主弁座への異物のかみ込みがあった場合，主弁の分解と清掃を行う．

ウ　正しい．小便器洗浄弁で少量の水が流れ放しであったので原因を調査した結果，ピストンバルブと弁座の間への異物のかみ込みがあった場合，ピストンバルブを取り外し，異物を除く（表7.5参照）．

エ　誤り．受水槽のオーバーフロー管から常に水が流れていたので原因を調査した結果，ボールタップの弁座が損傷していた場合，ボールタップを取り替える（表7.1参照）．

以上から（1）が正解．

▶答（1）

問題5　【令和2年 問54】

給水用具の故障と対策に関する次の記述のうち，<u>不適当なものはどれか</u>．

(1) ボールタップの水が止まらなかったので原因を調査した．その結果，弁座が損傷していたので，ボールタップを取り替えた．

(2) 湯沸器に故障が発生したが，需要者等が修理することは困難かつ危険であるため，製造者に依頼して修理を行った．

(3) ダイヤフラム式定水位弁の水が止まらなかったので原因を調査した．その結果，主弁座への異物のかみ込みがあったので，主弁の分解と清掃を行った．

(4) 水栓から不快音があったので原因を調査した．その結果，スピンドルの孔とこま軸の外径が合わなくがたつきがあったので，スピンドルを取り替えた．

(5) 大便器洗浄弁で常に大量の水が流出していたので原因を調査した．その結果，逃し弁のゴムパッキンが傷んでいたので，ピストンバルブを取り出しパッキンを取り替えた．

解説 (1) 適当．ボールタップの水が止まらない原因が弁座の損傷の場合，ボールタップを取り替える（表7.1参照）．

(2) 適当．湯沸器に故障が発生した場合，需要者等が修理することは困難かつ危険であるため，製造者に依頼して修理を行う．

(3) 適当．ダイヤフラム式定水位弁の水が止まらない原因が主弁座への異物のかみ込みである場合，主弁の分解と清掃を行う．

(4) 不適当．水栓からの不快音の原因がスピンドルの孔とこま軸の外径が合わないがたつきである場合，こまを取り替える（表7.3参照）．

(5) 適当．大便器洗浄弁で常に大量の水が流出する原因が逃し弁のゴムパッキンが傷んでいる場合，ピストンバルブを取り出しパッキンを取り替える（表7.4参照）． ▶答 (4)

問題6

【令和2年 問55】 

給水用具の故障と対策に関する次の記述の正誤の組み合わせのうち，適当なものはどれか．

ア　ピストン式定水位弁の水が止まらなかったので原因を調査した．その結果，主弁座パッキンが摩耗していたので，新品に取り替えた．

イ　大便器洗浄弁の吐水量が少なかったので原因を調査した．その結果，水量調節ねじが閉め過ぎていたので，水量調節ねじを右に回して吐水量を増やした．

ウ　ボールタップ付ロータンクの水が止まらなかったので原因を調査した．その結果，フロート弁の摩耗，損傷のためすき間から水が流れ込んでいたので，分解し清掃した．

エ　ダイヤフラム式ボールタップ付ロータンクのタンク内の水位が上がらなかったので原因を調査した．その結果，排水弁のパッキンが摩耗していたので，排水弁のパッキンを取り替えた．

	ア	イ	ウ	エ
(1)	正	正	誤	誤
(2)	誤	誤	正	正
(3)	正	誤	誤	正
(4)	誤	正	正	誤
(5)	正	誤	正	誤

解説 ア　正しい．ピストン式定水位弁の水が止まらない原因が主弁座パッキンの摩耗である場合，新品に取り替える．

イ　誤り．大便器洗浄弁の吐水量が少ない原因が水量調節ねじの閉め過ぎである場合，水量調節ねじを左に回して吐水量を増やす．「右」が誤り（表7.4参照）．

ウ　誤り．ボールタップ付ロータンクの水が止まらない原因がフロート弁の摩耗，損傷のためすき間から水が流れ込んでいる場合，フロート弁を取り替える（表7.2参照）．

エ　正しい．ダイヤフラム式ボールタップ付ロータンクのタンク内の水位が上がらない原因が排水弁のパッキンの摩耗である場合，排水弁のパッキンを取り替える．

以上から（3）が正解．

▶答（3）

問題7　【令和元年 問50】

給水用具の故障と対策に関する次の記述のうち，不適当なものはどれか．

（1）小便器洗浄弁の吐出量が多いので原因を調査した．その結果，調節ねじを開け過ぎていたので，調節ねじを右に回して吐出量を減らした．

（2）水栓から漏水していたので原因を調査した．その結果，弁座に軽度の摩耗が認められたので，パッキンを取り替えた．

（3）ボールタップ付ロータンクの水が止まらなかったので原因を調査した．その結果，リング状の鎖がからまっていたので，鎖を2輪分短くした．

（4）大便器洗浄弁から常に少量の水が流出していたので原因を調査した．その結果，ピストンバルブと弁座の間に異物がかみ込んでいたので，ピストンバルブを取外し異物を除いた．

解説 （1）適当．小便器洗浄弁の吐出量が多いので原因を調査した結果，調節ねじを開け過ぎていた場合は，調節ねじを右に回して吐出量を減らす（図7.21，表7.5参照）．

（2）適当．水栓から漏水していたので原因を調査した結果，弁座に軽度の摩耗が認められた場合は，パッキンを取り替える（表7.3参照）．

（3）不適当．ボールタップ付ロータンクの水が止まらなかったので原因を調査した結果，リング状の鎖がからまっていた場合，鎖を2輪分たるませる（**図7.39**，表7.2参照）．

（4）適当．大便器洗浄弁から常に少量の水が流出していたので原因を調査した結果，ピストンバルブと弁座の間に異物がかみ込んでいた場合は，ピストンバルブを取外し，異物を除く．

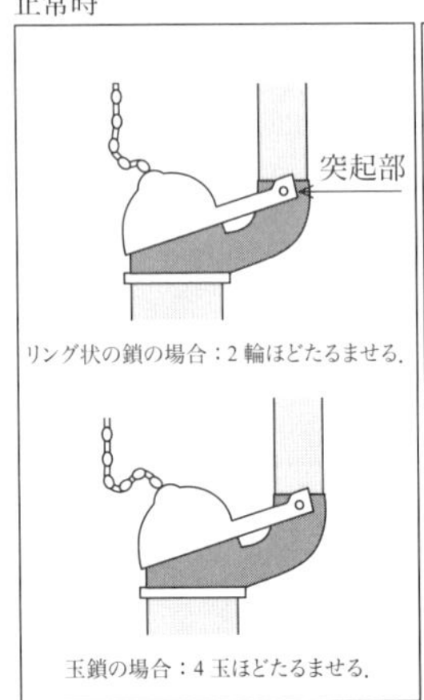

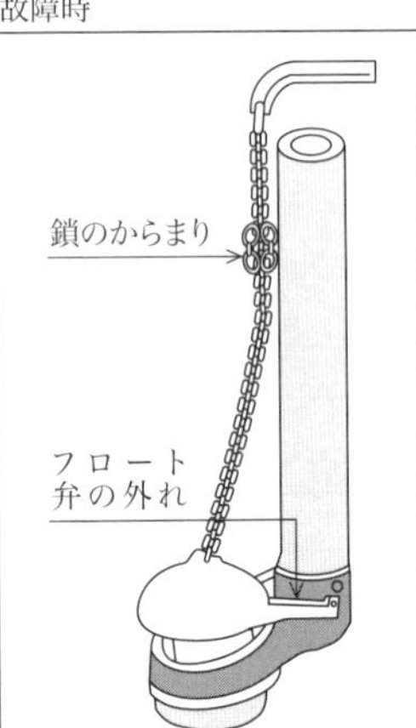

1. **鎖のからまり**：からまりを直し，鎖の種類に応じて正しくセットする．又，鎖が切れている場合は，フロート弁ごと交換する．さらに，フロート弁が外れていないかチェックし，外れていれば突起部に正しくはめる．

2. **フロート弁の摩耗，損傷**：フロート弁は消耗品であり，傷んだら交換する．

図 7.39 フロート弁の修理方法 [3)]

▶ 答 (3)

問題 8 【平成 30 年 問 49】

給水用具の故障と対策に関する次の記述のうち，不適当なものはどれか．

(1) 受水槽のオーバーフロー管から常に水が流れていたので原因を調査した．その結果，ボールタップの弁座が損傷していたので，パッキンを取替えた．

(2) 水栓を開閉する際にウォータハンマが発生するので原因を調査した．その結果，水圧が高いことが原因であったので，減圧弁を設置した．

(3) ボールタップ付きロータンクの水が止まらないので原因を調査した．その結果，リング状の鎖がからまっていたので，鎖のたるみを 2 輪ほどにした．

(4) 小便器洗浄弁の水勢が強く水が飛び散っていたので原因を調査した．その結果，開閉ねじの開け過ぎが原因であったので，開閉ねじを右に回して水勢を弱めた．

解説 (1) 不適当．受水槽のオーバーフロー管から常に水が流れる原因が，ボールタップの弁座の損傷である場合，ボールタップを取り替える．「パッキン」の取替えは誤り（表 7.1 参照）．

(2) 適当．水栓を開閉する際にウォータハンマの発生原因が高い水圧である場合，減圧弁を設置する（表 7.3 参照）．

(3) 適当．ボールタップ付きロータンクの水が止まらない原因が，リング状の鎖のからみである場合，鎖のたるみを 2 輪ほどにする（表 7.2，図 7.39 参照）．

(4) 適当．小便器洗浄弁の水勢が強く水が飛び散る原因が，開閉ねじの開け過ぎである場合，開閉ねじを右に回して水勢を弱める（図 7.21，表 7.5 参照）．

▶ 答 (1)

問題9 【平成29年 問49】

給水用具の故障と対策に関する次の記述の正誤の組み合わせのうち，適当なものはどれか．

ア　ボールタップ付ロータンクの水が止まらないので原因を調査した．その結果，フロート弁が損傷していたので，新しい浮玉に交換した．

イ　水位の水の出が悪いので原因を調査した．その結果，水位のストレーナにゴミが詰まっていたので，水栓を取外し，ストレーナのゴミを除去した．

ウ　大便器洗浄弁から常に少量の水が流出していたので原因を調査した．その結果，ピストンバルブと弁座の間に異物がかみ込んでいたので，ピストンバルブを取外し異物を除いた．

エ　小便器洗浄弁の吐水量が多いので原因を調査した．その結果，調節ねじが開き過ぎていたので，調節ネジを左に回して吐水量を減らした．

	ア	イ	ウ	エ
(1)	誤	誤	正	誤
(2)	正	誤	誤	正
(3)	誤	正	正	誤
(4)	正	誤	正	正

解説　ア　誤り．ボールタップ付ロータンクの水が止まらない原因が，フロート弁の損傷であるならば，新しいフロート弁に交換する．誤りは「浮玉」である．

イ　正しい．水位の水の出が悪い原因が，水位のストレーナにゴミが詰まっていたのであるならば，水栓を取外し，ストレーナのゴミを除去する．

ウ　正しい．大便器洗浄弁から常に少量の水が流出する原因がピストンバルブと弁座の間に異物がかみ込んでいたのであれば，ピストンバルブを取り外し，異物を除く．

エ　誤り．小便器洗浄弁の吐水量が多い原因が，調節ねじが開き過ぎていたのであるから，調節ネジを右に回して吐水量を減らす．左に回すと水量が増える．

以上から（3）が正解．

▶答（3）

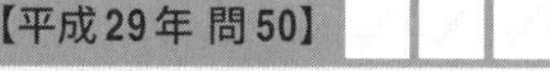

問題10 【平成29年 問50】

給水用具の故障と対策に関する次の記述のうち，不適当なものはどれか．

(1) 副弁付定水位弁から水が出ないので原因を調査した．その結果，ストレーナに異物が詰まっていたので，分解して清掃した．

(2) 水栓を使用すると水撃作用（ウォータハンマ）が生じていたので原因を調査した．その結果，こまとパッキンの外径が不揃いであったので，正規なものに取替えた．

(3) 大便器洗浄弁から常に大量の水が流出していたので原因を調査した．その結果，ピストンバルブのストレーナに異物が詰まっていたので，ピストンバルブを取出しブラシで軽く清掃した．

(4) 受水槽のボールタップからの補給水が止まらないので原因を調査した．その結果，ボールタップの弁座が損傷していたので，ボールタップのパッキンを取替えた．

解説 (1) 適当．副弁付定水位弁から水が出ない原因が，ストレーナに異物が詰まったのであれば，分解して清掃する．

(2) 適当．水栓を使用すると水撃作用（ウォータハンマ）が生ずる原因が，こまとパッキンの外径が不揃いであることから，正規なものに取り替える．

(3) 適当．大便器洗浄弁から常に大量の水が流出する原因が，ピストンバルブのストレーナに異物が詰まっていたことであるから，ピストンバルブを取り出しブラシで軽く清掃する（図7.32，表7.4参照）．

(4) 不適当．受水槽のボールタップからの補給水が止まらない原因が，ボールタップの弁座の損傷であるから，ボールタップの弁座を取り替える．「パッキンの取替」が誤り．

▶答 (4)

7.7 沸騰器・給湯器

問題1 【令和4年 問52】

湯沸器に関する次の記述の正誤の組み合わせのうち，適当なものはどれか．

ア　地中熱利用ヒートポンプ給湯機は，年間を通して一定である地表面から約10m以深の安定した温度の熱を利用する．地中熱は日本中どこでも利用でき，しかも天候に左右されない再生可能エネルギーである．

イ　潜熱回収型給湯器は，今まで利用せずに排気していた高温（200°C）の燃焼ガスを再利用し，水を潜熱で温めた後に従来の一次熱交換器で加温して温水を作り出す．

ウ　元止め式瞬間湯沸器は，給湯配管を通して湯沸器から離れた場所で使用できるもので，2カ所以上に給湯する場合に広く利用される．

エ　太陽熱利用貯湯湯沸器の二回路型は，給水管に直結した貯湯タンク内で太陽集熱器から送られる熱源を利用し，水を加熱する．

	ア	イ	ウ	エ
(1)	正	正	誤	正
(2)	正	誤	正	誤
(3)	正	誤	誤	正
(4)	誤	正	正	誤
(5)	誤	正	誤	正

解説 ア　正しい．地中熱利用ヒートポンプ給湯機は，年間を通して一定である地表面から約10m以深の安定した温度の熱を利用する．地中熱は日本中どこでも利用でき，しかも天候に左右されない再生可能エネルギーである（**図7.40**参照）．

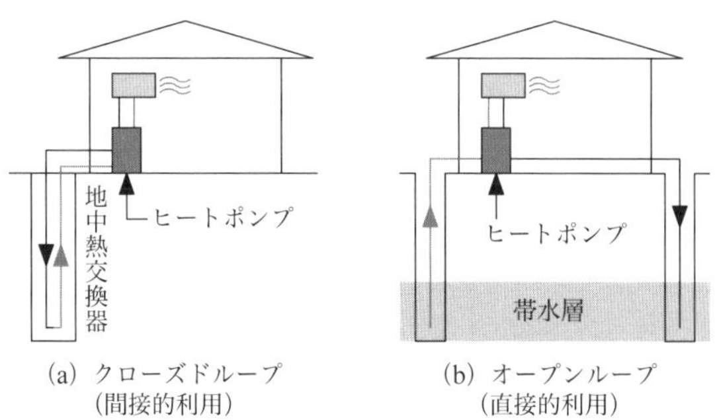

図7.40　地中熱利用ヒートポンプシステムの利用方法
（出典：地中熱利用促進協会（2019））

イ　正しい．潜熱回収型給湯器は，今まで利用せずに排気していた高温（200℃）の燃焼ガスを再利用し，水を潜熱（水蒸気が水になるときに放出する熱量）で温めた後に従来の一次熱交換器で加温して温水を作り出す．従来の非潜熱回収型給湯器より高い熱効率を実現した給湯器である．

ウ　誤り．元止め式瞬間湯沸器は，沸騰器から直接使用するもので，沸騰器に設置されている止水栓の開閉により，メインバーナが点火，消火する構造になっている．出湯能力は5号以下と小さい．選択肢の内容は先止め式瞬間湯沸器で，給湯配管を通して湯沸器から離れた場所で使用できるもので，2カ所以上に給湯する場合に広く利用される．給湯配管の末端に設置されている湯水混合水栓の開閉により，メインバーナが点火，消火する構造になっている．出湯能力は，5号の小型から12～32号程度の大きい規模まである．

エ　正しい．太陽熱利用貯湯湯沸器の二回路型は，給水管に直結した貯湯タンク内で太陽集熱器から送られる熱源を利用し，水を加熱する（**図7.41**参照）．

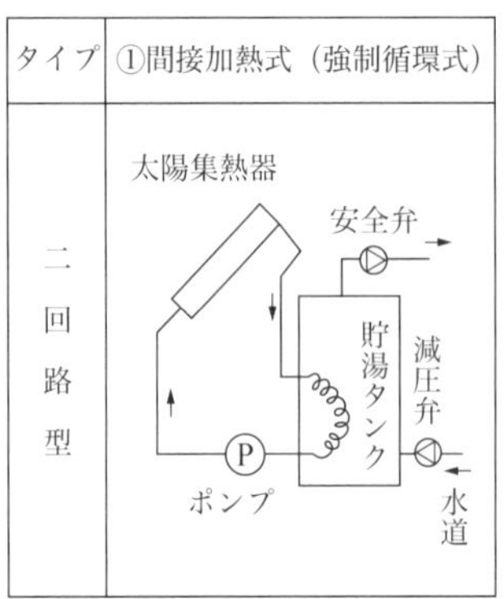

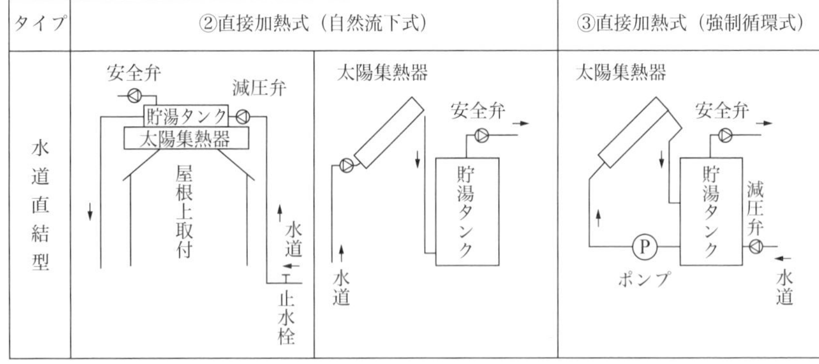

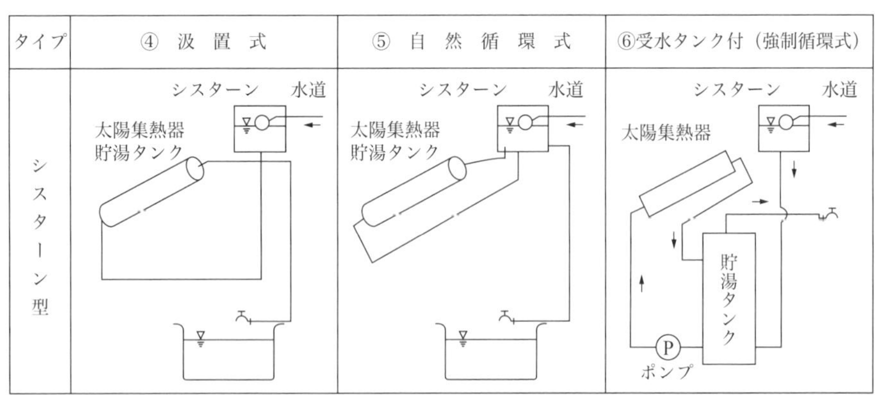

図 7.41　太陽熱利用貯湯湯沸器の種類 2)

▶答（1）

題2　【令和3年 問42】

給水装置に関する次の記述のうち，不適当なものはどれか．

(1) 給水装置として取り扱われる貯湯湯沸器は，そのほとんどが貯湯部にかかる圧力が100キロパスカル以下で，かつ伝熱面積が4 m^2 以下の構造のものである．

(2) 給湯用加圧装置は，貯湯湯沸器の一次側に設置し，湯圧が不足して給湯設備が満足に使用できない場合に加圧する給水用具である．

(3) 潜熱回収型給湯器は，今まで捨てられていた高温（約200°C）の燃焼ガスを再利用し，水を潜熱で温めた後に従来の一次熱交換器で加温して温水を作り出す，従来の非潜熱回収型給湯器より高い熱効率を実現した給湯器である．

(4) 瞬間湯沸器は，給湯に連動してガス通路を開閉する機構を備え，最高85°C程度まで温度を上げることができるが，通常は40°C前後で使用される．

(5) 瞬間湯沸器の号数とは，水温を25°C上昇させたとき1分間に出るお湯の量（L）の数字であり，水道水を25°C上昇させ出湯したとき1分間に20L給湯できる能力の湯沸器が20号である．

解説 (1) 適当．給水装置として取り扱われる貯湯湯沸器は，そのほとんどが貯湯部にかかる圧力が100キロパスカル以下で，かつ伝熱面積が4 m^2 以下の構造のものである．

(2) 不適当．給湯用加圧装置は，貯湯湯沸器の二次側に設置し，湯圧が不足して給湯設備が満足に使用できない場合に加圧する給水用具である．「一次側」が誤り．

(3) 適当．潜熱回収型給湯器は，今まで捨てられていた高温（約200°C）の燃焼ガスを再利用し，水を潜熱で温めた後に従来の一次熱交換器で加温して温水を作り出す，従来の非潜熱回収型給湯器より高い熱効率を実現した給湯器である．

(4) 適当．瞬間湯沸器は，給湯に連動してガス通路を開閉する機構を備え，最高85°C程度まで温度を上げることができるが，通常は40°C前後で使用される．

(5) 適当．瞬間湯沸器の号数とは，水温を25°C上昇させたとき1分間に出るお湯の量（L）の数字であり，水道水を25°C上昇させ出湯したとき1分間に20L給湯できる能力の湯沸器が20号である．

▶答 (2)

題3　【令和3年 問49】

湯沸器に関する次の記述の正誤の組み合わせのうち，適当なものはどれか．

ア　貯湯湯沸器は，有圧のまま貯湯槽内に貯えた水を直接加熱する構造の湯沸器で，給水管に直結するので，減圧弁及び安全弁（逃し弁）の設置が必須である．

イ　電気温水器は，熱源に大気熱を利用しているため，消費電力が少ない湯沸器である．

ウ　地中熱利用ヒートポンプシステムには，地中の熱を間接的に利用するオープン

第7章　給水装置の概要

ループと，地下水の熱を直接的に利用するクローズドループがある．

エ　太陽熱利用貯湯湯沸器のうち，太陽集熱装置系と水道系が蓄熱槽内で別系統になっている二回路型と，太陽集熱装置系内に水道水が循環する水道直結型は，給水用具に該当する．

	ア	イ	ウ	エ
(1)	正	正	誤	正
(2)	誤	誤	正	誤
(3)	誤	正	誤	誤
(4)	正	誤	正	正
(5)	正	誤	誤	正

解説　ア　正しい．貯湯湯沸器は，有圧のまま貯湯槽内に貯えた水を直接加熱する構造の湯沸器で，給水管に直結するので，減圧弁及び安全弁（逃し弁）の設置が必須である（**図 7.42** 参照）．

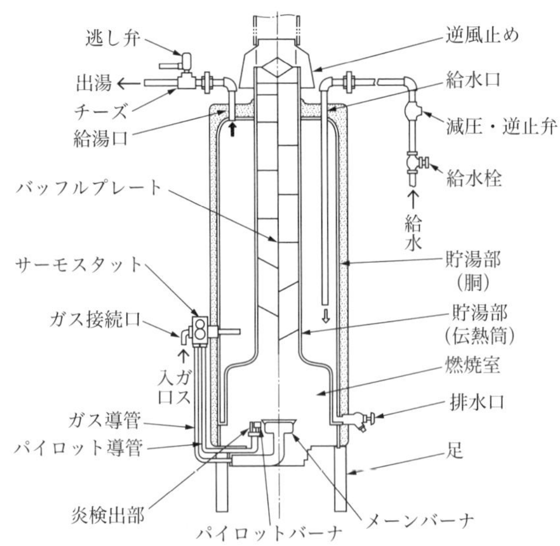

図 7.42　貯湯湯沸器例
（出典：日本ガス石油機器工業会（2019））

イ　誤り．電気温水器は，熱源に電気でヒーター部を加熱し，タンク内の水を温め，貯蔵する湯沸器である（**図 7.43** 参照）．「熱源に大気熱を利用しているため，消費電力が少ない湯沸器」は自然冷媒ヒートポンプ給湯器（通称エコキュート）である（**図 7.44** 参照）．

ウ　誤り．地中熱利用ヒートポンプシステムには，地中の熱を間接的に利用するクローズドループと，地下水の熱を直接的に利用するオープンループがある（図 7.40 参照）.

エ　正しい．太陽熱利用貯湯湯沸器のうち，太陽集熱装置系と水道系が蓄熱槽内で別系統になっている二回路型（図 7.41 参照）と，太陽集熱装置系内に水道水が循環する水道直結型（図 7.41 参照）は，給水用具に該当する.

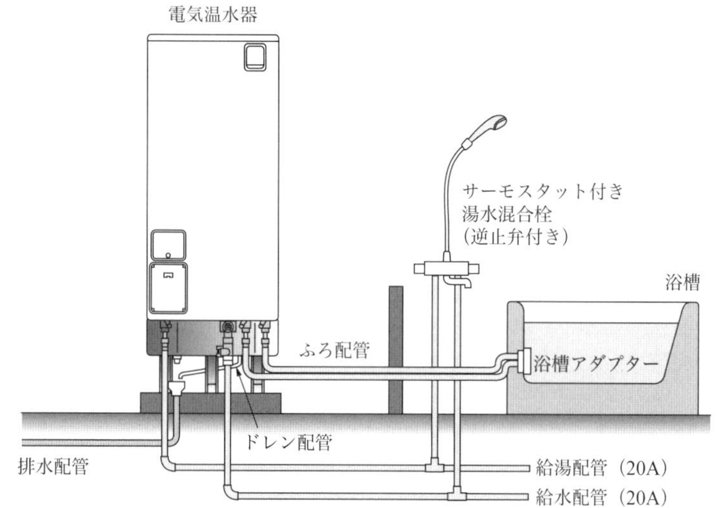

図 7.43　電気温水器例
（出典：日本電機工業会）

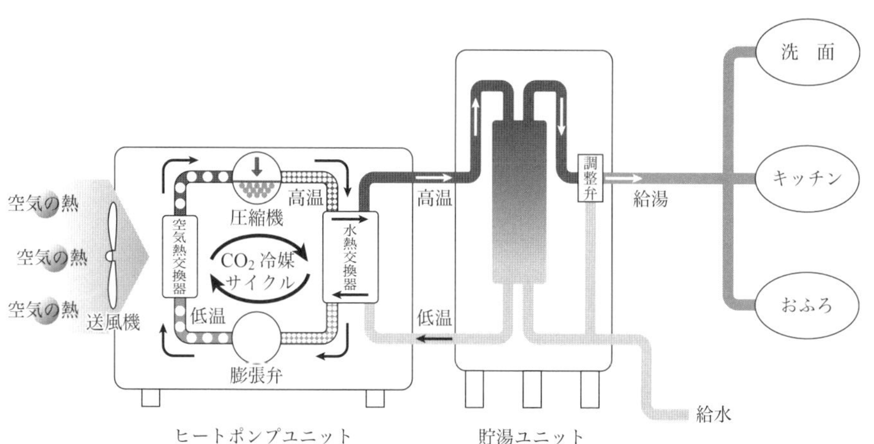

図 7.44　自然冷媒ヒートポンプ給湯機例
（出典：日本冷凍空調工業会「家庭用ヒートポンプ給湯機」
https://www.jraia.or.jp/product/heatpump/i_broke.html）

以上から（5）が正解.　▶答（5）

問題4　【令和2年 問48】

湯沸器に関する次の記述の正誤の組み合わせのうち，適当なものはどれか.

ア　貯蔵湯沸器は，ボールタップを備えた器内の容器に貯水した水を，一定温度に加熱して給湯するもので，水圧がかからないため湯沸器設置場所でしかお湯を使うことができない.

イ　貯湯湯沸器は，排気する高温の燃焼ガスを再利用し，水を潜熱で温めた後に従来の一次熱交換器で加温して温水を作り出す，高い熱効率を実現した給湯器である.

ウ　瞬間湯沸器は，器内の熱交換器で熱交換を行うもので，水が熱交換器を通過する間にガスバーナ等で加熱する構造で，元止め式のものと先止め式のものがある.

エ　太陽熱利用貯湯湯沸器は，一般用貯湯湯沸器を本体とし，太陽集熱器に集熱された太陽熱を主たる熱源として，水を加熱し給湯する給水用具である.

	ア	イ	ウ	エ
(1)	誤	誤	正	誤
(2)	正	誤	誤	正
(3)	正	誤	正	正
(4)	誤	正	正	誤
(5)	正	正	誤	正

解説　ア　正しい．貯蔵湯沸器は，ボールタップを備えた器内の容器に貯水した水を，一定温度に加熱して給湯するもので，水圧がかからないため湯沸器設置場所でしかお湯を使うことができない（**図7.45**参照）.

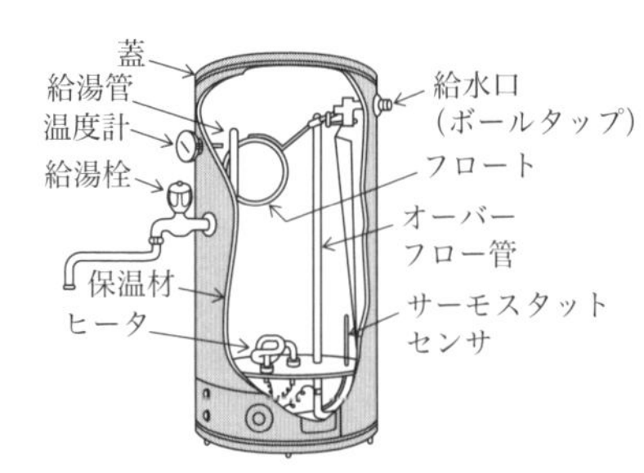

図7.45　貯蔵湯沸器例[3)]

イ　誤り．潜熱回収型給湯器は，排気する高温の燃焼ガスを再利用し，水を潜熱で温めた後に従来の一次熱交換器で加温して温水を作り出す，高い熱効率を実現した給湯器である．「貯蔵湯沸器」が誤り.

ウ　正しい．瞬間湯沸器は，器内の熱交換器で熱交換を行うもので，水が熱交換器を通過する間にガスバーナ等で加熱する構造（最高85°C程度）で，元止め式のものと先止め式のものがある.

エ　正しい．太陽熱利用貯湯湯沸器は，一般用貯湯湯沸器を本体とし，太陽集熱器に集熱された太陽熱を主たる熱源として，水を加熱し給湯する給水用具である.

以上から（3）が正解.　▶答（3）

問題5　【令和2年 問49】

自然冷媒ヒートポンプ給湯機に関する次の記述のうち，不適当なものはどれか.

(1) 送風機で取り込んだ空気の熱を冷媒（二酸化炭素）が吸収する.

(2) 熱を吸収した冷媒が，コンプレッサで圧縮されることにより高温・高圧となる.

(3) 高温となった冷媒の熱を，熱交換器内に引き込んだ水に伝えてお湯を沸かす.

(4) お湯を沸かした後，冷媒は膨張弁で低温・低圧に戻され，再び熱を吸収しやすい状態になる.

(5) 基本的な機能・構造は貯湯湯沸器と同じであるため，労働安全衛生法施行令に定めるボイラーである.

解説 (1) 適当．送風機で取り込んだ空気の熱を冷媒（二酸化炭素）が吸収する.

(2) 適当．熱を吸収した冷媒が，コンプレッサで圧縮されることにより高温・高圧となる.

(3) 適当．高温となった冷媒の熱を，熱交換器内に引き込んだ水に伝えてお湯を沸かす.

(4) 適当．お湯を沸かした後，冷媒は膨張弁で低温・低圧に戻され，再び熱を吸収しやすい状態になる.

(5) 不適当．基本的な機能・構造は貯湯湯沸器と同じであるが，水の加熱が貯湯槽外で行われるため，労働安全衛生法施行令に定めるボイラーにならない.　▶答（5）

問題6　【令和元年 問44】

湯沸器に関する次の記述の正誤の組み合わせのうち，適当なものはどれか.

ア　給水装置として取扱われる貯湯湯沸器は，労働安全衛生法令に規定するボイラー及び小型ボイラーに該当する.

イ　瞬間湯沸器は，給湯に連動してガス通路を開閉する機構を備え，最高85℃程度まで温度を上げることができるが，通常は40℃前後で使用される.

ウ　太陽熱利用貯湯湯沸器では，太陽集熱装置系内に水道水が循環する水道直結型としてはならない.

エ　貯蔵湯沸器は，ボールタップを備えた器内の容器に貯水した水を，一定温度に加熱して給湯する給水用具であり，水圧がかからないため湯沸器設置場所でしか湯を使うことができない.

	ア	イ	ウ	エ
(1)	誤	正	誤	正
(2)	誤	誤	正	正
(3)	正	正	誤	誤

(4) 正　誤　誤　正

解説 ア　誤り．給水装置として取扱われる貯湯湯沸器は，労働安全衛生法令に規定するボイラー及び小型ボイラー（温水ボイラーではゲージ圧力0.1 MPa以下で伝熱面積4 m^2以下を除く）に該当しない．労働安全衛生法施行令第1条（定義）第三号及び第四号参照．

イ　正しい．瞬間湯沸器は，給湯に連動してガス通路を開閉する機構を備え，最高85℃程度まで温度を上げることができるが，通常は40℃前後で使用される．

ウ　誤り．太陽熱利用貯湯湯沸器では，太陽集熱装置系内に水道水が循環する水道直結型（自然流下式と強制循環式）が存在する．その他に太陽集熱装置系と水道系が蓄熱槽内で別系統となっている二回路型やシスターンによって水道系と縁の切れるシスターン型などがある（図7.41，**図7.46**参照）．

エ　正しい．貯蔵湯沸器は，ボールタップを備えた器内の容器に貯水した水を，一定温度に加熱して給湯する給水用具であり，水圧がかからないため湯沸器設置場所でしか湯を使うことができない（図7.45参照）．

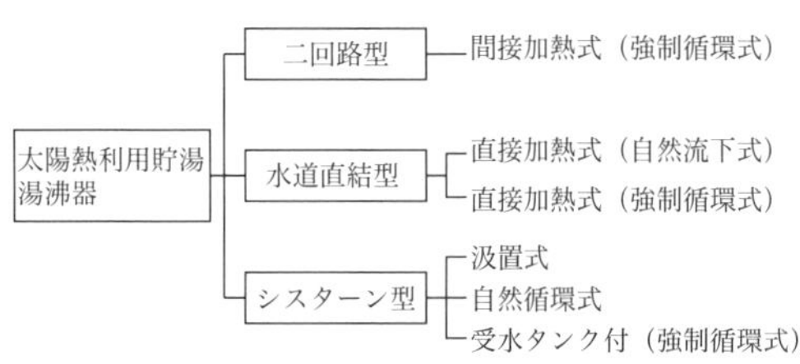

図7.46　太陽熱利用貯湯湯沸器の種類

以上から（1）が正解．

▶答（1）

問題7 【平成30年 問43】

湯沸器に関する次の記述の［　　］内に入る語句の組み合わせのうち，適当なものはどれか．

① ［ア］は，器内の吸熱コイル管で熱交換を行うもので，コイル管内を水が通過する間にガスバーナ等で加熱する構造になっている．

② ［イ］は，ボールタップを備えた器内の容器に貯水した水を，一定温度に加熱して給湯する給水用具である．

③ ［ウ］は，給水管に直結して有圧のまま槽内に貯えた水を直接加熱する構造の湯沸器で，湯温に連動して自動的に燃料通路を開閉あるいは電源を入り切りする機能を持っている．

④ ［エ］は，熱源に大気熱を利用しているため，消費電力が少ない．

	ア	イ	ウ	エ
(1)	貯湯湯沸器	瞬間湯沸器	貯蔵湯沸器	自然冷媒ヒートポンプ給湯機
(2)	瞬間湯沸器	貯蔵湯沸器	貯湯湯沸器	自然冷媒ヒートポンプ給湯機
(3)	貯湯湯沸器	貯蔵湯沸器	瞬間湯沸器	太陽熱利用貯湯湯沸器

(4) 瞬間湯沸器　　貯湯湯沸器　　貯蔵湯沸器　　太陽熱利用貯湯湯沸器

解説 ① ア 「瞬間湯沸器」である．ア：瞬間湯沸器 は，器内の吸熱コイル管で熱交換を行うもので，コイル管内を水が通過する間にガスバーナ等で加熱する構造になっている．

② イ 「貯蔵湯沸器」である．イ：貯蔵湯沸器 は，ボールタップを備えた器内の容器に貯水した水を，一定温度に加熱して給湯する給水用具である．

③ ウ 「貯湯湯沸器」である．ウ：貯湯湯沸器 は，給水管に直結して有圧のまま槽内に貯えた水を直接加熱する構造の湯沸器で，湯温に連動して自動的に燃料通路を開閉あるいは電源を入り切りする機能を持っている．

④ エ 「自然冷媒ヒートポンプ給湯機」である．エ：自然冷媒ヒートポンプ給湯機 は，熱源に大気熱を利用しているため，消費電力が少ない．

以上から (2) が正解．

▶答 (2)

7.8 浄水器

問題1 【令和4年 問53】

浄水器に関する次の記述のうち，不適当なものはどれか．

(1) 浄水器は，水道水中の残留塩素等の溶存物質，濁度等の減少を主目的としたものである．

(2) 浄水器のろ過材には，活性炭，ろ過膜，イオン交換樹脂等が使用される．

(3) 水栓一体形浄水器のうち，スパウト内部に浄水カートリッジがあるものは，常時水圧が加わらないので，給水用具に該当しない．

(4) アンダーシンク形浄水器は，水栓の流入側に取り付けられる方式と流出側に取り付けられる方式があるが，どちらも給水用具として分類される．

解説 (1) 適当．浄水器は，水道水中の残留塩素等の溶存物質，濁度等の減少を主目的としたものである．

(2) 適当．浄水器のろ過材には，活性炭，ろ過膜，イオン交換樹脂等が使用される．

(3) 不適当．水栓一体形浄水器のうち，スパウト（spout：吐水口）内部に浄水カートリッジがあるもの（内蔵されているもの）は，常時水圧が加わらなくても，給水用具に該当する．使用者が自由に取り替えられるものは，給水用具とならない（**図7.47**参照）．

(4) 適当．アンダーシンク形浄水器は，水栓の流入側に取り付けられる方式（先止め式：I形）と流出側に取り付けられる方式（元止め式：II形）があるが，どちらも給水用具として分類される（**図 7.48** 及び**図 7.49** 参照）.

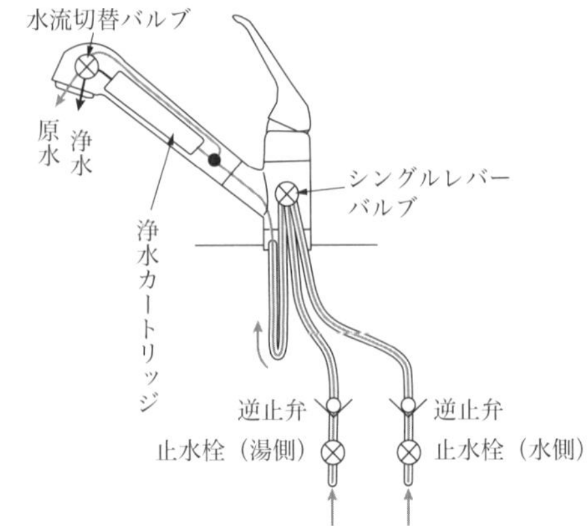

図 7.47　水栓一体形浄水器（スパウト内蔵形）例 [1)]
（出典：浄水器協会（2019））

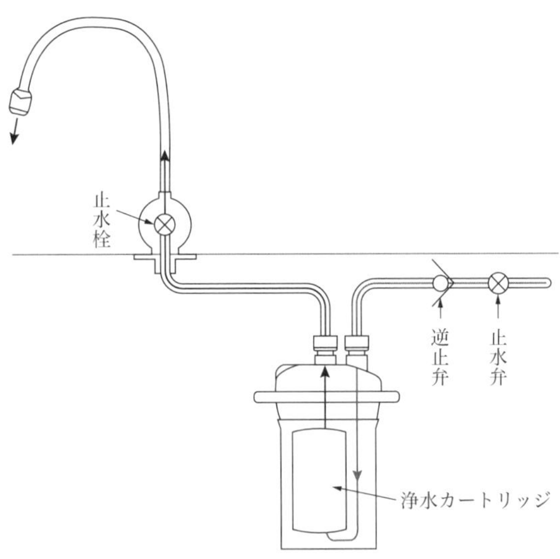

図 7.48　アンダーシンク形浄水器（I 形）先止め式例
（出典：ポンプユニット協議会（2019））

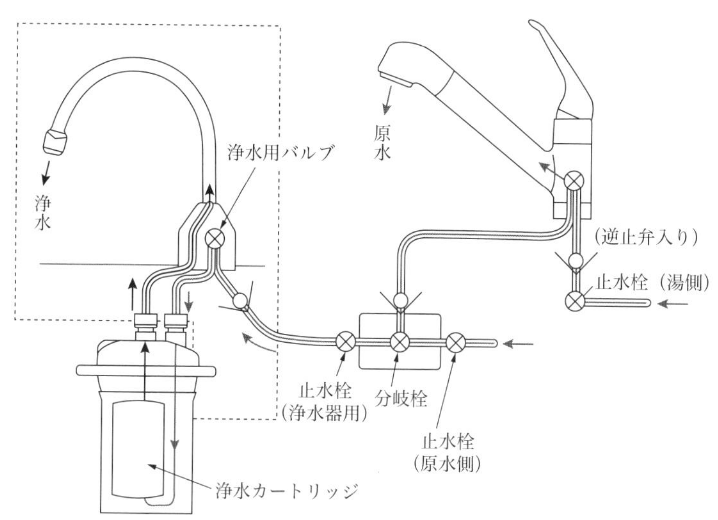

図 7.49　アンダーシンク形浄水器(II 形)元止め式例
(出典：ポンプユニット協議会(2019))

▶答(3)

問題 2　【令和 3 年 問 50】

浄水器に関する次の記述の［　　］内に入る語句の組み合わせのうち，適当なものはどれか．

浄水器は，水栓の流入側に取り付けられ常時水圧が加わる［ア］式と，水栓の流出側に取り付けられ常時水圧が加わらない［イ］式がある．

［イ］式については，浄水器と水栓が一体として製造・販売されているもの(ビルトイン型又はアンダーシンク型)は給水用具に該当［ウ］．浄水器単独で製造・販売され，消費者が取付けを行うもの(給水栓直結型及び据え置き型)は給水用具に該当［エ］．

	ア	イ	ウ	エ
(1)	先止め	元止め	する	しない
(2)	先止め	元止め	しない	する
(3)	元止め	先止め	する	しない
(4)	元止め	先止め	しない	する

解説　ア「先止め」である(図 7.48 参照)．
イ「元止め」である(図 7.49 参照)．

第 7 章　給水装置の概要

ウ「する」である.

エ「しない」である.

以上から (1) が正解.

▶答 (1)

問題3 【平成29年 問43】

浄水器に関する次の記述の正誤の組み合わせのうち，適当なものはどれか.

ア　浄水器の濾過材は，ポリエチレン，ポリスルホン，ポリプロピレン等からできた中空糸膜を中心とした濾過膜に限定される.

イ　浄水器の濾過材のカートリッジは有効期限を確認し，適切に交換することが必要である.

ウ　浄水器の中には，残留塩素や濁度を減少させることのほか，トリハロメタン等の微量有機物や鉛，臭気等を減少させる性能を持つ製品がある.

エ　浄水器のうち，浄水器単独で製造・販売され，消費者が取付けを行うものは給水用具に該当する.

	ア	イ	ウ	エ
(1)	誤	正	正	誤
(2)	誤	正	誤	正
(3)	正	誤	誤	正
(4)	正	誤	正	誤

解説 ア　誤り．浄水器の濾過材は，ポリエチレン，ポリスルホン，ポリプロピレン等からできた中空糸膜を中心とした濾過膜，活性炭，その他（セラミックス，ゼオライト，不織布，天然サンゴ，イオン交換樹脂等）がある.

イ　正しい．浄水器の濾過材のカートリッジは有効期限を確認し，適切に交換することが必要である.

ウ　正しい．浄水器の中には，残留塩素や濁度を減少させることのほか，トリハロメタン等の微量有機物や鉛，臭気等を減少させる性能を持つ製品（活性炭など）がある.

エ　誤り．浄水器のうち，浄水器単独で製造・販売され，消費者が取付けを行うものは給水管から容易に取外しができるので給水用具に該当しない.

以上から (1) が正解.

▶答 (1)

7.9 直結加圧形ポンプユニット

題1 【令和4年 問54】

直結加圧形ポンプユニットに関する次の記述のうち，不適当なものはどれか．

(1) 直結加圧形ポンプユニットの構成は，ポンプ，電動機，制御盤，バイパス管，圧力発信機，流水スイッチ，圧力タンク等からなっている．

(2) 吸込側の圧力が異常低下した場合は自動停止し，吸込側の圧力が復帰した場合は手動で復帰させせなければならない．

(3) 圧力タンクは，日本水道協会規格（JWWA B 130：2005）に定める性能に支障が生じなければ，設置する必要はない．

(4) 使用水量が少なく自動停止する時の吐水量は，10L/min程度とされている．

解説 (1) 適当．直結加圧形ポンプユニットの構成は，ポンプ，電動機，制御盤，バイパス管，圧力発信機，流水スイッチ，圧力タンク等からなっている（図7.50参照）．

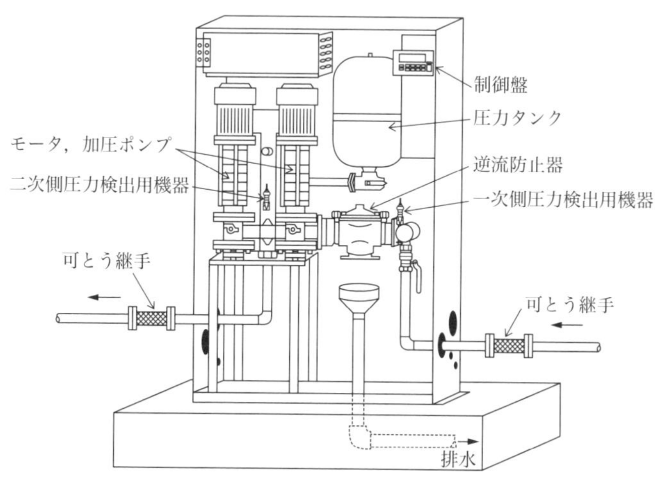

図7.50 直結加圧形ポンプユニット[5)]

(2) 不適当．吸込側の圧力が異常低下した場合は自動停止し，あらかじめ設定された圧力に復帰した場合，自動復帰して運転を再開する．

(3) 適当．圧力タンクは，日本水道協会規格（JWWA B 130：2005）に定める性能に支障が生じなければ（圧力タンクを設けなくても吐出圧力，吸込み圧力及び自動停止の性能を満足し，吐出圧力が保持できる場合），設置する必要はない．

(4) 適当．使用水量が少なく自動停止する時の吐水量は，10 L/min程度とされている．

▶答 (2)

題2 【令和3年 問51】

直結加圧形ポンプユニットに関する次の記述のうち，不適当なものはどれか．

(1) 製品規格としては，JWWA B 130：2005（水道用直結加圧形ポンプユニット）があり，対象口径は20 mm～75 mmである．

(2) 逆流防止装置は，ユニットの構成外機器であり，通常，ユニットの吸込側に設置するが，吸込圧力を十分確保できない場合は，ユニットの吐出側に設置してもよい．

(3) ポンプを複数台設置し，1台が故障しても自動切替えにより給水する機能や運転の偏りがないように自動的に交互運転する機能等を有していることを求めている．

(4) 直結加圧形ポンプユニットの圧力タンクは，停電によりポンプが停止したときに水を供給するためのものである．

(5) 直結加圧形ポンプユニットは，メンテナンスが必要な機器であるので，その設置位置は，保守点検及び修理を容易に行うことができる場所とし，これに要するスペースを確保する必要がある．

解説 (1) 適当．製品規格としては，JWWA B 130：2005（水道用直結加圧形ポンプユニット）があり，対象口径は20～75 mmである（図7.50参照）．

(2) 適当．逆流防止装置は，ユニットの構成外機器であり，通常，ユニットの吸込側に設置するが，吸込圧力を十分確保できない場合は，ユニットの吐出側に設置してもよい．

(3) 適当．ポンプを複数台設置し，1台が故障しても自動切替えにより給水する機能や運転の偏りがないように自動的に交互運転する機能等を有していることを求めている．

(4) 不適当．直結加圧形ポンプユニットの圧力タンクは，ポンプが停止したとき，蓄圧機能により管内をポンプ停止前の圧力に保ち，ポンプ停止後，少量の水使用には，圧力タンク内の水を供給し，ポンプが頻繁に入・切を繰り返すことを防ぐことを目的としたものである．「停電によりポンプが停止したときに水を供給するためのもの」ではない．

(5) 適当．直結加圧形ポンプユニットは，メンテナンスが必要な機器であるので，その設置位置は，保守点検及び修理を容易に行うことができる場所とし，これに要するスペースを確保する必要がある．

▶答 (4)

題3 【令和2年 問50】

直結加圧形ポンプユニットに関する次の記述のうち，不適当なものはどれか．

(1) 水道法に基づく給水装置の構造及び材質の基準に適合し，配水管への影響が極めて小さく，安定した給水ができるものでなければならない．

(2) 配水管から直圧で給水できない建築物に，加圧して給水する方式で用いられている.
(3) 始動・停止による配水管の圧力変動が極小であり，ポンプ運転による配水管の圧力に脈動が生じないものを用いる.
(4) 制御盤は，ポンプを可変速するための機能を有し，漏電遮断器，インバーター，ノイズ制御器具等で構成される.
(5) 吸込側の圧力が異常に低下した場合には自動停止し，あらかじめ設定された時間を経過すると，自動復帰し運転を再開する.

解説 (1) 適当．水道法に基づく給水装置の構造及び材質の基準に適合し，配水管への影響が極めて小さく，安定した給水ができるものでなければならない.
(2) 適当．配水管から直圧で給水できない建築物に，加圧して給水する方式で用いられている.
(3) 適当．始動・停止による配水管の圧力変動が極小であり，ポンプ運転による配水管の圧力に脈動が生じないものを用いる.
(4) 適当．制御盤は，ポンプを可変速するための機能を有し，漏電遮断器，インバーター，ポンプ，モーター，圧力タンク，ノイズ制御器具等で構成される（図7.50参照).
(5) 不適当．吸込側の圧力が異常に低下した場合には自動停止し，あらかじめ設定された圧力に復帰すると，自動復帰し運転を再開する．「あらかじめ設定された時間を経過すると」が誤り.

▶答 (5)

問題4 【令和元年 問46】

直結加圧形ポンプユニットに関する次の記述の正誤の組み合わせのうち，適当なものはどれか.

ア　直結加圧形ポンプユニットは，給水装置に設置して中高層建物に直接給水することを目的に開発されたポンプ設備で，その機能に必要な構成機器すべてをユニットにしたものである.
イ　直結加圧形ポンプユニットの構成は，ポンプ，電動機，制御盤，流水スイッチ，圧力発信器，圧力タンク，副弁付定水位弁をあらかじめ組み込んだユニット形式となっている場合が多い.
ウ　直結加圧形ポンプユニットは，ポンプを複数台設置し，1台が故障しても自動切替えにより給水する機能や運転の偏りがないように自動的に交互運転する機能等を有している.
エ　直結加圧形ポンプユニットの圧力タンクは，停電によりポンプが停止したとき，蓄圧機能により圧力タンク内の水を供給することを目的としたものである.

	ア	イ	ウ	エ
(1)	誤	正	誤	正
(2)	誤	誤	正	正
(3)	正	正	誤	誤
(4)	正	誤	正	誤

解説 ア　正しい．直結加圧形ポンプユニットは，給水装置に設置して中高層建物に直接給水することを目的に開発されたポンプ設備で，その機能に必要な構成機器すべてをユニットにしたものである（図7.50参照）．

イ　誤り．直結加圧形ポンプユニットの構成は，ポンプ，電動機，制御盤，流量スイッチ，圧力発信器，圧力タンク，逆止弁，仕切弁など，をあらかじめ組み込んだユニット形式となっている場合が多い．「副弁付定水位弁」（図7.25参照）が誤り．

ウ　正しい．直結加圧形ポンプユニットは，ポンプを複数台設置し，1台が故障しても自動切替えにより給水する機能や運転の偏りがないように自動的に交互運転する機能等を有している．

エ　誤り．直結加圧形ポンプユニットの圧力タンクは，ポンプが停止したとき，蓄圧機能により管内をポンプ停止前の圧力に保ち，ポンプ停止後，少量の水使用には，圧力タンク内の水を供給し，ポンプが頻繁に入・切を繰り返すことを防ぐことを目的としたものである．

以上から（4）が正解．

▶答（4）

7.10 水道メーター

問題1 【令和4年 問48】

軸流羽根車式水道メーターに関する次の記述の□内に入る語句の組み合わせのうち，適当なものはどれか．

軸流羽根車式水道メーターは，管状の器内に設置された流れに平行な軸を持つ螺旋状の羽根車を回転させて，積算計量する構造のものであり，たて形とよこ形の2種類に分けられる．

たて形軸流羽根車式は，メーターケースに流入した水流が，整流器を通って，［ア］に設置された螺旋状羽根車に沿って流れ，羽根車を回転させる構造のものである．水の流れが水道メーター内で［イ］するため損失水頭が［ウ］．

	ア	イ	ウ
(1)	垂直	迂流	小さい
(2)	水平	直流	大きい
(3)	垂直	迂流	大きい
(4)	水平	迂流	大きい
(5)	水平	直流	小さい

解説 ア 「垂直」である（**図 7.51** 及び**図 7.52** 参照）.

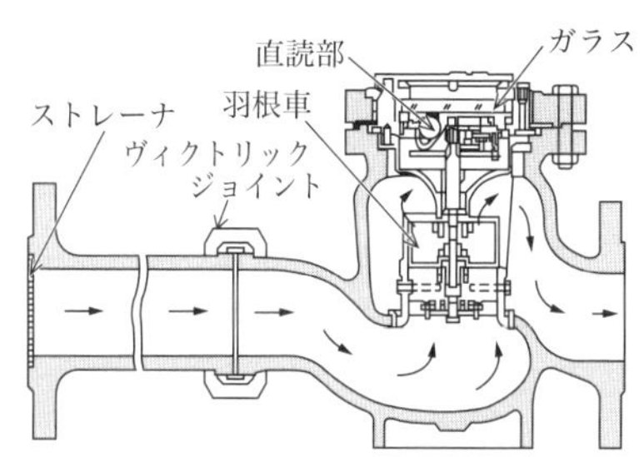

図 7.51　たて形軸流羽根車式[3)]

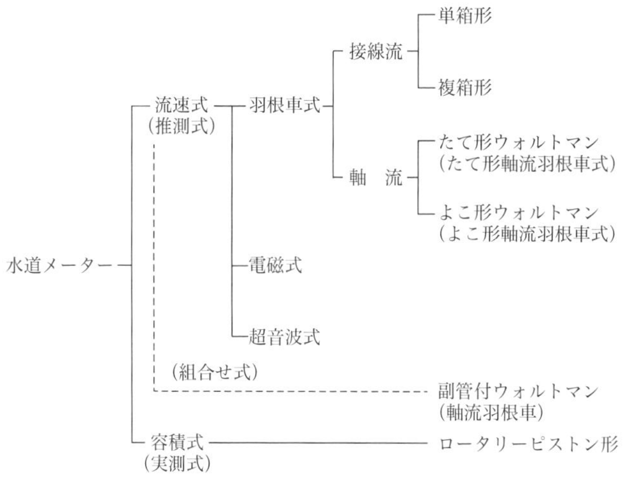

図 7.52　水道メーターの分類
（社）日本水道協会：「水道施設設計指針（2012）」による

イ 「迂流」である.

ウ 「大きい」である.

以上から（3）が正解.

▶答（3）

問題2 【令和4年 問49】

水道メーターに関する次の記述のうち，不適当なものはどれか．

(1) 水道の使用水量は，料金算定の基礎となるもので適正な計量が求められることから，水道メーターは計量法に定める特定計量器の検定に合格したものを設置する．

(2) 水道メーターは，検定有効期間が8年間であるため，その期間内に検定に合格した水道メーターと交換しなければならない．

(3) 水道メーターの技術進歩への迅速な対応及び国際整合化の推進を図るため，日本産業規格（JIS規格）が制定されている．

(4) 電磁式水道メーターは，水の流れと平行に磁界をかけ，電磁誘導作用により，流れと磁界に平行な方向に誘起された起電力により流量を測定する器具である．

(5) 水道メーターの呼び径決定に際しては，適正使用流量範囲，一時的使用の許容範囲等に十分留意する必要がある．

解説 (1) 適当．水道の使用水量は，料金算定の基礎となるもので適正な計量が求められることから，水道メーターは計量法に定める特定計量器の検定に合格したものを設置する．

(2) 適当．水道メーターは，検定有効期間が8年間であるため，その期間内に検定に合格した水道メーターと交換しなければならない．

(3) 適当．水道メーターの技術進歩への迅速な対応及び国際整合化の推進を図るため，日本産業規格（JIS規格）が制定されている．

(4) 不適当．電磁式水道メーターは，水の流れと垂直に磁界をかけ，電磁誘導作用により，流れと磁界に垂直な方向に誘起された起電力により流量を測定する器具である．「……平行に磁界をかけ，……」が誤り（**図7.53**参照）．

(5) 適当．水道メーターの呼び径決定に際しては，適正使用流量範囲，一時的使用の許容範囲等に十分留意する必要がある．

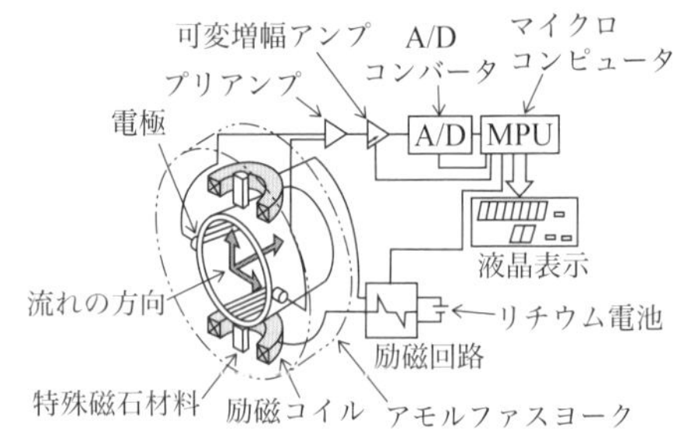

図7.53　電磁式水道メーターの原理図[3)]

▶答 (4)

問題3 【令和3年 問52】

水道メーターに関する次の記述の正誤の組み合わせのうち，適当なものはどれか．

ア　水道メーターの計量方法は，流れている水の流速を測定して流量に換算する流速式（推測式）と，水の体積を測定する容積式（実測式）に分類される．わが国で使用されている水道メーターは，ほとんどが流速式である.

イ　水道メーターは，許容流量範囲を超えて水を流すと，正しい計量ができなくなるおそれがあるため，適正使用流量範囲，瞬時使用の許容流量等に十分留意して水道メーターの呼び径を決定する必要がある.

ウ　可逆式の水道メーターは，正方向と逆方向からの通過水量を計量する計量室を持っており，正方向は加算，逆方向は減算する構造である.

エ　料金算定の基礎となる水道メーターは，計量法に定める特定計量器の検定に合格したものを設置する．検定有効期間が 8 年間である.

	ア	イ	ウ	エ
(1)	誤	正	誤	正
(2)	正	正	誤	誤
(3)	正	正	誤	正
(4)	誤	誤	正	誤
(5)	正	正	正	正

解説　ア　正しい．水道メーターの計量方法は，流れている水の流速を測定して流量に換算する流速式（推測式）と，水の体積を測定する容積式（実測式）に分類される．わが国で使用されている水道メーターは，ほとんどが流速式である.

イ　正しい．水道メーターは，許容流量範囲を超えて水を流すと，正しい計量ができなくなるおそれがあるため，適正使用流量範囲，瞬時使用の許容流量等に十分留意して水道メーターの呼び径を決定する必要がある.

ウ　正しい．可逆式の水道メーターは，正方向と逆方向からの通過水量を計量する計量室を持っており，正方向は加算，逆方向は減算する構造である.

エ　正しい．料金算定の基礎となる水道メーターは，計量法に定める特定計量器の検定に合格したものを設置する．検定有効期間が 8 年間である.

以上から（5）が正解.

▶ 答（5）

問題 4　【令和 3 年 問 53】

水道メーターに関する次の記述の正誤の組み合わせのうち，適当なものはどれか.

ア　たて形軸流羽根車式は，メーターケースに流入した水流が，整流器を通って，垂直に設置された螺旋状羽根車に沿って流れ，水の流れがメーター内で迂流するため損失水頭が小さい.

イ　水道メーターの表示機構部の表示方式は，計量値をアナログ表示する円読式と，計量値をデジタル表示する直読式がある.

ウ　電磁式水道メーターは，羽根車に永久磁石を取り付けて，羽根車の回転を磁気センサーで電気信号として検出し，集積回路により演算処理して，通過水量を液晶表示する方式である．

エ　接線流羽根車式水道メーターは，計量室内に設置された羽根車に噴射水流を当て，羽根車を回転させて通過流量を積算表示する構造である．

	ア	イ	ウ	エ
(1)	正	正	誤	正
(2)	正	誤	誤	正
(3)	誤	正	正	誤
(4)	正	誤	正	誤
(5)	誤	正	誤	正

解説　ア　誤り．たて形軸流羽根車式（図7.51参照）は，メーターケースに流入した水流が，整流器を通って，垂直に設置された螺旋状羽根車に沿って流れ，水の流れがメーター内で迂流するため損失水頭がやや大きい．

イ　正しい．水道メーターの表示機構部の表示方式は，計量値をアナログ表示する円読式と，計量値をデジタル表示する直読式がある．

ウ　誤り．電磁式水道メーターは，水の流れに垂直に羽根車に交流磁界かけると流速に比例した電圧が生じることを利用するものである．「羽根車の回転を磁気センサーで電気信号として検出し，集積回路により演算処理して，通過水量を液晶表示する方式」は羽根車式の水道メーターの電子式表示方式である．

エ　正しい．接線流羽根車式水道メーターは，計量室内に設置された羽根車に噴射水流を当て，羽根車を回転させて通過流量を積算表示する構造である（**図7.54**参照）．

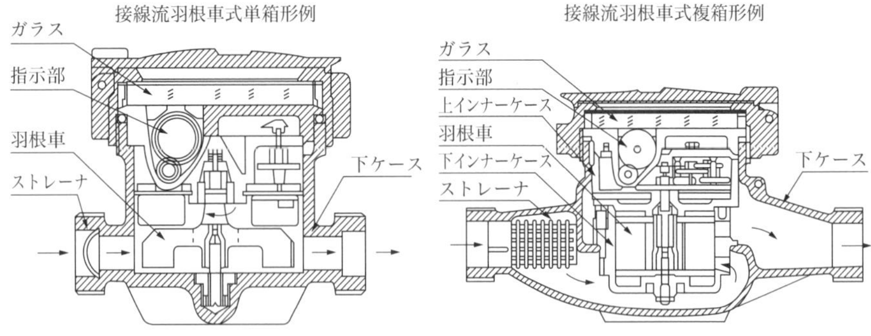

図7.54　接線流羽根車式単箱形例及び接線流羽根車式複箱形例 [2)]

以上から（5）が正解．　▶答（5）

問題5　【令和2年 問52】

水道メーターに関する次の記述のうち，不適当なものはどれか．

(1) 水道メーターは，給水装置に取り付け，需要者が使用する水量を積算計量する計量器である．

(2) 水道メーターの計量水量は，料金算定の基礎となるもので適正な計量が求められることから，計量法に定める特定計量器の検定に合格したものを設置する．

(3) 水道メーターの計量方法は，流れている水の流速を測定して流量に換算する流速式と，水の体積を測定する容積式に分類される．わが国で使用されている水道メーターは，ほとんどが流速式である．

(4) 水道メーターは，検定有効期間が8年間であるため，その期間内に検定に合格したメーターと交換しなければならない．

(5) 水道メーターは，許容流量範囲を超えて水を流すと，正しい計量ができなくなるおそれがあるため，メーター一次側に安全弁を設置して流量を許容範囲内に調整する．

解説 (1) 適当．水道メーターは，給水装置に取り付け，需要者が使用する水量を積算計量する計量器である．

(2) 適当．水道メーターの計量水量は，料金算定の基礎となるもので適正な計量が求められることから，計量法に定める特定計量器の検定に合格したものを設置する．

(3) 適当．水道メーターの計量方法は，流れている水の流速を測定して流量に換算する流速式（推測式）と，水の体積を測定する容積式（実測式）に分類される．わが国で使用されている水道メーターは，ほとんどが流速式（推測式）である．

(4) 適当．水道メーターは，検定有効期間が8年間であるため，その期間内に検定に合格したメーターと交換しなければならない．

(5) 不適当．水道メーターは，許容流量範囲を超えて水を流すと，正しい計量ができなくなるおそれがあるため，メーターの呼び径決定に際しては，適正使用流量範囲，瞬時使用の許容流量等に十分留意する必要があり，メーター一次側に安全弁を設置して流量を許容範囲内に調整することはしない．

▶答 (5)

問題6　【令和2年 問53】

水道メーターに関する次の記述の正誤の組み合わせのうち，適当なものはどれか．

ア　接線流羽根車式水道メーターは，計量室内に設置された羽根車にノズルから接線方向に噴射水流を当て，羽根車が回転することにより通過水量を積算表示する構造のものである．

イ　軸流羽根車式水道メーターは，管状の器内に設置された流れに平行な軸を持つ螺旋状の羽根車が回転することにより積算計量する構造のものである．

ウ　電磁式水道メーターは，水の流れと平行に磁界をかけ，電磁誘導作用により，流れと磁界に平行な方向に誘起された起電力により流量を測定する器具である．

エ　軸流羽根車式水道メーターのたて形軸流羽根車式は，水の流れがメーター内で迂流するため損失水頭が小さい．

	ア	イ	ウ	エ
(1)	正	誤	正	誤
(2)	誤	誤	誤	正
(3)	正	正	誤	誤
(4)	正	誤	誤	正
(5)	誤	正	正	正

解説　ア　正しい．接線流羽根車式水道メーターは，計量室内に設置された羽根車にノズルから接線方向に噴射水流を当て，羽根車が回転することにより通過水量を積算表示する構造のものである（図7.54参照）．

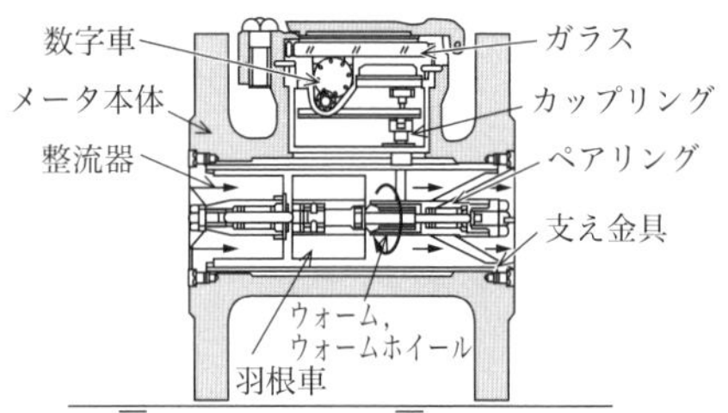

図 7.55　よこ形軸流羽根車式 [3)]

イ　正しい．軸流羽根車式水道メーターのうちよこ形は，管状の器内に設置された流れに平行な軸を持つ螺旋状の羽根車が回転することにより積算計量する構造のものである（**図 7.55** 参照）．

ウ　誤り．電磁式水道メーターは，水の流れと垂直に磁界をかけ，電磁誘導作用により，流れと磁界に垂直な方向に誘起された起電力により流量を測定する器具である．「平行」が誤り（図 7.53 参照）．

エ　誤り．軸流羽根車式水道メーターのたて形軸流羽根車式は，水の流れがメーター内で迂流するため損失水頭が大きい（図 7.51 参照）．

以上から（3）が正解．　▶答（3）

問題7　【令和元年 問48】

水道メーターに関する次の記述の正誤の組み合わせのうち，適当なものはどれか．

ア　水道メーターの遠隔指示装置は，中高層集合住宅や地下街などにおける検針の効率化，また積雪によって検針が困難な場所などに有効である．

イ　たて形軸流羽根車式水道メーターは，メーターケースに流入した水流が，整流器を通って，水平に設置された螺旋状羽根車に沿って流れ，羽根車を回転させる構造であり，よこ形軸流羽根車式に比べ損失水頭が小さい．

ウ　水道メーターは，各水道事業者により使用する形式が異なるため，設計に当たっては，あらかじめこれらを確認する必要がある．

エ　水道メーターの指示部の形態は，計量値をアナログ表示する直読式と，計量値をデジタル表示する円読式がある．

	ア	イ	ウ	エ
(1)	正	正	誤	誤
(2)	誤	誤	正	正
(3)	正	誤	正	誤
(4)	誤	正	誤	正

解説　ア　正しい．水道メーターの遠隔指示装置は，中高層集合住宅や地下街などにおける検針の効率化，又積雪によって検針が困難な場所などに有効である．

イ　誤り．たて形軸流羽根車式水道メーターは，メーターケースに流入した水流が，整流器を通って，垂直に設置された螺旋状羽根車に沿って流れ，羽根車を回転させる構造であり，よこ形軸流羽根車式に比べ損失水頭がやや大きい．「水平」「小さい」が誤り（図7.51，図7.55参照）．

ウ　正しい．水道メーターは，各水道事業者により使用する形式が異なるため，設計に当たっては，あらかじめこれらを確認する必要がある（図7.52参照）．

エ　誤り．水道メーターの指示部の形態は，計量値をアナログ表示する円読式と，計量値をデジタル表示する直読式がある．円読式と直読式が逆である．なお，円読式とは，計量値を回転指針（アナログ）で目盛板に表示するものである．

以上から（3）が正解．　　▶答（3）

第7章　給水装置の概要

問題8　【令和元年 問49】

水道メーターに関する次の記述のうち，不適当なものはどれか．

(1) 水道メーターの遠隔指示装置は，発信装置（又は記憶装置），信号伝達部（ケーブル）及び受信器から構成される．

(2) 水道メーターの計量部の形態で，複箱形とは，メーターケースの中に別の計量室（インナーケース）をもち，複数のノズルから羽根車に噴射水流を与える構造のものである．

(3) 電磁式水道メーターは，給水管と同じ呼び径の直管で機械的可動部がないため耐久性に優れ，小流量から大流量まで広範囲な計測に適する．

(4) 水道メーターの指示部の形態で，機械式とは，羽根車に永久磁石を取付けて，羽根車の回転を磁気センサで電気信号として検出し，集積回路により演算処理して，通過水量を液晶表示する方式である．

解説 (1) 適当．水道メーターの遠隔指示装置は，発信装置（又は記憶装置），信号伝達部（ケーブル）及び受信器から構成される．

(2) 適当．水道メーターの計量部の形態で，複箱形とは，メーターケースの中に別の計量室（インナーケース）をもち，複数のノズルから羽根車に噴射水流を与える構造のものである（図 7.54 参照）．

(3) 適当．電磁式水道メーターは，水の流れの方向に垂直な交番磁界をかけると電磁誘導作用（フレミングの右手の法則）により，流れと垂直な方向に流速に比例した起電力が誘起されることを利用したもので，給水管と同じ呼び径の直管で機械的可動部がないため耐久性に優れ，小流量から大流量まで広範囲な計測に適する（図 7.53 参照）．

(4) 不適当．水道メーターの指示部の形態で，機械式とは，羽根車の回転を歯車装置により減速し指示機構に伝達して，通過水量を積算表示する方式である．羽根車に永久磁石を取付けて，羽根車の回転を磁気センサで電気信号として検出し，集積回路により演算処理して，通過水量を液晶表示する方式は電子式である．

▶答 (4)

問題 9 【平成 30 年 問 48】

水道メーターに関する次の記述の正誤の組み合わせのうち，適当なものはどれか．

ア 接線流羽根車式水道メーターは，計量室内に設置された羽根車に噴射水流を当て，羽根車を回転させて通過水量を積算表示する構造である．

イ 軸流羽根車式水道メーターは，管状の器内に設置された流れに垂直な軸をもつ螺旋状の羽根車を回転させて，積算計量する構造である．

ウ たて形軸流羽根車式水道メーターは，メーターケースに流入した水流が整流器を通って，垂直に設置された螺旋状羽根車に沿って上方から下方に流れ，羽根車を回転させる構造である．

エ 電磁式水道メーターは，給水管と同じ呼び径の直管で機械的可動部がないため耐久性に優れ，小流量から大流量まで広範囲な計測に適している．

	ア	イ	ウ	エ
(1)	誤	正	正	誤
(2)	誤	正	誤	正
(3)	正	誤	正	誤
(4)	正	誤	誤	正

解説 ア 正しい．接線流羽根車式水道メーターは，計量室内に設置された羽根車に噴射水流を当て，羽根車を回転させて通過水量を積算表示する構造である（図 7.52，図 7.54 参照）．

イ 誤り．軸流羽根車式水道メーターは，管状の器内に設置された流れに平衡な軸をもつ螺旋状の羽根車を回転させて，積算計量する構造である．「垂直な」が誤りである（図7.55参照）．

ウ　誤り．たて形軸流羽根車式水道メーターは，メーターケースに流入した水流が整流器を通って，垂直に設置された螺旋状羽根車に沿って下方から上方に流れ，羽根車を回転させる構造である．「上方から下方」が誤り（図7.51参照）．

エ　正しい．電磁式水道メーターは，水の流れの方向に垂直な交番磁界をかけると電磁誘導作用（フレミングの右手の法則）により，流れと垂直な方向に流速に比例した起電力が誘起されることを利用したもので，給水管と同じ呼び径の直管で，機械的可動部がないため耐久性に優れ，小流量から大流量まで広範囲な計測に適している（図7.53参照）．

以上から（4）が正解．

▶答（4）

問題10　【平成29年 問47】

水道メーターに関する次の記述の正誤の組み合わせのうち，適当なものはどれか．

ア　水道メーターは，需要者が使用する水量を積算計量する計量器であり，水道法に定める特定計量器の検定に合格したものを設置しなければならない．

イ　水道メーターの検定有効期間は，8年であるため，その期間内に検定に合格したメーターと交換しなければならない．

ウ　水道メーターの計量方法は，流れている水の流速を測定して流量に換算する流速式（推測式）と，水の体積を測定する容積式（実測式）に分類され，我が国で使用されている水道メーターは，ほとんどが容積式である．

エ　水道メーターは，許容流量範囲を超えて水を流すと，正しい計量ができなくなるおそれがあるため，適正使用流量範囲，瞬時使用の許容流量等に十分留意して水道メーターの呼び径を決定する必要がある．

	ア	イ	ウ	エ
(1)	正	誤	誤	正
(2)	誤	正	正	誤
(3)	正	誤	正	誤
(4)	誤	正	誤	正

解説　ア　誤り．水道メーターは，需要者が使用する水量を積算計量する計量器であり，計量法に定める特定計量器の検定に合格したものを設置しなければならない．「水道法」が誤り．

イ　正しい．水道メーターの検定有効期間は，8年であるため，その期間内に検定に合格したメーターと交換しなければならない．

ウ　誤り．水道メーターの計量方法は，流れている水の流速を測定して流量に換算する流速式（推測式）と，水の体積を測定する容積式（実測式）に分類され，我が国で使用されている水道メーターは，ほとんどが流速式（推測式）である．「容積式」が誤り．

エ　正しい．水道メーターは，許容流量範囲を超えて水を流すと，正しい計量ができなくなるおそれがあるため，適正使用流量範囲，瞬時使用の許容流量等に十分留意して水道メーターの呼び径を決定する必要がある．

以上から（4）が正解．　▶答（4）

問題11　【平成29年 問48】

水道メーターに関する次の記述のうち，<u>不適当なものはどれか</u>．

(1) 水道メーターの計量部の形態が可逆式のものは，正方向と逆方向からの通過水量を計量する計量室をもっており，正方向は加算，逆方向は減算する構造である．

(2) 電磁式水道メーターは，羽根車に永久磁石を取付けて，羽根車の回転を磁気センサで電気信号として検出し，集積回路により演算処理して，通過水量を液晶表示する方式である．

(3) 水道メーターの遠隔指示装置は，設置したメーターの指示水量をメーターから離れた場所で能率よく検針するために設けるものである．

(4) 水道メーターは，各水道事業者により，使用する形式が異なるため，設計に当たっては，あらかじめこれらを確認する必要がある．

解説　(1) 適当．水道メーターの計量部の形態が可逆式のものは，正方向と逆方向からの通過水量を計量する計量室をもっており，正方向は加算，逆方向は減算する構造である（**図7.56** 参照）．

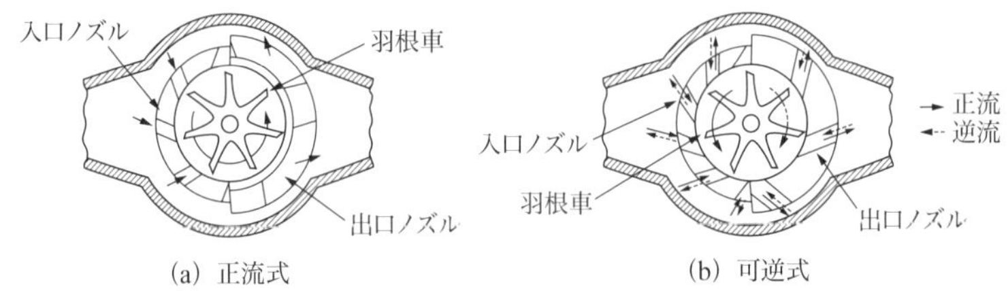

図 7.56　正流式と可逆式[2)]

(2) 不適当．電磁式水道メーターは，水の流れの方向に垂直な磁界をかけると，電磁誘導作用により，流れと磁界に垂直な方向に起電力が誘起されることを利用したもので，給水管と同じ呼び径の直管で機械的可動部がないため耐久性に優れ，小流量から大流量まで広範囲な計測に適する（図7.53 参照）．

(3) 適当．水道メーターの遠隔指示装置は，設置したメーターの指示水量をメーターから離れた場所で能率よく検針するために設けるものである.

(4) 適当. 水道メーターは, 各水道事業者により, 使用する形式が異なるため, 設計に当たっては, あらかじめこれらを確認する必要がある. ▶答 (2)

第 8 章

給水装置施工管理法

8.1 給水装置工事及び定義

問題1 【令和3年 問58】

給水装置工事における使用材料に関する次の記述の［　　］内に入る語句の組み合わせのうち，適当なものはどれか．

水道事業者は，［ア］による給水装置の損傷を防止するとともに，給水装置の損傷の復旧を迅速かつ適切に行えるようにするために，［イ］から［ウ］までの間の給水装置に用いる給水管及び給水用具について，その構造及び材質等を指定する場合がある．したがって，給水装置工事を受注した場合は，［イ］から［ウ］までの使用材料について水道事業者［エ］必要がある．

	ア	イ	ウ	エ
(1)	災害等	配水管への取付口	水道メーター	に確認する
(2)	災害等	宅地内	水道メーター	の承認を得る
(3)	品質不良	配水管への取付口	末端の給水器具	の承認を得る
(4)	品質不良	宅地内	水道メーター	の承認を得る
(5)	災害等	配水管への取付口	末端の給水器具	に確認する

解説 ア「災害等」である．

イ「配水管への取付口」である．

ウ「水道メーター」である．

エ「に確認する」である．

以上から（1）が正解．

▶答（1）

問題2 【令和元年 問54】

配水管から分岐して設けられる給水装置工事に関する次の記述の正誤の組み合わせのうち，適当なものはどれか．

ア　サドル付分水栓を鋳鉄管に取付ける場合，鋳鉄管の外面防食塗装に適した穿孔ドリルを使用する．

イ　給水管及び給水用具は，給水装置の構造及び材質の基準に関する省令の性能基準に適合したもので，かつ検査等により品質確認がされたものを使用する．

ウ　サドル付分水栓の取付けボルト，給水管及び給水用具の継手等で締付けトルクが設定されているものは，その締付け状況を確認する．

エ　配水管が水道配水用ポリエチレン管でサドル付分水栓を取付けて穿孔する場合，防食コアを装着する．

	ア	イ	ウ	エ
(1)	誤	正	正	誤
(2)	正	誤	誤	正
(3)	誤	誤	正	正
(4)	正	正	誤	誤

解説 ア　誤り．サドル付分水栓を鋳鉄管に取付ける場合，鋳鉄管の内面ライニング仕様（モルタルライニング管又はエポキシ樹脂粉体塗装管ではドリルの形状が異なる）に適した穿孔ドリルを使用する．「外面防食塗装」が誤り．

イ　正しい．給水管及び給水用具は，給水装置の構造及び材質の基準に関する省令の性能基準に適合したもので，かつ検査等により品質確認がされたものを使用する．

ウ　正しい．サドル付分水栓の取付けボルト，給水管及び給水用具の継手等で締付けトルクが設定されているものは，その締付け状況を確認する．

エ　誤り．配水管が水道配水用鋳鉄管でサドル付分水栓を取付けて穿孔する場合，防食コアを装着する．「ポリエチレン管」が誤り．

以上から（1）が正解．　▶答（1）

問題3　【平成30年 問55】

給水装置工事の施行に関する次の記述の［　　］内に入る語句の組み合わせのうち，適当なものはどれか．

［ア］は，災害等による給水装置の損傷を防止するとともに，給水装置の損傷の復旧を迅速かつ適切に行えるようにするために，［イ］から［ウ］までの間の給水装置に用いる給水管及び給水用具について，その構造及び材質等を指定する場合がある．したがって，指定給水装置工事事業者が給水装置工事を受注した場合は，［イ］から［ウ］までの使用材料について［ア］に確認する必要がある．

	ア	イ	ウ
(1)	水道事業者	道路境界	水道メーター
(2)	水道事業者	配水管への取付口	水道メーター
(3)	道路管理者	配水管への取付口	末端の給水栓
(4)	道路管理者	道路境界	末端の給水栓

解説 ア「水道事業者」である．

イ「配水管への取付口」である．

ウ「水道メーター」である．

［ア：水道事業者］は，災害等による給水装置の損傷を防止するとともに，給水装置の損傷の

復旧を迅速かつ適切に行えるようにするために，イ：配水管への取付口からウ：水道メーターまでの間の給水装置に用いる給水管及び給水用具について，その構造及び材質等を指定する場合がある．したがって，指定給水装置工事事業者が給水装置工事を受注した場合は，イ：配水管への取付口からウ：水道メーターまでの使用材料についてア：水道事業者に確認する必要がある．

以上から（2）が正解．　▶答（2）

8.2 給水装置工事の工程

8.2 給水装置工事の工程

問題1　【平成29年 問53】

下図は，道路工事を必要としない場合の給水装置工事の工事受注から工事完了（引き渡し）までの一般的な工程の抜粋である．[　　]に入る語句の組み合わせのうち，適当なものはどれか．

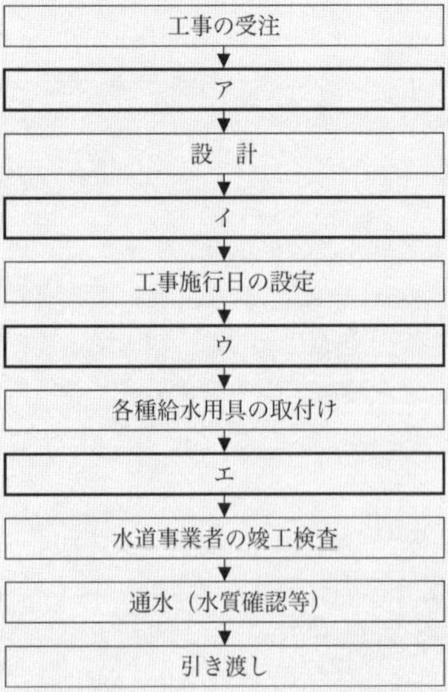

工事の受注
↓
ア
↓
設　計
↓
イ
↓
工事施行日の設定
↓
ウ
↓
各種給水用具の取付け
↓
エ
↓
水道事業者の竣工検査
↓
通水（水質確認等）
↓
引き渡し

	ア	イ	ウ	エ
(1)	現地調査	水道事業者による設計審査	構造・材質基準適合の確認	工事事業者の検査（耐圧試験等）
(2)	水道事業者による設計審査	現地調査	工事事業者の検査（耐圧試験等）	構造・材質基準適合の確認

	ア	イ	ウ	エ
(3)	現地調査	水道事業者による設計審査	工事事業者の検査（耐圧試験等）	構造・材質基準適合の確認
(4)	水道事業者による設計審査	現地調査	構造・材質基準適合の確認	工事事業者の検査（耐圧試験等）

解説　ア「現地調査」である.
イ「水道事業者による設計審査」である.
ウ「構造・材質基準適合の確認」である.
エ「工事事業者の検査（耐圧試験等）」である.

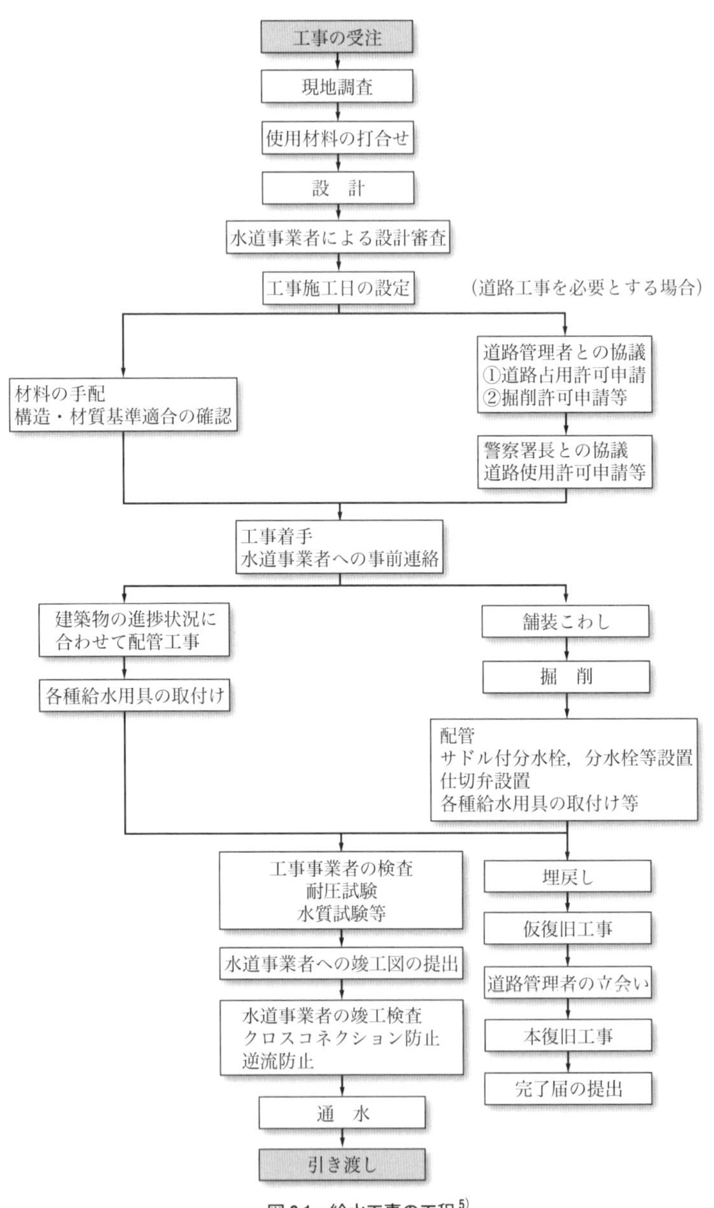

図 8.1　給水工事の工程 [5)]

以上から（1）が正解（**図 8.1** 参照）．　▶答（1）

8.3 建設工事公衆災害防止対策要綱

問題1 【令和4年 問59】

建設工事公衆災害防止対策要綱に基づく交通対策に関する次の記述の正誤の組み合わせのうち，適当なものはどれか．

ア　施工者は，道路上に作業場を設ける場合は，原則として，交通流に対する正面から車両を出入りさせなければならない．ただし，周囲の状況等によりやむを得ない場合においては，交通流に平行する部分から車両を出入りさせることができる．

イ　施工者は，道路上において土木工事を施工する場合には，道路管理者及び所轄警察署長の指示を受け，作業場出入口等に原則，交通誘導警備員を配置し，道路標識，保安灯，セイフティコーン又は矢印板を設置する等，常に交通の流れを阻害しないよう努めなければならない．

ウ　発注者及び施工者は，土木工事のために，一般の交通を迂回させる必要がある場合においては，道路管理者及び所轄警察署長の指示するところに従い，まわり道の入口及び要所に運転者又は通行者に見やすい案内用標示板等を設置し，運転者又は通行者が容易にまわり道を通過し得るようにしなければならない．

エ　施工者は，歩行者用通路とそれに接する車両の交通の用に供する部分との境及び歩行者用通路と作業場との境は，必要に応じて移動さくを等間隔であけるように設置し，又は移動さくの間に保安灯を設置する等明確に区分する．

	ア	イ	ウ	エ
(1)	正	正	正	誤
(2)	正	誤	正	誤
(3)	誤	正	正	正
(4)	誤	正	正	誤
(5)	誤	正	誤	正

解説　ア　誤り．施工者は，道路上に作業場を設ける場合は，原則として，交通流に対する背面から車両を出入りさせなければならない．ただし，周囲の状況等によりやむを得ない場合においては，交通流に平行する部分から車両を出入りさせることができる．「正面」が誤り．建設工事公衆災害防止対策要綱（以下「要綱」という）（土木工事編）第22（作業場への工事車両の出入り等）1参照．

イ　正しい．施工者は，道路上において土木工事を施工する場合には，道路管理者及び所轄警察署長の指示を受け，作業場出入口等に原則，交通誘導警備員を配置し，道路標識，保安灯，セイフティコーン又は矢印板を設置する等，常に交通の流れを阻害しないよう努めなければならない．要綱（土木工事編）第24（道路上（近接）工事における措置）4参照．

ウ　正しい．発注者及び施工者は，土木工事のために，一般の交通を迂回させる必要がある場合においては，道路管理者及び所轄警察署長の指示するところに従い，まわり道の入口及び要所に運転者又は通行者に見やすい案内用標示板等を設置し，運転者又は通行者が容易にまわり道を通過し得るようにしなければならない．要綱（土木工事編）第25（一般交通を制限する場合の措置）2参照．

エ　誤り．施工者は，歩行者用通路とそれに接する車両の交通の用に供する部分との境及び歩行者用通路と作業場との境は，必要により移動さくを間隔をあけないように設置し，又は移動さくの間に保安灯を設置する等明確に区分する．「等間隔であけるように」が誤り．要綱（土木工事編）第27（歩行者用通路の確保）2参照．

以上から（4）が正解．　▶答（4）

問題2　【令和4年 問60】

建設工事公衆災害防止対策要綱に基づく交通対策に関する次の記述のうち，不適当なものはどれか．

（1）施工者は工事用の諸施設を設置する必要がある場合に当たっては，周辺の地盤面から高さ0.8m以上2m以下の部分については，通行者の視界を妨げることのないよう必要な措置を講じなければならない．

（2）施工者は，道路を掘削した箇所を埋め戻したのち，仮舗装を行う際にやむを得ない理由で段差が生じた場合は，10%以内の勾配ですりつけなければならない．

（3）施工者は，道路上において又は道路に接して土木工事を施工する場合には，工事を予告する道路標識，標示板等を，工事箇所の前方50mから500mの間の路側又は中央帯のうち視認しやすい箇所に設置しなければならない．

（4）発注者及び施工者は，やむを得ず歩行者用通路を制限する必要がある場合，歩行者が安全に通行できるよう車道とは別に，幅0.9m以上（高齢者や車椅子使用者等の通行が想定されない場合は幅0.75m以上），有効高さは2.1m以上の歩行者用通路を確保しなければならない．

（5）発注者及び施工者は，車道を制限する場合において，道路管理者及び所轄警察署長から特に指示のない場合は，制限した後の道路の車線が1車線となる場合にあっては，その車道幅員は3m以上とし，2車線となる場合にあっては，その車道幅員は5.5m以上とする．

解説　（1）適当．施工者は工事用の諸施設を設置する必要がある場合に当たっては，周辺の地盤面から高さ0.8m以上2m以下の部分については，通行者の視界を妨げることのないよう必要な措置を講じなければならない．要綱（土木工事編）第23（道路敷（近傍）工事における措置）2参照．

(2) 不適当．施工者は，道路を掘削した箇所を埋め戻したのち，仮舗装を行う際にやむを得ない理由で段差が生じた場合は，5%以内の勾配ですりつけなければならない．要綱（土木工事編）第26（仮復旧期間における車両交通のための路面維持）1参照．

(3) 適当．施工者は，道路上において又は道路に接して土木工事を施工する場合には，工事を予告する道路標識，標示板等を，工事箇所の前方50mから500mの間の路側又は中央帯のうち視認しやすい箇所に設置しなければならない．要綱（土木工事編）第24（道路上（近接）工事における措置）3参照．

(4) 適当．発注者及び施工者は，やむを得ず歩行者用通路を制限する必要がある場合，歩行者が安全に通行できるよう車道とは別に，幅0.9m以上（高齢者や車椅子使用者等の通行が想定されない場合は幅0.75m以上），有効高さは2.1m以上の歩行者用通路を確保しなければならない．要綱（土木工事編）第27（歩行者用通路の確保）1参照．

(5) 適当．発注者及び施工者は，車道を制限する場合において，道路管理者及び所轄警察署長から特に指示のない場合は，制限した後の道路の車線が1車線となる場合にあっては，その車道幅員は3m以上とし，2車線となる場合にあっては，その車道幅員は5.5m以上とする．要綱（土木工事編）第25（一般交通を制限する場合の措置）1一参照．

▶答 (2)

問題3　【令和3年 問60】

次のア～オの記述のうち，公衆災害に該当する組み合わせとして，<u>適当なものはどれか</u>．

ア　水道管を毀損したため，断水した．
イ　交通整理員が交通事故に巻き込まれ，死亡した．
ウ　作業員が掘削溝に転落し，負傷した．
エ　工事現場の仮舗装が陥没し，そこを通行した自転車が転倒し，負傷した．
オ　建設機械が転倒し，作業員が負傷した．

(1) アとウ　(2) アとエ　(3) イとエ　(4) イとオ　(5) ウとオ

解説　公衆災害とは，「当該工事の関係者以外の第三者（公衆）に対する生命，身体及び財産に関する災害並びに迷惑をいう」である．

ア　適当．水道管の毀損による断水は，第三者（公衆）に迷惑を与えることになる．

イ　不適当．交通整理員が交通事故に巻き込まれ，死亡したことは，第三者ではないから，公衆災害に該当しない．

ウ　不適当．作業員が掘削溝に転落し，負傷したことは，第三者ではないから，公衆災害に該当しない．

エ　適当．工事現場の仮舗装が陥没し，そこを通行した自転車が転倒し，負傷したことは，第三者に災害を与えたことになるから公衆災害である．

オ　不適当．建設機械が転倒し，作業員が負傷したことは，第三者ではないから，公衆災害に該当しない．

以上から（2）が正解．　▶答（2）

問題4　【令和2年 問60】

建設工事公衆災害防止対策要綱に関する次の記述のうち，不適当なものはどれか．

（1）施工者は，仮舗装又は覆工を行う際，やむを得ない理由で周囲の路面と段差が生じた場合は，10パーセント以内の勾配ですりつけなければならない．

（2）施工者は，歩行者用通路と作業場との境は，移動さくを間隔をあけないように設置し，又は移動さくの間に安全ロープ等をはってすき間ができないよう設置する等明確に区分しなければならない．

（3）施工者は，通行を制限する場合の標準として，道路の車線が1車線となる場合は，その車道幅員は3メートル以上，2車線となる場合は，その車道幅員は5.5メートル以上確保する．

（4）施工者は，通行を制限する場合，歩行者が安全に通行できるよう車道とは別に幅0.9メートル以上，高齢者や車椅子使用者等の通行が想定されない場合は幅0.75メートル以上歩行者用通路を確保しなければならない．

（5）施工者は，道路上に作業場を設ける場合は，原則として，交通流に対する背面から工事車両を出入りさせなければならない．ただし，周囲の状況等によりやむを得ない場合においては，交通流に平行する部分から工事車両を出入りさせることができる．

解説　（1）不適当．施工者は，仮舗装又は覆工を行う際，やむを得ない理由で周囲の路面と段差が生じた場合は，5パーセント以内の勾配ですりつけなければならない．要綱（土木工事編）第26（仮復旧期間における車両交通のための路面維持）1参照．

（2）適当．施工者は，歩行者用通路と作業場との境は，移動さくを間隔をあけないように設置し，又は移動さくの間に安全ロープ等をはってすき間ができないよう設置する等明確に区分しなければならない．要綱（土木工事編）第27（歩行者用通路の確保）2参照．

（3）適当．施工者は，通行を制限する場合の標準として，道路の車線が1車線となる場合は，その車道幅員は3メートル以上，2車線となる場合は，その車道幅員は5.5メートル以上確保する．要綱（土木工事編）第25（一般交通を制限する場合の措置）1一参照．

(4) 適当．施工者は，通行を制限する場合，歩行者が安全に通行できるよう車道とは別に幅0.9メートル以上，高齢者や車椅子使用者等の通行が想定されない場合は幅0.75メートル以上歩行者用通路を確保しなければならない．要綱（土木工事編）第27（歩行者用通路の確保）1参照．

(5) 適当．施工者は，道路上に作業場を設ける場合は，原則として，交通流に対する背面から工事車両を出入りさせなければならない．ただし，周囲の状況等によりやむを得ない場合においては，交通流に平行する部分から工事車両を出入りさせることができる．要綱（土木工事編）第22（作業場への工事車両の出入り等）1参照． ▶答（1）

問題5 【令和元年 問57】

建設工事公衆災害防止対策要綱に関する次の記述のうち，<u>不適当なものはどれか</u>．

(1) 施工者は，歩行者及び自転車が移動さくに沿って通行する部分の移動さくの設置に当たっては，移動さくの間隔をあけないようにし，又は移動さく間に安全ロープ等を張ってすき間のないよう措置しなければならない．

(2) 施工者は，道路上に作業場を設ける場合は，原則として，交通流に対する背面から車両を出入りさせなければならない．ただし，周囲の状況等によりやむを得ない場合においては，交通流に平行する部分から車両を出入りさせることができる．

(3) 施工者は，工事を予告する道路標識，掲示板等を，工事箇所の前方10メートルから50メートルの間の路側又は中央帯のうち視認しやすい箇所に設置しなければならない．

(4) 起業者及び施工者は，車幅制限する場合において，歩行者が安全に通行し得るために歩行者用として別に幅0.75メートル以上，特に歩行者の多い箇所においては幅1.5メートル以上の通路を確保しなければならない．

解説 (1) 適当．施工者は，歩行者用通路と作業場との境は，移動さくの間隔をあけないようにし，又は移動さく間に安全ロープ等を張ってすき間のないよう設置する等明確に区分しなければならない．要綱（土木工事編）第27（歩行者用通路の確保）2参照．

(2) 適当．施工者は，道路上に作業場を設ける場合は，原則として，交通流に対する背面から車両を出入りさせなければならない．ただし，周囲の状況等によりやむを得ない場合においては，交通流に平行する部分から車両を出入りさせることができる．要綱（土木工事編）第22（作業場への工事車両の出入り等）1参照．

(3) 不適当．施工者は，工事を予告する道路標識，掲示板等を，工事箇所の前方50メートルから500メートルの間の路側又は中央帯のうち視認しやすい箇所に設置しなければならない．「前方10メートルから50メートル」が誤り．要綱（土木工事編）第24（道路上（近接）工事における措置）3参照．

(4) 適当．起業者及び施工者は，車幅制限する場合において，歩行者が安全に通行し得るために歩行者用として別に幅0.90メートル以上（高齢者や車椅子使用者等の通行が想定されない場合は幅0.75メートル以上），特に歩行者の多い箇所においては幅1.5メートル以上の通路を確保しなければならない．要綱（土木工事編）第27（歩行者用通路の確保）1参照．

▶答（3）

問題6 【平成30年 問53】

建設工事公衆災害防止対策要綱に基づく保安対策に関する次の記述のうち，不適当なものはどれか．

(1) 作業場における固定さくの高さは0.8m以上とし，通行者の視界を妨げないようにする必要がある場合は，さく上の部分を金網等で張り，見通しをよくする．

(2) 固定さくの袴部分及び移動さくの横板部分は，黄色と黒色を交互に斜縞に彩色（反射処理）するものとし，彩色する各縞の幅は10cm以上15cm以下，水平との角度は，45度を標準とする．

(3) 移動さくは，高さ0.8m以上1m以下，長さ1m以上1.5m以下で，支柱の上端に幅15cm程度の横板を取り付けてあるものを標準とする．

(4) 道路標識等工事用の諸施設を設置するに当たって必要がある場合は，周囲の地盤面から高さ0.8m以上2m以下の部分については，通行者の視界を妨げることのないよう必要な措置を講じなければならない．

解説 本問は，平成5年に策定（平成5年1月12日 建設省経建発第1号）された建設工事公衆災害防止対策要綱（以下「旧要綱」）（土木工事編）を元としたものである．なお，建設工事公衆災害防止対策要綱は，建設工事の安全に関する意識の高まり等を踏まえた見直しが検討され，令和元年に改正（令和元年9月2日 国土交通省告示第496号）されている．

(1) 不適当．作業場における固定さくの高さは1.2m以上とし，通行者の視界を妨げないようにする必要がある場合は，さく上の部分を金網等で張り，見通しをよくする．誤りは「0.8m以上」である．旧要綱（土木工事編）第11（さくの規格，寸法）第1項参照．

(2) 適当．固定さくの袴部分及び移動さくの横板部分は，黄色と黒色を交互に斜縞に彩色（反射処理）するものとし，彩色する各縞の幅は10cm以上15cm以下，水平との角度は45度を標準とする．旧要綱（土木工事編）第12（さくの彩色）参照．

(3) 適当．移動さくは，高さ0.8m以上1m以下，長さ1m以上1.5m以下で，支柱の上端に幅15cm程度の横板を取り付けてあるものを標準とする．旧要綱（土木工事編）第

11（さくの規格，寸法）第2項参照.

(4) 適当．道路標識等工事用の諸施設を設置するに当たって必要がある場合は，周囲の地盤面から高さ0.8m以上2m以下の部分については，通行者の視界を妨げることのないよう必要な措置を講じなければならない．旧要綱（土木工事編）第23（道路敷（近傍）工事における措置）2参照.

▶答 (1)

問題7 【平成30年 問54】

次の記述のうち公衆災害に該当するものとして，適当なものはどれか.

(1) 交通整理員が交通事故に巻き込まれ，死亡した.

(2) 建設機械が転倒し，作業員が負傷した.

(3) 水道管を毀損したため，断水した.

(4) 作業員が掘削溝に転落し，負傷した.

解説 公衆災害とは，「当該工事の関係者以外の第三者（公衆）に対する生命，身体及び財産に関する災害並びに迷惑をいう.」である.

(1) 不適当．交通整理員が交通事故に巻き込まれ，死亡したことは，第三者ではないから公衆災害に該当しない.

(2) 不適当．建設機械が転倒し，作業員が負傷したことは，第三者ではないから公衆災害に該当しない.

(3) 適当．水道管を毀損したため，断水したことは，第三者への災害並びに迷惑に該当するから公衆災害である.

(4) 不適当．作業員が掘削溝に転落し，負傷したことは，第三者ではないから公衆災害に該当しない.

▶答 (3)

8.4 公道上の給水装置工事

問題1 【平成29年 問55】

公道上の作業現場における交通保安対策に関する次の記述のうち，不適当なものはどれか.

(1) 工事現場の掘削土砂，工事用機械器具及び材料が交通の妨害，付近住民の迷惑又は事故発生の原因にならないよう現場付近は常に整理整頓しておく.

(2) 道路上に作業場を設ける場合は，原則として交通流に平行する部分から車両を出入りさせなければならない.

(3) 道路上に設置した作業場内には，原則として，作業に使用しない車両を駐車させてはならない.

(4) 施工者は，道路管理者及び所轄警察署長の指示するところに従い，道路標識，標示板等で必要なものを設置しなければならない.

解説 (1) 適当．工事現場の掘削土砂，工事用機械器具及び材料が交通の妨害，付近住民の迷惑又は事故発生の原因にならないよう現場付近は常に整理整頓しておく.

(2) 不適当．道路上に作業場を設ける場合は，原則として交通流に対する背面から車両を出入りさせなければならない.「平行する部分」が誤り．建設工事公衆災害防止対策要綱（土木工事編）（以下「要綱」）第14（作業場への車両の出入り）参照.

(3) 適当．道路上に設置した作業場内には，原則として，作業に使用しない車両を駐車させてはならない．要綱第15（作業場内の工事用車両の駐車）参照.

(4) 適当．施工者は，道路管理者及び所轄警察署長の指示するところに従い，道路標識，標示板等で必要なものを設置しなければならない．要綱第17（道路標識等）1参照.

▶答（2）

8.5 給水装置工事の施工及び施工管理・施工計画書

問題1 【令和4年 問56】

給水装置工事における施工管理に関する次の記述のうち，不適当なものはどれか.

(1) 配水管からの分岐以降水道メーターまでの工事は，あらかじめ水道事業者の承認を受けた工法，工期その他の工事上の条件に適合するように施工する必要がある.

(2) 水道事業者，需要者（発注者）等が常に施工状況の確認ができるよう必要な資料，写真の取りまとめを行っておく.

(3) 道路部掘削時の埋戻しに使用する埋戻し土は，水道事業者が定める基準等を満たした材料であるか検査・確認し，水道事業者の承諾を得たものを使用する.

(4) 工事着手に先立ち，現場付近の住民に対し，工事の施工について協力が得られるよう，工事内容の具体的な説明を行う.

(5) 工事の施工に当たり，事故が発生した場合は，直ちに必要な措置を講じた上で，事故の状況及び措置内容を水道事業者及び関係官公署に報告する.

解説 (1) 適当．配水管からの分岐以降水道メーターまでの工事は，あらかじめ水道事業者の承認を受けた工法，工期その他の工事上の条件に適合するように施工する必要がある.

(2) 適当．水道事業者，需要者（発注者）等が常に施工状況の確認ができるよう必要な資料，写真の取りまとめを行っておく．

(3) 不適当．道路部掘削時の埋戻しに使用する埋戻し土は，道路管理者が定める基準等を満たした材料であるか検査・確認し，道路管理者の承諾を得たものを使用する．「水道事業者」が誤り．

(4) 適当．工事着手に先立ち，現場付近の住民に対し，工事の施工について協力が得られるよう，工事内容の具体的な説明を行う．

(5) 適当．工事の施工に当たり，事故が発生した場合は，直ちに必要な措置を講じた上で，事故の状況及び措置内容を水道事業者及び関係官公署に報告する．

▶答 (3)

問題2 【令和4年 問57】

宅地内での給水装置工事の施工管理に関する次の記述の［　　］内に入る語句の組み合わせのうち，適当なものはどれか．

宅地内での給水装置工事は，一般に水道メーター以降［ア］までの工事である．

［イ］の依頼に応じて実施されるものであり，工事の内容によっては，建築業者等との調整が必要となる．宅地内での給水装置工事は，これらに留意するとともに，道路上での給水装置工事と同様に［ウ］の作成と，それに基づく工程管理，品質管理，安全管理等を行う．

	ア	イ	ウ
(1)	末端給水用具	施主（需要者等）	施工計画書
(2)	末端給水用具	水道事業者	工程表
(3)	末端給水用具	施主（需要者等）	工程表
(4)	建築物の外壁	水道事業者	工程表
(5)	建築物の外壁	施主（需要者等）	施工計画書

解説 ア 「末端給水用具」である．

イ 「施主（需要者等）」である．

ウ 「施工計画書」である．

以上から (1) が正解．

▶答 (1)

問題3 【令和3年 問56】

給水装置工事の施工管理に関する次の記述の正誤の組み合わせのうち，適当なものはどれか．

ア 施工計画書には，現地調査，水道事業者等との協議に基づき，作業の責任を明確にした施工体制，有資格者名簿，施工方法，品質管理項目及び方法，安全対策，緊急時の連絡体制と電話番号，実施工程表等を記載する．

イ　水道事業者，需要者（発注者）等が常に施工状況の確認ができるよう必要な資料，写真の取りまとめを行っておく．

ウ　施工に当たっては，施工計画書に基づき適正な施工管理を行う．具体的には，施工計画に基づく工程，作業時間，作業手順，交通規制等に沿って工事を施工し，必要の都度工事目的物の品質確認を実施する．

エ　工事の過程において作業従事者，使用機器，施工手順，安全対策等に変更が生じたときは，その都度施工計画書を修正し，工事従事者に通知する．

	ア	イ	ウ	エ
(1)	誤	正	正	正
(2)	正	誤	正	誤
(3)	誤	正	誤	正
(4)	誤	正	正	誤
(5)	正	正	正	正

解説　ア　正しい．施工計画書には，現地調査，水道事業者等との協議に基づき，作業の責任を明確にした施工体制，有資格者名簿，施工方法，品質管理項目及び方法，安全対策，緊急時の連絡体制と電話番号，実施工程表等を記載する．

イ　正しい．水道事業者，需要者（発注者）等が常に施工状況の確認ができるよう必要な資料，写真の取りまとめを行っておく．

ウ　正しい．施工に当たっては，施工計画書に基づき適正な施工管理を行う．具体的には，施工計画に基づく工程，作業時間，作業手順，交通規制等に沿って工事を施工し，必要の都度工事目的物の品質確認を実施する．

エ　正しい．工事の過程において作業従事者，使用機器，施工手順，安全対策等に変更が生じたときは，その都度施工計画書を修正し，工事従事者に通知する．

以上から（5）が正解．　▶答（5）

問題 4　【令和 2 年 問 57】

給水装置工事における施工管理に関する次の記述のうち，不適当なものはどれか．

(1) 道路部掘削時の埋戻しに使用する埋戻し土は，水道事業者が定める基準等を満たした材料であるか検査・確認し，水道事業者の承諾を得たものを使用する．

(2) 工事着手に先立ち，現場付近の住民に対し，工事の施工について協力が得られるよう，工事内容の具体的な説明を行う．

(3) 配水管からの分岐以降水道メーターまでの工事は，あらかじめ水道事業者の承認を受けた工法，工期その他の工事上の条件に適合するように施工する必要がある．

(4) 工事の施工に当たり，事故が発生し，又は発生するおそれがある場合は，直ちに必要な措置を講じた上で，事故の状況及び措置内容を水道事業者及び関係官公署に報告する．

解説 (1) 不適当．道路部掘削時の埋戻しに使用する埋戻し土は，道路管理者が定める基準等を満たした材料であるか検査・確認し，道路管理者の承諾を得たものを使用する．「水道事業者」が誤り．

(2) 適当．工事着手に先立ち，現場付近の住民に対し，工事の施工について協力が得られるよう，工事内容の具体的な説明を行う．

(3) 適当．配水管からの分岐以降水道メーターまでの工事は，あらかじめ水道事業者の承認を受けた工法，工期その他の工事上の条件に適合するように施工する必要がある．

(4) 適当．工事の施工に当たり，事故が発生し，又は発生するおそれがある場合は，直ちに必要な措置を講じた上で，事故の状況及び措置内容を水道事業者及び関係官公署に報告する．

▶答 (1)

問題5 【令和元年 問52】

給水装置工事の施工管理に関する次の記述のうち，不適当なものはどれか．

(1) 工事着手後速やかに，現場付近住民に対し，工事の施行について協力が得られるよう，工事内容の具体的な説明を行う．

(2) 工事内容を現場付近住民や通行人に周知するため，広報板などを使用し，必要な広報措置を行う．

(3) 工事の施行に当たり，事故が発生し，又は発生するおそれがある場合は，直ちに必要な措置を講じたうえ，事故の状況及び措置内容を水道事業者や関係官公署に報告する．

(4) 工事の施行中に他の者の所管に属する地下埋設物，地下施設その他工作物の移設，防護，切り廻し等を必要とするときは，速やかに水道事業者や埋設管等の管理者に申し出て，その指示を受ける．

解説 (1) 不適当．工事着手前に，現場付近住民に対し，工事の施行について協力が得られるよう，工事内容の具体的な説明を行う．「工事着手後速やかに」が誤り．

(2) 適当．工事内容を現場付近住民や通行人に周知するため，広報板などを使用し，必要な広報措置を行う．

(3) 適当．工事の施行に当たり，事故が発生し，又は発生するおそれがある場合は，直ちに必要な措置を講じたうえ，事故の状況及び措置内容を水道事業者や関係官公署に報告する．

(4) 適当．工事の施行中に他の者の所管に属する地下埋設物，地下施設その他工作物の移設，防護，切り廻し等を必要とするときは，速やかに水道事業者や埋設管等の管理者に申し出て，その指示を受ける．

▶答 (1)

問題6 【令和元年 問53】

給水装置工事の施工管理に関する次の記述のうち，不適当なものはどれか．

(1) 施工計画書には，現地調査，水道事業者等との協議に基づき作業の責任を明確にした施工体制，有資格者名簿，施工方法，品質管理項目及び方法，安全対策，緊急時の連絡体制と電話番号，実施工程表等を記載する．

(2) 配水管からの分岐以降水道メーターまでの工事は，道路上での工事を伴うことから，施工計画書を作成して適切に管理を行う必要があるが，水道メーター以降の工事は，宅地内での工事であることから，施工計画書を作成する必要がない．

(3) 常に工事の進捗状況について把握し，施工計画時に作成した工程表と実績とを比較して工事の円滑な進行を図る．

(4) 施工に当っては，施工計画書に基づき適正な施工管理を行う．具体的には，施工計画に基づく工程，作業時間，作業手順，交通規制等に沿って工事を施行し，必要の都度工事目的物の品質管理を実施する．

解説 (1) 適当．施工計画書には，現地調査，水道事業者等との協議に基づき作業の責任を明確にした施工体制，有資格者名簿，施工方法，品質管理項目及び方法，安全対策，緊急時の連絡体制と電話番号，実施工程表等を記載する．

(2) 不適当．配水管からの分岐以降水道メーターまでの工事は，道路上での工事を伴うことから，施工計画書を作成して適切に管理を行う必要がある．水道メーター以降の工事は，宅地内での工事であるが，施主の依頼に応じて実施されるものであり，工事の内容によっては，建築業者との調整が必要である．宅地内での給水装置工事は，これらに留意するとともに，道路上での給水装置工事と同様に施工計画書の作成と，それに基づく工程管理，品質管理，安全管理等を行う必要がある．

(3) 適当．常に工事の進捗状況について把握し，施工計画時に作成した工程表と実績とを比較して工事の円滑な進行を図る．

(4) 適当．施工に当っては，施工計画書に基づき適正な施工管理を行う．具体的には，施工計画に基づく工程，作業時間，作業手順，交通規制等に沿って工事を施行し，必要の都度工事目的物の品質管理を実施する．

▶答 (2)

問題7 【平成30年 問56】

給水装置工事の施工管理に関する次の記述の [　　] 内に入る語句の組み合わせの

うち，適当なものはどれか.

施工管理の責任者は，施工内容に沿った［ア］を作成し，［イ］に周知を図っておく．また，工事施行に当たっては，工程管理を行うとともに，労働災害等を防止するための［ウ］を行う.

給水装置工事の施工管理の責任者は，［エ］である.

	ア	イ	ウ	エ
(1)	施工計画書	付近住民	安全対策	水道技術管理者
(2)	施工管理書	工事従事者	品質管理	水道技術管理者
(3)	施工計画書	工事従事者	安全対策	給水装置工事主任技術者
(4)	施工管理書	付近住民	品質管理	給水装置工事主任技術者

解説 ア「施工計画書」である.
イ「工事従事者」である.
ウ「安全対策」である.
エ「給水装置工事主任技術者」である.

施工管理の責任者は，施工内容に沿った［ア：施工計画書］を作成し，［イ：工事従事者］に周知を図っておく．又，工事施行に当たっては，工程管理を行うとともに，労働災害等を防止するための［ウ：安全対策］を行う.

給水装置工事の施工管理の責任者は，［エ：給水装置工事主任技術者］である.

以上から（3）が正解.

▶答（3）

問題8 【平成29年 問51】

施工管理に関する次の記述の［　］内に入る語句の組み合わせのうち，適当なものはどれか.

施工管理の責任者は，事前に当該工事の施工内容を把握し，それに沿った［ア］（実施工程表，施工体制，施工方法，品質管理方法，安全対策等）を作成し，［イ］に周知を図っておく．また，工事施行に当たっては，計画に基づく工程管理，工程に応じた工事品質の確認並びに工事進捗に合わせて公衆災害及び［ウ］を防止するための安全対策を行うなど施工管理にあたるものとする.

	ア	イ	ウ
(1)	安全計画書	工事従事者	施工不良
(2)	安全計画書	水道事業者	労働災害
(3)	施工計画書	工事従事者	労働災害
(4)	施工計画書	水道事業者	施工不良

解説 ア「施工計画書」である.
イ「工事従業者」である.
ウ「労働災害」である.
以上から（3）が正解.

▶答（3）

題9 【平成29年 問52】

給水装置工事に関する次の記述の正誤の組み合わせのうち，適当なものはどれか.

ア　工事内容を現場付近住民や通行人に周知するため，広報板等を使用し，必要な広報措置を行う.

イ　配水管を断水して給水管を分岐する工事の場合は，水道事業者との協議に基づいて，断水広報等を考慮した断水工事日が設定されるので，それを基準日として天候等を考慮した工程を組む.

ウ　品質管理記録は，施工管理の結果であり適正な工事を証明する証しとなるので，給水装置工事主任技術者は品質管理の実施とその記録の作成を怠ってはならない．ただし，宅地内の給水装置工事についてはこの限りではない.

エ　工事着手後，現場付近住民に対し，工事の施行について協力が得られるよう，工事内容の具体的な説明を行う.

	ア	イ	ウ	エ
(1)	正	正	誤	誤
(2)	正	誤	正	誤
(3)	誤	正	誤	正
(4)	誤	誤	正	正

解説 ア　正しい．工事内容を現場付近住民や通行人に周知するため，広報板等を使用し，必要な広報措置を行う.

イ　正しい．配水管を断水して給水管を分岐する工事の場合は，水道事業者との協議に基づいて，断水広報等を考慮した断水工事日が設定されるので，それを基準日として天候等を考慮した工程を組む.

ウ　誤り．品質管理記録は，施工管理の結果であり適正な工事を証明する証しとなるので，給水装置工事主任技術者は品質管理の実施とその記録の作成を怠ってはならない．宅地内の給水装置工事についても同様である.

エ　誤り．工事着手前，現場付近住民に対し，工事の施行について協力が得られるよう，工事内容の具体的な説明を行う．「工事着手後」が誤り.

以上から（1）が正解.

▶答（1）

8.6 給水装置工事の工程管理

題1　【令和3年 問57】

給水装置工事における工程管理に関する次の記述のうち，不適当なものはどれか．

(1) 給水装置工事主任技術者は，常に工事の進行状況について把握し，施工計画時に作成した工程表と実績とを比較して工事の円滑な進行を図る．

(2) 配水管を断水して給水管を分岐する工事は，水道事業者との協議に基づいて，断水広報等を考慮した断水工事日を基準日として天候等を考慮した工程を組む．

(3) 契約書に定めた工期内に工事を完了するため，図面確認による水道事業者，建設業者，道路管理者，警察署等との調整に基づき工程管理計画を作成する．

(4) 工程管理を行うための工程表には，バーチャート，ネットワーク等がある．

解説 (1) 適当．給水装置工事主任技術者は，常に工事の進行状況について把握し，施工計画時に作成した工程表と実績とを比較して工事の円滑な進行を図る．

(2) 適当．配水管を断水して給水管を分岐する工事は，水道事業者との協議に基づいて，断水広報等を考慮した断水工事日を基準日として天候等を考慮した工程を組む．

(3) 不適当．契約書に定めた工期内に工事を完了するため，事前準備による現地調査，水道事業者，建設業者，道路管理者，警察署等との調整に基づき工程管理計画を作成する．「図面確認による」が誤り．

(4) 適当．工程管理を行うための工程表には，バーチャート（**図8.2**参照），ネットワーク等（**図8.3**参照）がある．

作業＼日数	1	2	3	4	5	6
設計墨出し	━	━				
材料集め		━	━	━		
組立て					━	

図8.2　バーチャートの例

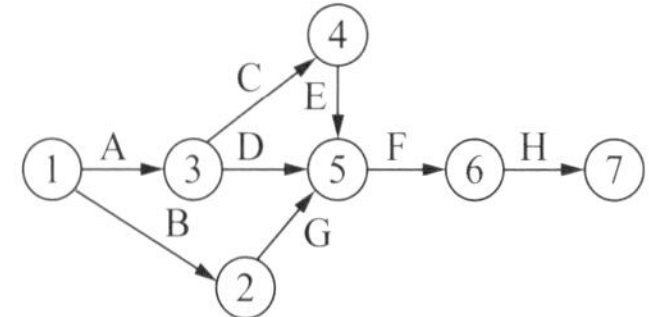

図8.3　ネットワークの例

なお，図8.3について，→は作業を表し，○は作業の結合点（イベント）を表し，入ってくる→の作業が終了する時点，出ていく→の作業が開始される時点を表し，○の中の番号は結合点番号（イベント番号）と呼ぶ．まず作業A，Bから始まり，作業Aが終わると作業C，Dが始まり，作業Bが終わると作業Gが始まる．作業Cが終わると作業Eが始まる．作業E，D，Gが終わると，作業Fに着手し，作業Fが終わると，作業Hが始まる．ネットワークは各作業関係が明らかになる．　▶答（3）

問題2　【令和2年 問56】

給水装置工事の工程管理に関する次の記述の［　　］内に入る語句の組み合わせのうち，適当なものはどれか．

工程管理は，一般的に計画，実施，［ア］に大別することができる．計画の段階では，給水管の切断，加工，接合，給水用具据え付けの順序と方法，建築工事との日程調整，機械器具及び工事用材料の手配，技術者や配管技能者を含む［イ］を手配し準備する．工事は［ウ］の指導監督のもとで実施する．

	ア	イ	ウ
(1)	検査	作業従事者	技能を有する者
(2)	管理	作業主任者	技能を有する者
(3)	管理	作業主任者	給水装置工事主任技術者
(4)	管理	作業従事者	給水装置工事主任技術者
(5)	検査	作業主任者	給水装置工事主任技術者

解説　ア「管理」である．
イ「作業従事者」である．
ウ「給水装置工事主任技術者」である．

以上から（4）が正解．　▶答（4）

問題3　【令和元年 問51】

給水装置工事の工程管理に関する次の記述の［　　］内に入る語句の組み合わせのうち，適当なものはどれか．

工程管理は，［ア］に定めた工期内に工事を完了するため，事前準備の［イ］や水道事業者，建設業者，道路管理者，警察署等との調整に基づき工程管理計画を作成し，これに沿って，効率的かつ経済的に工事を進めて行くことである．

工程管理するための工程表には，［ウ］，ネットワーク等があるが，給水装置工事の工事規模の場合は，［ウ］工程表が一般的である．

	ア	イ	ウ
(1)	契約書	材料手配	出来高累計曲線
(2)	契約書	現地調査	バーチャート
(3)	設計書	現地調査	出来高累計曲線
(4)	設計書	材料手配	バーチャート

解説　ア「契約書」である．

8.6 給水装置工事の工程管理

イ「現地調査」である.
ウ「バーチャート」である.
以上から（2）が正解.

▶答（2）

問題4 【平成29年 問54】

給水装置工事の工程管理に関する次の記述の［　］内に入る語句の組み合わせのうち，適当なものはどれか.

工程管理は，一般的に計画，実施，［ア］に大別することができる．計画の段階では，給水管や給水用具の施工順序や方法，建築工事との日程調整，機械器具及び工事用材料の手配，技術者や配管技能者を含む［イ］を手配し準備する．工事は［ウ］の指導監督のもとで実施する.

	ア	イ	ウ
(1)	管理	作業主任者	技能を有する者
(2)	検査	作業従事者	技能を有する者
(3)	管理	作業従事者	給水装置工事主任技術者
(4)	検査	作業主任者	給水装置工事主任技術者

解説　ア「管理」である.
イ「作業従事者」である.
ウ「給水装置工事主任技術者」である.
以上から（3）が正解.

▶答（3）

8.7 給水装置工事の品質管理

問題1 【令和4年 問58】

給水装置工事における品質管理について，穿孔後に確認する水質項目の組み合わせのうち，適当なものはどれか.

(1)	残留塩素	TOC	色	濁り	味
(2)	におい	残留塩素	濁り	味	色
(3)	残留塩素	濁り	味	色	pH値
(4)	におい	濁り	残留塩素	色	TOC
(5)	残留塩素	におい	濁り	pH値	色

解説 給水装置工事における品質管理について，穿孔後に確認する水質項目は，残留塩素，におい，濁り，色，味である．なお，選択肢中のTOC（Total Organic Carbon：全有機炭素）とは，水中の有機物を燃焼させて消費した酸素量〔mg/L〕のことで，水中の有機物の量を間接的に表す．

以上から（2）が正解．　▶答（2）

問題2　【令和2年 問58】

給水装置の品質管理について，穿孔工事後に行う水質確認項目に関する次の組み合わせのうち，適当なものはどれか．

（1）残留塩素，　大腸菌，　水　温，　濁　り，　色
（2）残留塩素，　におい，　濁　り，　色，　味
（3）残留塩素，　全有機炭素（TOC），　大腸菌，　水　温，　濁　り
（4）pH値，　全有機炭素（TOC），　水　温，　におい，　色
（5）pH値，　大腸菌，　水　温，　におい，　味

解説 給水装置の品質管理に係る穿孔工事後に行う水質確認項目に関する組合せについて，pHは工事によって変化することはないため，pHは不必要である．又，水中に残留塩素があれば大腸菌は存在しないので残留塩素と大腸菌の組合せは不必要である．さらに全有機炭素（TOC：Total Organic Carbon）も変化することはないため不必要である．

したがって，残留塩素，におい，濁り，色，味の組合せで（2）が正解．　▶答（2）

問題3　【令和元年 問55】

給水装置工事の品質管理について，穿孔後に現場において確認すべき水質項目の次の組み合わせについて，適当なものはどれか．

（1）pH値　，　におい，　濁　り，　水　温，　味
（2）残留塩素，　TOC　，　pH値　，　水　温，　色
（3）pH値　，　濁　り，　水　温，　色　，　味
（4）残留塩素，　におい，　濁　り，　色　，　味

解説 給水装置工事の品質管理において，穿孔後に現場で確認すべき水質項目の組み合わせについて，pHは工事によって変化することはないため，pHは不必要である．

したがって，残留塩素，におい，濁り，色，味の組合せとなる．

以上から（4）が適当．　▶答（4）

問題4 【平成30年 問51】

給水装置工事施工における品質管理項目に関する次の記述のうち，不適当なものはどれか．

(1) 給水管及び給水用具が給水装置の構造及び材質の基準に関する省令の性能基準に適合したもので，かつ検査等により品質確認がされたものを使用する．

(2) 配水管への取付口の位置は，他の給水装置の取付口と 30 cm 以上の離隔を保つ．

(3) サドル付分水栓の取付けボルト，給水管及び給水用具の継手等で締付けトルクが設定されているものは，その締付け状況を確認する．

(4) 穿孔後における水質確認として，残留塩素，におい，濁り，色，味の確認を行う．このうち，特に濁りの確認は穿孔した管が水道管の証（あかし）となることから必ず実施する．

解説 (1) 適当．給水管及び給水用具が「給水装置の構造及び材質の基準に関する省令」(平成九年三月十九日，厚生省令第十四号）の性能基準に適合したもので，かつ検査等により品質確認がされたものを使用する．

(2) 適当．配水管への取付口の位置は，他の給水装置の取付口と 30 cm 以上の離隔を保つ．

(3) 適当．サドル付分水栓の取付けボルト，給水管及び給水用具の継手等で締付けトルクが設定されているものは，その締付け状況を確認する．

(4) 不適当．穿孔後における水質確認として，残留塩素，におい，濁り，色，味の確認を行う．このうち，特に残留塩素の確認は穿孔した管が水道管の証（あかし）となることから必ず実施する．「濁り」が誤り．

▶答 (4)

8.8 給水装置工事の安全管理

問題1 【令和3年 問59】

公道における給水装置工事の安全管理に関する次の記述の正誤の組み合わせのうち，適当なものはどれか．

ア 工事中，火気に弱い埋設物又は可燃性物質の輸送管等の埋設物に接近する場合は，溶接機，切断機等火気を伴う機械器具を使用しない．ただし，やむを得ない場合は，所管消防署と協議し，保安上必要な措置を講じてから使用する．

イ 工事の施行に当たっては，地下埋設物の有無を十分に調査するとともに，近接する埋設物がある場合は，道路管理者に立会いを求めその位置を確認し，埋設物に損傷を与えないよう注意する．

ウ　工事の施行に当たって掘削部分に各種埋設物が露出する場合には，防護協定などを遵守して措置し，当該埋設物管理者と協議のうえで適切な表示を行う．

エ　工事中，予期せぬ地下埋設物が見つかり，その管理者がわからないときには，安易に不明埋設物として処理するのではなく，関係機関に問い合わせるなど十分な調査を経て対応する．

	ア	イ	ウ	エ
(1)	誤	正	誤	正
(2)	誤	正	誤	誤
(3)	誤	誤	正	正
(4)	正	正	誤	正
(5)	正	誤	正	誤

解説　ア　誤り．工事中，火気に弱い埋設物又は可燃性物質の輸送管等の埋設物に接近する場合は，溶接機，切断機等火気を伴う機械器具を使用しない．ただし，やむを得ない場合は，当該埋設管理者と協議し，保安上必要な措置を講じてから使用する．「所管消防署」が誤り．

イ　誤り．工事の施行に当たっては，地下埋設物の有無を十分に調査するとともに，近接する埋設物がある場合は，その管理者に立会いを求めその位置を確認し，埋設物に損傷を与えないよう注意する．「道路管理者」が誤り．

ウ　正しい．工事の施行に当たって掘削部分に各種埋設物が露出する場合には，防護協定などを遵守して措置し，当該埋設物管理者と協議のうえで適切な表示を行う．

エ　正しい．工事中，予期せぬ地下埋設物が見つかり，その管理者がわからないときには，安易に不明埋設物として処理するのではなく，関係機関に問い合わせるなど十分な調査を経て対応する．

以上から（3）が正解．　▶答（3）

問題2　【令和2年 問59】

公道における給水装置工事の安全管理に関する次の記述の正誤の組み合わせのうち，適当なものはどれか．

ア　工事の施行に当たっては，地下埋設物の有無を十分に調査するとともに，当該道路管理者に立会いを求めることによってその位置を確認し，埋設物に損傷を与えないよう注意する．

イ　工事中，火気に弱い埋設物又は可燃性物質の輸送管等の埋設物に接近する場合は，溶接機，切断機等火気を伴う機械器具を使用しない．ただし，やむを得ない場合は管轄する消防署と協議し，保安上必要な措置を講じてから使用する．

ウ　施工従事者の体調管理に留意し，体調不良に起因する事故の防止に努めるとともに，酷暑期には十分な水分補給と適切な休養を促し，熱中症の予防に努める．

エ　工事施行中の交通保安対策については，当該道路管理者及び所轄警察署長の許可条件及び指示に基づき，適切な保安施設を設置し，通行車両や通行者の事故防止と円滑な通行の確保を図らなければならない．

	ア	イ	ウ	エ
(1)	正	誤	正	誤
(2)	正	正	誤	正
(3)	誤	正	誤	正
(4)	誤	誤	正	正
(5)	誤	正	誤	誤

解説　ア　誤り．工事の施行に当たっては，地下埋設物の有無を十分に調査するとともに，当該埋設物管理者に立会いを求めることによってその位置を確認し，埋設物に損傷を与えないよう注意する．「当該道路管理者」が誤り．

イ　誤り．工事中，火気に弱い埋設物又は可燃性物質の輸送管等の埋設物に接近する場合は，溶接機，切断機等火気を伴う機械器具を使用しない．ただし，やむを得ない場合は管轄する当該埋設物管理者と協議し，保安上必要な措置を講じてから使用する．「消防署」が誤り．

ウ　正しい．施工従事者の体調管理に留意し，体調不良に起因する事故の防止に努めるとともに，酷暑期には十分な水分補給と適切な休養を促し，熱中症の予防に努める．

エ　正しい．工事施行中の交通保安対策については，当該道路管理者及び所轄警察署長の許可条件及び指示に基づき，適切な保安施設を設置し，通行車両や通行者の事故防止と円滑な通行の確保を図らなければならない．

以上から（4）が正解．　▶答（4）

問題3　【令和元年 問56】

工事用電力設備における電気事故防止の基本事項に関する次の記述のうち，<u>不適当なものはどれか</u>．

(1) 電力設備には，感電防止用漏電遮断器を設置し，感電事故防止に努める．

(2) 高圧配線，変電設備には，危険表示を行い，接触の危険のあるものには必ず柵，囲い，覆い等感電防止措置を行う．

(3) 水中ポンプその他の電気関係器材は，常に点検と補修を行い正常な状態で作動させる．

(4) 仮設の電気工事は，電気事業法に基づく「電気設備に関する技術基準を定める省令」等により給水装置工事主任技術者が行う.

解説 (1) 適当. 電力設備には, 感電防止用漏電遮断器を設置し, 感電事故防止に努める.

(2) 適当. 高圧配線, 変電設備には, 危険表示を行い, 接触の危険のあるものには必ず柵, 囲い, 覆い等感電防止措置を行う.

(3) 適当. 水中ポンプその他の電気関係器材は, 常に点検と補修を行い正常な状態で作動させる.

(4) 不適当. 仮設の電気工事は, 電気事業法に基づく「電気設備に関する技術基準を定める省令」等により電気技術者が行う.「給水装置工事主任技術者」は誤り. ▶答 (4)

問題4 【平成30年 問52】

給水装置工事施行における埋設物の安全管理に関する次の記述のうち, 不適当なものはどれか.

(1) 工事の施行に当たって, 掘削部分に各種埋設物が露出する場合には, 当該埋設物管理者と協議のうえ, 適切な表示を行う.

(2) 埋設物に接近して掘削する場合は, 周囲地盤のゆるみ, 沈下等に十分注意して施工し, 必要に応じて埋設物管理者と協議のうえ, 防護措置等を講ずる.

(3) 工事の施行に当たっては, 地下埋設物の有無を十分に調査するとともに, 埋設物管理者に立会いを求める等によってその位置を確認し, 埋設物に損傷を与えないように注意する.

(4) 工事中, 火気に弱い埋設物又は可燃性物質の輸送管等の埋設物に接近する場合には, 溶接機, 切断機等火気を伴う機械器具を使用しない. ただし, やむを得ない場合には, 所管消防署の指示に従い, 保安上必要な措置を講じてから使用する.

解説 (1) 適当. 工事の施行に当たって, 掘削部分に各種埋設物が露出する場合には, 当該埋設物管理者と協議のうえ, 適切な表示を行う.

(2) 適当. 埋設物に接近して掘削する場合は, 周囲地盤のゆるみ, 沈下等に十分注意して施工し, 必要に応じて埋設物管理者と協議のうえ, 防護措置等を講ずる.

(3) 適当. 工事の施行に当たっては, 地下埋設物の有無を十分に調査するとともに, 埋設物管理者に立会いを求める等によってその位置を確認し, 埋設物に損傷を与えないように注意する.

(4) 不適当. 工事中, 火気に弱い埋設物又は可燃性物質の輸送管等の埋設物に接近する場合には, 溶接機, 切断機等火気を伴う機械器具を使用しない. ただし, やむを得ない場合には, 当該埋設物管理者と協議し, 保安上必要な措置を講じてから使用する. 誤り

は「所管消防署の指示に従い，」である． ▶答（4）

問題5 【平成29年 問56】

給水装置工事の現場における電気事故防止の基本事項に関する次の記述のうち，不適当なものはどれか．

(1) 水中ポンプその他の電気関係器材は，常に点検と補修を行い正常な状態で作動させる．

(2) 電線を造営物にステップルで仮止めするなどの仮設の電気工事は，電気事業法に基づく「電気設備に関する技術基準を定める省令」などにより電気技術者が行わなければならない．

(3) 高圧配線，変電設備には危険表示を行い，接触の危険のあるものには必ず柵，囲い，覆い等感電防止措置を行う．

(4) 感電事故防止のために，電力設備に配線用遮断器を設置する．

解説 (1) 適当．水中ポンプその他の電気関係器材は，常に点検と補修を行い正常な状態で作動させる．

(2) 適当．電線を造営物にステップルで仮止めするなどの仮設の電気工事は，電気事業法に基づく「電気設備に関する技術基準を定める省令」などにより電気技術者が行わなければならない．

(3) 適当．高圧配線，変電設備には危険表示を行い，接触の危険のあるものには必ず柵，囲い，覆い等感電防止措置を行う．

(4) 不適当．「配線用遮断器」が誤りで，正しくは「感電防止用漏電遮断器」である．感電事故防止のために，電力設備に感電防止用漏電遮断器を設置する． ▶答（4）

■参考文献

1）給水装置工事技術指針 2020，給水工事技術振興財団（2020）
2）改訂　給水装置工事技術指針（二刷），給水工事技術振興財団（2015）
3）改訂　給水装置工事技術指針，給水工事技術振興財団（2013）
4）改訂　建築物の環境衛生管理，日本建築衛生管理教育センター（2014）
5）給水装置工事技術指針（第 2 版），給水工事技術振興財団（2003）
6）水道のあらまし，日本水道協会（2001）

■索　引

ス

セ

ソ

タ

〈著者略歴〉
三 好 康 彦 （みよし やすひこ）
1968 年 九州大学工学部合成化学科卒業
1971 年 東京大学大学院博士課程中退
東京都公害局（当時）入局
2002 年 博士（工学）
2005 年 4 月～2011 年 3 月 県立広島大学生命環境学部 教授
現 在 EIT 研究所 主宰

主な著書 小型焼却炉 改訂版 / 環境コミュニケーションズ（2004年）
汚水・排水処理 —基礎から現場まで— / オーム社（2009年）
公害防止管理者試験 水質関係 速習テキスト / オーム社（2013年）
公害防止管理者試験 大気関係 速習テキスト / オーム社（2013年）
公害防止管理者試験 ダイオキシン類 精選問題 / オーム社（2013年）
年度版 環境計量士試験［濃度・共通］攻略問題集 / オーム社
年度版 公害防止管理者試験 攻略問題集 / オーム社
年度版 第 1 種放射線取扱主任者試験 完全対策問題集 / オーム社
年度版 高圧ガス製造保安責任者試験 乙種機械 攻略問題集 / オーム社
年度版 高圧ガス製造保安責任者試験 丙種化学（特別） 攻略問題集 / オーム社
その他，論文著書多数

2023-2024年版
給水装置工事主任技術者試験　攻略問題集

2023 年 1 月 20 日　　第 1 版第 1 刷発行

著　者　三 好 康 彦
発 行 者　村 上 和 夫
発 行 所　株式会社 オ ー ム 社
郵便番号　101-8460
東京都千代田区神田錦町 3-1
電 話　03(3233)0641(代表)
URL https://www.ohmsha.co.jp/

印刷・製本　小宮山印刷工業
ISBN978-4-274-22994-7　Printed in Japan